SpringerWienNewYork

Ilse Maria Fasol-Boltzmann
Gerhard Ludwig Fasol (Hrsg.)

Ludwig Boltzmann
(1844–1906)

Zum hundertsten Todestag

SpringerWienNewYork

Ilse Maria Fasol-Boltzmann
Wien, Österreich

Gerhard Ludwig Fasol
Eurotechnology, Tokyo, Japan

Gedruckt mit Unterstützung des
Bundesministeriums für Bildung, Wissenschaft und Kultur in Wien,
der MA 7, Kulturabteilung der Stadt Wien, Wissenschafts- und Forschungsförderung,
sowie der Ludwig Boltzmann Gesellschaft, Wien

Springer Wien New York ist ein Unternehmen von
Springer Science + Business Media
springer.at

Satz und Layout: Wolfgang Dollhäubl

Gedruckt auf säurefreiem, chlorfrei gebleichtem Papier – TCF
SPIN: 11729549

Mit zahlreichen Abbildungen

Bibliografische Information der Deutschen Bibliothek
Die Deutsche Bibliothek verzeichnet diese Publikation in der Deutschen Nationalbibliografie, detaillierte bibliografische Daten sind im Internet über http://dnb.ddb.de abrufbar.

ISBN-13 978-3-211-33140-8 SpringerWien NewYork

Meinen Söhnen

Gerhard Ludwig
Helmut Arthur
Roland Dietrich
Dieter Bernhard

Eine Theorie ist desto eindrucksvoller,
je größer die Einfachheit ihrer Prämissen ist,
je verschiedenartigere Dinge sie verknüpft und
je weiter ihr Anwendungsbereich ist.

Deshalb der tiefe Eindruck,
den die klassische Thermodynamik auf mich machte.
Es ist die einzige physikalische Theorie
allgemeinen Inhaltes, von der ich überzeugt bin,
dass sie im Rahmen der Anwendbarkeit
ihrer Grundbegriffe niemals umgestoßen werden wird.

Albert Einstein

Inhalt

Geleitwort

Der hundertste Todestag Ludwig Boltzmanns bietet den Anlass, nach einer Reihe von Arbeiten, die in den vergangenen Jahrzehnten sein Leben und sein Wirken beleuchteten, auf diesen großen österreichischen Physiker zusammenfassend hinzuweisen.

Ludwig Boltzmann zählt zweifellos zu den innovativsten österreichischen Gestalten in der Entwicklung der Naturwissenschaften. Gleichsam am Übergang von der klassischen Physik, in gewisser Hinsicht Exponent ihrer Vollendung, steht er doch am Beginn neuer Wege und Erkenntnisse, die er erahnt hat, aber noch nicht klar erkennen konnte. In dieser wissenschaftlichen Positionierung mag über seine außergewöhnliche Persönlichkeit hinaus mit begründet sein das außerordentliche Interesse, dass ihm als Menschen und seinem Schaffen bis heute gezollt wird. Mögen dazu wohl auch die zahlreichen „G'schichteln" (wie Stefan Meyer es treffend ausdrückte) beigetragen haben und zweifellos auch die Tragik seines Todes, so ist es doch auch das wissenschaftliche Grenzgängertum, das so viele verleitet hat, Mutmaßungen und Interpretationen zu wagen, die teils überhaupt jeglicher Grundlagen entbehren, teils nicht mehr sind als eben Vermutungen, die der Hoffnung entspringen, irgendwelchen „Geheimnissen" auf die Spur zu kommen.

Frau Ilse M. Fasol-Boltzmann, eine Enkelin Ludwig Boltzmanns und Hüterin des in der Familie befindlichen wissenschaftlichen Nachlasses des Physikers, hat Jahrzehnte der Arbeit an den nachgelassenen Materialien gewidmet und unter enormem Arbeitsaufwand in mühseliger Kleinarbeit die sehr individuelle Kurzschrift Boltzmanns entziffert. Sie hat damit eine Fülle von Material erschlossen, unter dem der Text der „Naturfilosofi" eine prominente Stellung einnimmt, galt dieser Text doch als verloren. Wenn er seit 1990 gedruckt vorliegt, dann ist dies ein großes und bleibendes Verdienst und entrückt diesen Bereich des Schaffens Ludwig Boltzmanns der Mythen- und Legendbildung.

Neben der Naturphilosophie ist durch die Entzifferung der Stenographie eine Fülle von weiteren Texten zugänglich geworden, die Einblick in die persönliche und in die Arbeitswelt Boltzmanns gewähren: zahlreiche Vormerkbücher mit Texten von und zu Vorträgen, auch mit Fragmenten von Berechnungen (die nicht mehr zuordenbar sind, zumal Boltzmann kaum jemals etwas datierte und Papier sehr intensiv nutzte), Aphorismen, Literaturnotizen bis hin zu Witzen.

Die systematische Bearbeitung des Nachlasses hat u.a. auch den verschollenen (von Engelbert Broda seinerzeit „nachempfundenen") Vortrag „Erklärung des Entropiesatzes und der Liebe aus den Prinzipien der Wahr-

scheinlichkeitsrechnung" zutage gefördert, dessen Kenntnis ebenso Einblick gewährt in Boltzmanns späte Jahre wie in seine in diesen Band ebenfalls einbezogenen Notizen aus den letzten Lebensjahren.
Frau Fasol unternimmt es in diesem Buch auch, in gemeinsamer Arbeit mit ihrem Ehemann, em. Univ.-Prof. Dr.techn Karl Heinz Fasol, eine zusammenfassende, handliche biographische Übersicht zu geben, deren besonderer Wert darin besteht, dass familiäre Überlieferungen eingebracht werden, die aus den Quellen nicht gewinnbar sind. Auch damit sollte nun ein weiterer Teil der Boltzmann'schen Existenz der Sphäre der „G'schichteln" entrückt sein.

Welche bleibende Bedeutung Ludwig Boltzmann in der Entwicklung der Physik zukommt, ist dokumentiert in den physikalischen Begriffen, die Boltzmanns Namen tragen; in einem größeren Zusammenhang wird es im neuerlichen Abdruck des 1990 für die „Naturfilosofi" verfassten Aufsatzes von Steven Brush, aber auch in den anderen Beiträgen deutlich, die einzelne Bereiche von Boltzmanns wissenschaftlicher Arbeit und auch seiner Stellung im Diskussionsprozess näher beleuchten. Darüber hinaus sind aber auch die im Jahre 2006 stattfindenden Veranstaltungen mit internationaler Beteiligung zu Ehren Boltzmanns Zeugnis seiner bleibenden wissenschaftlichen Bedeutung.

Die Wissenschaftshistorie ist Frau Fasol für ihre langjährige und umsichtige Arbeit, ihre Bemühungen um den Nachlass Ludwig Boltzmanns, wie sie in diesem Band nur zum Teil dokumentiert erscheinen kann, zu großem Dank verpflichtet.

Graz, im Mai 2006 *Walter Höflechner*

Vorwort

Am 5. September 2006 jährt sich zum hundertsten Mal der Todestag meines Großvaters Ludwig Eduard Boltzmann. Ihn aus diesem Anlass ehrend in Erinnerung zu rufen ist das Ziel meines Buches, das keineswegs ein wissenschaftliches Werk sein kann. Sich diesbezüglich mit Ludwig Boltzmann auseinander zu setzen, haben im Laufe der Zeit bereits unzählige Autoren getan. Ich hingegen möchte möglichst umfassend sein Leben mit allen Höhen und Tiefen darstellen und es in manchen Einzelheiten dokumentieren.

Ich beginne das Buch mit einem ausführlichen Lebenslauf, der durch eine Auswahl von zum Teil noch nicht bekannten Bildern aus der Familie und aus seiner Umgebung ergänzt wird. Daran schließt sich eine von Stephen G. Brush 1990 verfasste, sehr eingehende und nach Gebieten geordnete Würdigung der wissenschaftlichen Bedeutung Boltzmanns. Gegenstand des danach folgenden Kapitels ist der schon frühe Einfluss des großen britischen Physiker James Clerk Maxwell, was einerseits zu Boltzmanns Arbeiten über die Elektrizität und den Magnetismus führte. Andererseits, und dies ist wesentlicher, führte ihn sein Interesse für die sog. Geschwindigkeitsverteilung der Gasmoleküle letztlich zur kinetischen Gastheorie, zur statistischen Thermodynamik, seinem wichtigsten Arbeitsgebiet, und damit zum Zusammenhang zwischen thermodynamischer Wahrscheinlichkeit und Entropie. Mit dieser wird der Name meines Großvaters häufig verbunden. Er hatte jedoch viel zu kämpfen und dem widmet sich das vierte Kapitel: Sein Hauptgegner Ernst Mach bekämpfte Boltzmanns Atomistik und dieser seinerseits widerlegte Ostwalds Energetik. Nicht nur dies brachte meinen Großvater schließlich zu seiner Philosophie, die im fünften Kapitel kurz angesprochen wird. Manches aus seinem Nachlass ist nicht oder nur kaum bekannt; so seine persönliche, nur mir lesbare Kurzschrift, stenographische Aufzeichnungen aus seinen letzten Lebensjahren und ein bisher nicht veröffentlichter Vortrag. Das Buch schließt mit einer knappen Auswahl von Dokumenten und Briefen, einem möglichst vollständigen Verzeichnis der wissenschaftlichen Werke sowie mit einer Bibliographie.

Ludwig Eduard Boltzmann hatte, wie mein Vater oft betonte, ein bewundernswertes Gedächtnis. Um für die Anerkennung seiner Erkenntnisse gegen eine große Zahl von Opponenten zu kämpfen, setzte er seine ganze Lebenskraft ein. Von Natur aus körperlich schwächlich und seelisch sehr sensibel, betrieb er konsequenten Raubbau an seiner Gesundheit und arbeitete oft bis zur vollständigen Erschöpfung. Er war ein Revolutionär der damaligen Physik. In vielem wurde ihm jedoch erst nach seinem Tod Recht gegeben, was bis in die heutige Physik nachwirkt.

Dieser außergewöhnliche Mensch wurde von seiner Umgebung schwer verstanden. Es wurden auch viele, oft lächerliche Anekdoten über ihn in Umlauf gebracht und von manchen Autoren immer wieder verwendet. Mein Vater, Arthur Ludwig Boltzmann, war darüber stets sehr verärgert, weil sie sämtlich jeder Grundlage entbehrten.

Alle im Buch verwendeten persönlichen Hinweise habe ich von Schriften und Erzählungen meines Vaters. Ich danke ihm dafür im Angedenken. Es ist mir ein inniges Bedürfnis, dem Professor für Wissenschaftsgeschichte an der Universität Graz, Herrn Dr.Dr.h.c. Walter Höflechner als Autor der umfassendsten Boltzmann-Biographie für seine jahrelange intensiv beratende und kreative Zusammenarbeit bei der Aufarbeitung des Nachlasses, für wertvolle Hinweise bei meiner Arbeit am vorliegenden Buch und nicht zuletzt für sein Geleitwort herzlichst zu danken. Der von mir bearbeitete und katalogisierte wissenschaftliche Nachlass meines Großvaters geht als Erbe in das Eigentum meines Sohnes, dem Physiker Gerhard Ludwig Fasol Ph.D. über. Ich danke ihm für die Verfügbarkeit. Ich danke auch meinem Mann, Professor em. Dr. Karl Heinz Fasol für seine stete Hilfe. Besonders danken möchte ich der Ludwig Boltzmann Gesellschaft und hier insbesondere Herrn Primarius Professor Dr. Otto Rathkolb für eine großzügige Subvention der Herstellungskosten. Schließlich gilt mein herzlicher Dank dem Hause Springer für die spontane Zustimmung zum Verlegen meiner Arbeit und hier insbesondere Frau Angela Fössl sowie Herrn Mag. Wolfgang Dollhäubl für die verständige und hilfreiche Zusammenarbeit und ihre wertvollen Anregungen zur Gestaltung dieses Buches.

Bochum und Wien, im Juni 2006 *Ilse Maria Fasol-Boltzmann*

1 Ludwig Boltzmann

Ilse Maria Fasol-Boltzmann

> Boltzmann war ein Führer unserer Wissenschaft, ein Bahnbrecher in manchen Richtungen, ein Forscher, der auf jedem Gebiete, das er betrat, unvergängliche Spuren seiner Wirksamkeit hinterlassen hat.
>
> *Hendrik Antoon Lorentz*[1]

1.1 Die Ahnen

Der Ur-urgroßvater Georg Friedrich Boltzmann lebte im Westpreußischen Königsberg in der Neumark (nicht zu verwechseln mit dem Ostpreußischen Königsberg). Seine Frau Anna Charlotte geborene Weinholtz gebar ihm dort am 25. März 1739 einen Sohn namens Samuel Ludwig Boltzmann. Durch mehrere Generationen hindurch hatten sodann die Vorväter des Physikers Boltzmann den Vornamen Ludwig. Samuel Ludwig heiratete am 30. April 1769 die am 19. November 1741 geborene Anna Sophie Strasser. Mit ihr ging er nach Berlin, wo er eine Stelle als königlicher Hofbediensteter antrat. Ihr Sohn Gottfried Ludwig Boltzmann kam dort am 29. Mai 1770 zur Welt, zog später nach Wien und begann eine Spieluhrenfabrikation in Wien-Josefstadt. In Wien gab es damals vier Hersteller von Spieluhren; es bestand offenbar Bedarf. Gottfried Ludwig heiratete am 25. Juni 1799 Anna Katharina Klöcksreich (8. April 1778 – 7. April 1824). Gottfried Ludwig und Anna Katharina Boltzmann waren väterlicherseits die Großeltern, denn ihrer Ehe entspross am 26. Januar 1802 Ludwig Georg Boltzmann, der spätere Vater des Physikers.[2]

Ludwig Georg studierte an der Universität Wien Rechtswissenschaft und begann die Beamtenlaufbahn. Er arbeitete ab 1831 als „Konzeptspraktikant" und später als „Finanzverwaltungskommissär" in Linz. In dieser Eigenschaft kam er offenbar wiederholt zu längeren Aufenthalten nach Salzburg, das seit 1816 wieder zu Österreich gehörte. In der Nähe Salzburgs, in Maria Plain, heiratete er am 1. Mai 1837 die damals 27-jährige Maria Katharina Pauernfeind; sie war am 19. Januar 1810 um ein Uhr früh in Salzburg geboren und am selben Tag im Dom zu Salzburg getauft worden. Ludwig Georg Boltzmann war zunächst vorübergehend nach Wien, dann nach Wels und wieder zurück nach Linz versetzt worden. Dort starb er am 22. Juni 1859 im Alter von 57 Jahren an Lungentuberkulose. Seine Witwe, die Mutter von Ludwig Eduard Boltzmann starb am 23 Januar 1885.

---

1 H. A. Lorentz in seiner 1907 auf Ludwig Boltzmann gehaltenen Gedächtnisrede. Das Zitat wurde von W. Höflechner zur Einleitung des Vorworts zum Teil 1 seines Werkes *Ludwig Boltzmann, Leben und Briefe* verwendet (s. Fußnote 3). Über Lorentz siehe Fußnote 37.

2 Alle hier und auch später angegebenen Geburts-, Vermählungs- und Todesdaten, etc. entsprechend vorhandener Urkunden.

Die Pauernfeinds waren im 17. und 18. Jahrhundert eine bedeutende und wohlhabende Handelsfamilie Salzburgs. Ein Ahnherr, der bereits 1510 erwähnte Hans Pauernfeind war Bürger, Fuhrunternehmer und Hausbesitzer in Kuchl, ca. 23 km südlich von Salzburg. Er war Nachkomme des Lienzer Stadtrichters Jörg Pauernfeind. Nikolaus Pauernfeind (1601–1649) war Waffenschmied in Golling bei Salzburg. Ein Nachkomme war Christian Pauernfeind (1655–1718), Rats- und Handelsherr zu Salzburg und der Vater von Johann Christian Pauernfeind (1687–1768). Dieser war von 1755 bis 1768 Bürgermeister von Salzburg und hatte am 12. Juli 1717 Maria Francisca Pachmayr geheiratet. Deren Sohn Johannes Antonius Pauernfeind, (18. August 1723 - 3. Mai 1787), war Rats- und Handelsherr und ebenfalls Bürgermeister von Salzburg. Er heiratete am 19. November 1770 Maria Katharina Koller (9. November 1737 - 12. Juni 1802). Ihr Sohn Johann Christian Josef Pauernfeind (7. März 1783 - 11. September 1835) war bürgerlicher Spezereihändler und heiratete am 14. Januar 1809 Maria Katharina Elisabeth Winninger aus Vilshofen (27. Februar 1787 - 21. Februar 1810). Sie waren als Eltern der vorher genannten Maria Katharina Pauernfeind mütterlicherseits Ludwig Boltzmanns Großeltern.

Die Eltern des Physikers, Ludwig Georg und Maria Katharina Boltzmann lebten, wie vorher gesagt, beruflich bedingt nur kurz in Wien. Dort kam am Dienstag den 20. Februar 1844 ihr erster Sohn, Ludwig Eduard in der Wiener Vorstadt Landstraße zur Welt; es war in der Nacht von Faschingdienstag auf Aschermittwoch. Er selbst sagte später scherzhaft, dass dieses Datum die Ursache seines labilen Gemütszustandes sei, der zwischen höchster Freude und tiefster Traurigkeit sprunghaft wechseln konnte. Ludwig Eduard war ein schwächliches Kind; deshalb wurde er schon am Tag nach seiner Geburt in der römisch-katholischen Pfarre St. Rochus und St. Sebastian getauft. Der Vater Boltzmanns und dessen Vorfahren waren evangelisch gewesen. Als zweiter Sohn kam Albert (22. April 1846 - 14. Februar 1861) zur Welt und ihr drittes Kind war Hedwig (12. Mai 1848 -1890).

1.2 Boltzmanns Jugend, 1844 bis 1863

Ludwig Eduard Boltzmann verlebte mit seinem jüngeren Bruder Albert eine unbeschwerte Kindheit in Wien und Wels. Sie waren zunächst privat unterrichtet worden, bevor sie 1855 das Gymnasium in Linz besuchten. Ludwigs besonderes Interesse und sein größter Eifer galt schon damals der Mathematik und den naturwissenschaftlichen Fächern. Er selbst führte sein späteres Augenleiden darauf zurück, dass er als Gymnasiast in Linz seine Augen überanstrengte, indem er an langen Abenden seine Studien bei unzureichendem Kerzenschein betrieben hatte. Wegen verschiedener Krankheiten, insbesondere häufiger Katarrhe, versäumte er viele Schulstunden und war trotzdem Klassenprimus. Ludwigs Erziehung war durch das humanistische Bildungsideal der damaligen Zeit bestimmt, jedoch sein Hang zur Naturwissenschaft trat mehr und mehr verstärkt hervor. Er legte ein großes Herbarium an, sammelte Käfer und Schmetterlinge und galt sein Leben lang als großer Pflanzenkenner. Sein Bruder Albert war ab der dritten Klasse Externist; das heißt, er wurde privat unterrichtet, weil er ein schweres Lungenleiden hatte. Ludwigs Vater, er war zuletzt „k.k. Finanz-Bezirks-Kommissär" für Linz und den Mühlkreis gewesen, spielte als Ausgleich zu seinem nüchternen Beruf gerne Klavier, so auch Ludwig Eduard. Eine Zeit lang hatte ihm niemand geringerer als Anton Bruckner Klavierunterricht erteilt. Bruckner war zu diesem Zeitpunkt nicht viel älter als 25 Jahre. Das Klavierspiel pflegte Ludwig Eduard sein Leben lang. Er brachte es zu guter Perfektion und im Familienkreis begleitete er regelmäßig das Violinspiel seines Sohnes, meines Vaters Arthur Ludwig.

Der durch ein langwährendes Lungenleiden verursachte frühe Tod seines Vaters hat den damals erst fünfzehnjährigen Ludwig Eduard wohl nachhaltig belastet. Man könnte von einem psychischen Trauma sprechen. Er war nun Halbwaise. Vier Jahre später starb sein Bruder Albert, mit dem er eng verbunden war. Den sensiblen, eher kränklichen, und nun in der Pubertät stehenden Ludwig Eduard trafen diese Schicksalsschläge sehr hart. Er erachte ausgezeichnete Leistungen im Gymnasium und beendete die Schule mit dem Maturazeugnis; es wurde am 27. Juli 1863 in Linz ausgestellt. Kurz danach, im Herbst 1863, übersiedelte die Familie Boltzmann nach Wien, um Ludwig Eduard das Studium der Mathematik und Physik an der Universität Wien zu ermöglichen. Seine Mutter entstammte ja der wohlhabenden Familie Pauernfeind und konnte dem Ausbleiben der an sich niedrigen Einkünfte des Verstorbenen dadurch begegnen, dass sie fortan ihr Vermögen für die Erziehung ihrer Kinder einsetzte. Als Vormund Boltzmanns wird ein Karl Lanser, „Privatier in Salzburg", genannt; über ihn ist nichts näheres bekannt.

1.3 Die Studien- und Assistentenzeit, 1863 bis 1869[3]

Ludwig Boltzmann begann 1863 an der Universität Wien das Studium der Mathematik und der Physik. Er hörte vor allem die Vorlesungen der Professoren Andreas von Ettingshausen (Physik), Josef Petzval (Mathematik), Josef Stefan (Physik) und August Kunzek (Physik). Das Physikalische Institut der Universität Wien war damals erst vor 14 Jahren unter Christian Doppler gegründet worden. Nach dem Tode Dopplers übernahm 1852 Andreas von Ettingshausen, einer der Pioniere der modernen Naturwissenschaften in Österreich, die Nachfolge. Das k.k. Physikalische Institut der Universität Wien

---

3 Die bei weitem ausführlichste wissenschaftliche Biographie Ludwig Boltzmanns: Höflechner, W. (Ed.) Ludwig Boltzmann, *Leben und Briefe*, Publikationen aus dem Archiv der Universität Graz, Bd. 30, Ludwig Boltzmann Gesamtausgabe Bd. 9, Veröffentlichungen der Historischen Landeskommission für Steiermark, Quellenpublikationen Bd. 37 (insg. 864 Seiten). Graz, Akademische Druck- und Verlagsanstalt, 1994. Das Werk besteht aus den Teilen I *Biographie* und II *Briefe* an und von Boltzmann. Hier wird vorwiegend auf Teil I bezogen und im folgenden vereinfacht zitiert als „Höflechner: *Leben*". Teil II wird zitiert als „Höflechner: *Briefe*".

befand sich in den Jahren 1849 bis 1875 im 3. Bezirk in der Erdbergstraße 15. Boltzmann hat von Ettingshausen nur mehr am Ende dessen aktiver Zeit erlebt; geprägt wurde er, nach seinen eigenen Angaben, durch den von Ettingshausen nachfolgenden, erst 28-jährigen Physiker Josef Stefan, der ihn nachdrücklichst förderte. Über Stefan wird später ausführlich zu sprechen sein.

Boltzmann studierte ab Wintersemester 1863/64 zunächst als „außerordentlicher Zögling" am Physikalischen Institut. Nach zwei Semestern mathematischer und physikalischer Vorlesungen wurde er 1865 als ordentlicher Hörer des Physikalischen Instituts aufgenommen. Die so genannten Zöglinge hatten engen Kontakt mit ihren Professoren. Boltzmann hatte das Glück, sehr früh mit der neuen Maxwell'schen Theorie des Elektromagnetismus vertraut gemacht zu werden. Er schrieb später in seinem Nachruf auf Stefan[4]: „Nur zwei Physiker des Kontinents waren es, welche sofort deren [der Maxwell'schen Theorie, Anm. Hrsg.] Bedeutung erkannten: Helmholtz und Stefan. Als ich (noch Universitätsstudent) in vertrauteren Umgang mit Stefan trat, war sein erstes, dass er mir Maxwells Abhandlungen in die Hand gab, und da ich damals kein Wort Englisch verstand, noch eine englische Grammatik dazu; ein Lexikon hatte ich von meinem Vater überkommen. Stefan hatte die Maxwell'sche Theorie bereits einmal in seiner Vorlesung behandelt, als die berühmte, an sie anschließende Arbeit von Helmholtz erschien. Da publizierte auch Stefan seine Arbeit über die Maxwell'sche Theorie ..."

Noch als Student publizierte Boltzmann 1865 eine Anwendung der Maxwell'schen Theorie mit dem Titel *Über die Bewegung der Electricität in krummen Flächen*[5]. Eine zweite Arbeit erschien schon ein halbes Jahr später, deren Thematik zum Kernstück seines Lebenswerkes werden sollte: *Über die mechanische Bedeutung des zweiten Hauptsatzes der Wärmelehre*[6]. Sie wurde in der Sitzung der Kaiserlichen Akademie der Wissenschaften in Wien am 8. Februar 1866 von Josef Stefan vorgelegt. Die hervorragende Einschätzung ist allerdings retrospektiv, weil damals diese Arbeit von der Fachwelt kaum wahrgenommen wurde. Wie prägend diese frühen Jahre für Boltzmann waren, schreibt er selbst: „... ein Beweis, dass in schlechten Räumen Bedeutendes geleistet werden kann. Erdberg blieb mir mein ganzes Leben hindurch das Symbol ernster, durchgeistigter experimenteller Tätigkeit. Als es mir in Graz gelungen war, in das dortige physikalische Institut einiges Leben zu bringen, nannte ich dasselbe scherzweise Klein-Erdberg. Nicht räumlich klein, meinte ich, es war vielleicht doppelt so groß wie Stefans Institut; aber den Erdberg-Geist hatte ich noch lange nicht hineingebannt. Noch in München, als die jungen Doktoranden zu mir kamen und gerne gearbeitet

---

4 L. Boltzmann: *Populäre Schriften*. Verlag J. A. Barth, Leipzig, S. 96. Im folgenden vereinfacht zitiert als „*Populäre Schriften*".

5 Werkeverzeichnis Nr. 1.

6 Sitzungsber. d. Kaiserl. Akad. d. Wiss. 53 (1866), S. 195–220. Siehe auch Werkeverzeichnis Nr. 2. Darüber wird im Kap. 3: *Maxwell und Boltzmann* noch gesprochen.

hätten, nur wussten sie nicht was, dachte ich: Da waren wir in Erdberg doch andere Leute... Wir hatten immer genug Ideen..."[7]

Josef Loschmidt[8] habilitierte sich 1866 und wurde 1868 Extraordinarius und 1872 Ordinarius der Physik an der Universität Wien. Er und später vor allem Stefan wiesen Boltzmann den Weg zur Thermodynamik und Loschmidt blieb ihm Zeit seines Lebens ein väterlicher Freund. Obwohl Loschmidt bedeutend älter als Boltzmann war, besuchten sie oft gemeinsam die Hofoper und das Burgtheater.

Noch vor seiner Promotion im Oktober 1866 wurde Boltzmann Assistent an dem mittlerweile von Stefan geleiteten Institut und legte die Lehramtsprüfung für Mathematik und Physik an Obergymnasien ab. Boltzmann promovierte am 19. Dezember 1866 zum Doktor der Philosophie. Im Studienjahr 1867/68 absolvierte er sodann am Akademischen Gymnasium das vorgeschriebene Probejahr. Im selben Jahr ging nun doch der Rest des Vermögens seiner Mutter zu Ende. Sogar dem väterlichen Erbteil seiner Schwester Hedwig waren schon 300 Gulden entnommen worden. Aber der junge Boltzmann konnte seine Mutter trösten: Er konnte nun für den Unterhalt der Familie sorgen. Noch 23-jährig legte er am 21. Dezember 1867 der Philosophischen Fakultät Wien sein „Gesuch um die venia docendi aus allen Fächern der mathematischen Physik" vor. Die Venia wurde am 19. März 1868 vom Ministerium bestätigt. Gleichzeitig wurde die beabsichtigte Vorlesung *Über die Grundprinzipien der mechanischen Wärmelehre* genehmigt. Als Privatdozent lehrte er nun mit steigender Hörerzahl bis zum 31. Juli 1869 an der Wiener Universität.

1.4 Die erste Professur in Graz, 1869 bis 1873

Der bisherige ordentliche Professor für Mathematische Physik an der Universität Graz, Ernst Mach[9], war am 11. März 1867 an die Prager Universität berufen worden. Nahezu gleichzeitig war der Ordinarius für Allgemeine und Experimentelle Physik, Dr. Hummel, in den Ruhestand versetzt worden. Als Nachfolger wurde Professor August Toepler aus Riga zum Professor für Allgemeine Physik ernannt. Toepler wies nun auf die Dringlichkeit der Neubesetzung des Ordinariats für Mathematische Physik hin, was zunächst zu einem Ternavorschlag führte. Boltzmann war an die zweite Stelle gereiht worden, wurde aber bald favorisiert. Der schließlich dem Kaiser vom zuständigen Ministerium eingereichte Besetzungsantrag enthielt u.a. die Stellungnahme Stefans zu seinem Assistenten Ludwig Boltzmann: „...Unter diesen Persönlichkeiten glaube ich...Dr. Boltzmann als diejenige bezeichnen zu müssen, welche...die besten Garantien für eine vorzügliche Vertretung der zu be-

7 *Populäre Schriften*, S. 100–101.

8 Höflechner: *Leben*.

9 Über Ernst Mach siehe das spätere Kap. 4: *Mach, Ostwald und Boltzmann*.

setzenden Lehrkanzel bieten dürfte." „...welcher innerhalb eines kurzen Zeitraums eine Reihe mathematisch-physikalischer Arbeiten veröffentlicht hat, welche...von seinem außerordentlichen Talente, seinem Scharfsinn so wie von seinem gründlichen und vielseitigen mathematischen Wissen ein beredtes Zeugnis [geben] und zu der Annahme berechtigen, dass von demselben noch ganz ungewöhnliche Leistungen zu erwarten stehen ..."[10]

Am 17. Juli 1869 unterzeichnete Kaiser Franz Josef in Laxenburg seine „Allerhöchste Entschließung", durch die Ludwig Boltzmann zum ordentlichen Professor der mathematischen Physik an der Universität Graz ernannt wurde.

Ab dem 30. September dieses Jahres widmete sich nun Boltzmann in Graz mit großem Einsatz der Lehre und der Forschung. Schon 1870 verfasste er fünf wissenschaftliche Arbeiten. Diese Tätigkeit wurde auch vom Ministerium geschätzt, das seinen Jahresgehalt bereits ab 1. Mai 1870 von 1250 auf 1800 Gulden erhöhte. Doch hatte Boltzmann das Empfinden, dass seine Arbeiten doch nicht genügend wahrgenommen würden. Insbesondere hätte ihn die Resonanz älterer Fachkollegen interessiert und so suchte er diese wissenschaftliche Diskussion in Deutschland. Schon am 8. März 1870 reichte er dem Ministerium ein Urlaubsgesuch ein, um im April und Mai 1870 Robert Bunsen, Gustav Kirchhoff und Leo Koenigsberger in Heidelberg besuchen zu können. Boltzmann trat in seinem jugendlichem Ungestüm dort allerdings recht unbefangen auf.

Im Jahr darauf legte Boltzmann abermals ein Urlaubsgesuch vor, um diesmal im Wintersemester 1871/72 in Berlin an der Friedrich-Wilhelm-Universität besonders Hermann von Helmholtz[11] besuchen zu können. Er arbeitete sehr intensiv in dessen Laboratorium und suchte die Kontakte mit den Größen der Mathematik und Physik an diesem Institut. Boltzmann vertrat, wie auch später, seine Meinung sehr konsequent, wies Kirchhoff[12] wie auch Helmholtz Rechenfehler nach und korrigierte sie recht undiplomatisch. Vor der Physikalischen Gesellschaft in Berlin hielt er am 26. Januar 1872 einen *Vortrag über das Wärmegleichgewicht unter Gasmolekülen*.[13]

Der damals 27-jährige Boltzmann war die vertraute, so wenig formelle Umgangsart in Stefans Institut gewöhnt und er ahnte nicht, dass diese in Berlin nicht angebracht war. Er schrieb selbst: „Ein einziger Blick Helmholtz's klärte mich darüber auf"[14].

---

10 Höflechner: *Leben*.

11 Hermann Ludwig Ferdinand von Helmholtz (1821–1894) war Professor in Königsberg, Bonn, Heidelberg und ab 1870 in Berlin. Er war ein vielseitiger Experimentator und Theoretiker. Seine Interessen betrafen Medizin, Farbenlehre, Akustik, Hydrodynamik, Thermodynamik und Elektromagnetismus.

12 Gustaf Robert Kirchhoff (1824–1887) war Professor in Breslau, Heidelberg und Berlin. Seine Arbeitsgebiete waren u.a. die Elektrotechnik und Magnetismus, Strahlungsgesetze, Spektralanalyse, Mechanik und mathematische Physik.

13 Boltzmanns Brief an seine Mutter 1872 siehe Höflechner: *Briefe*.

14 *Populäre Schriften*, Rede gehalten bei der Enthüllung des Stefan-Denkmals, S. 102.

Mit dem Titel *Weitere Studien über das Wärmegleichgewicht unter Gasmolekülen*[15] veröffentlichte er schon am 8. Februar 1872 seine umfangreiche (86 Seiten) und fundamentale Arbeit über den Übergang von Gasen zum thermodynamischen Gleichgewicht. In dieser Arbeit stellte er durch die Betrachtung der Stöße zweier kollidierender Moleküle schließlich seine berühmte Transport- oder Stoßgleichung auf. Sie wird heute allgemein Boltzmann-Gleichung genannt und findet nicht nur auf Gase Anwendung, sondern in modifizierter Form auch auf Transportphänomene in Flüssigkeiten und Festkörpern wie Diffusion, elektrische Leitfähigkeit, Wärmeleitfähigkeit oder Neutronentransport in Kernreaktoren. In derselben Arbeit stellte er auch erstmals eine Beziehung her zwischen einer rein mechanischen Größe, nämlich dem mit Hilfe der Verteilungsfunktion der Moleküle konstruierten H-Funktional und der Entropie[16]. Seine Arbeit führte zur statistischen Interpretation des zweiten Hauptsatzes der Thermodynamik.[17] Und sie führte zu dem später als H-Theorem bezeichneten Gesetz der Zunahme der Entropie und somit wieder zur Aufdeckung des Zusammenhangs zwischen Entropie und thermodynamischer Wahrscheinlichkeit.[18]

Im Mai 1873 machte Boltzmann in der Grazer Umgebung eine Wanderung und traf dabei zufällig auf Teilnehmerinnen der Grazer Lehrerinnenbildungsanstalt. Dabei lernte er seine spätere Ehefrau Henriette Edle von Aigentler kennen, mit der er weiter in brieflichem Kontakt verblieb.[19] Henriette kannte damals schon Hedwig Boltzmann, die Schwester Ludwigs.

Henriette Magdalena Katharina Antonia Edle von Aigentler wurde am 16. November 1854 in der Pfarre St. Catharina zu Stainz geboren. Ihre Vorfahren waren seit Anfang des 18. Jahrhunderts Juristen in Graz. Es gibt aber auch Aigentler in Tirol. So war die Mutter des Tiroler Freiheitskämpfers Anreas Hofer eine geborene Aigentler. Der älteste dokumentierte männliche Ahne war Johann Aigentler (1716–1784), geschworener Hof- und Gerichtsadvokat in Graz; seine Frau war Elisabeth Roedel von Schwanenbach. Deren Sohn, Urgroßvater Henriettes väterlicherseits, Josef Aigentler (1740 – 7. Januar 1819), war ebenfalls Jurist und hatte 1775 Maria Anna Posanner von Ehrental aus Kärnten geheiratet. Deren Mutter, Maria Regina, stammte aus dem Geschlecht der Foregger zum Greiffenthurn, die seit dem 16. Jahrhundert im Besitz des Schlosses Greiffenthurn bei Feldkirchen in Kärnten waren.

Die Posanners hatten einen Vorfahren, Michael Posanner, der 1667 als Festungsbaumeister in den Türkenkriegen geadelt worden war. Josef

15 Werkeverzeichnis Nr. 23; s. auch im Kapitel über Maxwell und Boltzmann.

16 Die Bezeichnung Entropie stammt von Rudolf Clausius. Aus dem Altgriechischen: (entrepein = umwandeln und tropé = Wandlung).

17 D. Flamm (Hrsg.) Ludwig Boltzmann, Henriette von Aigentler, Briefwechsel. Böhlau, Wien 1995. (im folgenden vereinfacht zitiert als „Flamm: *Briefwechsel*").

18 Höflechner: *Leben*.

19 Höflechner: *Briefe*: Briefe von Henriette an Boltzmann; sowie Flamm: *Briefwechsel*.

Aigentler wurde am 4. September 1783 mit dem Prädikat „Edler von" in den Adelsstand erhoben; sein jüngerer Sohn Josef von Aigentler (1789– 22. März 1856) war Henriettes Großvater. Er war „k.k. Landrechtsrat" und heiratete Katharina Wagner, die ihm sieben Kinder zur Welt brachte. Das vierte dieser Kinder war Henriettes Vater, Hugo Konstantin Edler von Aigentler (12. Mai 1819 – 28. Oktober 1864). Er begann seine Juristenlaufbahn am Gericht in Görz, heiratete Henrika Fischer (2. Juli 1828 – 30. Dezember 1874) und wurde zuerst nach Klagenfurt und danach nach Stainz bei Graz versetzt. In Stainz wurde 1852 ihre älteste Tochter Auguste und im Jahr darauf Wilhelmine geboren. Wieder ein Jahr später kam Henriette Magdalena Katharina Antonia (16. November 1854 – 3. Dezember 1938) zur Welt, die spätere Frau Ludwig Boltzmanns. Als jüngstes Kind wurde 1857 Arthur geboren. Hugo Konstantin Edler von Aigentler war später in Leoben und in Graz als „k.k. Landesgerichtsrat" tätig.[20] Er starb am 28. Oktober 1864; seine Witwe Henrika hatte nun für vier Halbwaisen zu sorgen. Henriette hatte also schon im Alter von 10 Jahren ihren Vater verloren. Kurz darauf war ihr Bruder Arthur und gegen Ende des Jahres 1872 ihre Schwester Wilhelmine verstorben, die ihr sterbend den Ehemann und ihr Kind übereignen wollte.

Henriette besuchte die Lehrerinnenbildungsanstalt in Graz und wollte dort später auch unterrichten. Dazu war jedoch ein Studium an der Universität erforderlich, das sie zunächst als außerordentliche Hörerin beginnen durfte. Als das Frauenstudium weiter erschwert worden war, musste sie es unterbrechen. Ihr erstes Ansuchen um weitere Zulassung wurde vorerst von der Fakultät abgelehnt. Erst am 31. Oktober 1873 wurde die Fortsetzung des Studiums zur Vertiefung ihrer Kenntnisse für den Lehrberuf bewilligt. Kurz darauf, am 30. Dezember 1873, starb ihre Mutter an schwarzen Blattern. Henriette war 19 Jahre alt. Trotz dieser seelischen Belastungen legte sie im April 1874 die Lehrbefähigungsprüfung für Bürgerschulen mit Auszeichnung ab. Sie intensivierte ihre Studien an der Universität und strebte die Lehramtsprüfung für Obergymnasien an. Henriette unterrichtete schließlich an der Lehrerinnenbildungsanstalt und fand als Vollwaise Anschluss an die Familie des Grazer Bürgermeisters, der Eltern des Komponisten Wilhelm Kienzl.

Inzwischen war an der Wiener Universität ein Engpass hinsichtlich der Mathematik entstanden, bedingt durch das vorgerückte Alter der beiden zuständigen Ordinarien. Da eine dritte Lehrkanzel aus Haushaltsgründen nicht möglich war, wurde eine Emeritierung vorgenommen. Die Nachbesetzungskommission setzte den jetzt 29 Jahre alten Boltzmann an die zweite Stelle. Eine Berufung des Erstplazierten erwies sich bald als schwierig und so beantragte der zuständige Minister die Ernennung Boltzmanns. Er berief sich dabei u.a. auf Passagen früherer Akte: „Die damals [im Zusammenhang mit der Grazer Berufung] ausgesprochenen Erwartungen hat Boltzmann seither

20 Nach Dokumenten im Familienbesitz und Flamm: *Briefwechsel*.

in vollem Maße erfüllt. Eine Reihe von mathematischen und physikalischen Arbeiten,..., wurden von der kaiserlichen Akademie der Wissenschaften teils in ihre Sitzungsberichte, teils in ihre Denkschriften aufgenommen."[21]

Den bald an ihn ergangenen Ruf nach Wien hat Boltzmann umgehend angenommen. Von manchen wurde nicht verstanden, was ihn wohl dazu bewogen hat. Allerdings hat er rasch festgestellt, dass diese Professur für Mathematik eine auf die Dauer nicht befriedigende Lösung sein könne.[22]

1.5 Die erste Professur in Wien, 1873 bis 1876

Am 30. August 1873 erfolgte die Ernennung Boltzmanns zum ordentlichen Professor der Mathematik an der Universität Wien. Neben seinen mathematischen Vorlesungen befasste er sich jedoch auch weiterhin intensiv mit physikalischen Arbeiten.

Am 29. Mai 1874 wurde Boltzmann durch Wahl zum korrespondierenden Mitglied der Kaiserlichen Akademie der Wissenschaften in Wien. Genau ein Jahr später, am 29. Mai 1875, erhielt er den mit 1000 Gulden dotierten *Freiherr von Baumgartner Preis* der Akademie.

Schon sehr bald nach seiner Berufung nach Wien, nämlich im März 1875, erhielt Boltzmann von der Züricher Kantonalregierung den Ruf an das Eidgenössische Polytechnikum in Zürich mit der Zusicherung eines hohen Gehaltes auf Lebenszeit und Gewährung „aller seiner Wünsche in Betreff der Stellung in Zürich."[23] Als Berufungsabwehr erhielt Boltzmann eine in den Ruhegenuss einzubeziehende jährliche Personalzulage von 1200 Gulden. Zusätzlich bekam er ad personam eine jährliche Dotation von 300 Gulden „zur Anschaffung von Apparaten für Ihre experimentellen Arbeiten" und „die Gewährung von Remunerationen oder Stipendien" für begabte Schüler oder zur Unterstützung seiner Arbeiten. So lehnte er den Ruf nach Zürich ab und verpflichtete sich schriftlich, sechs Jahre lang keinen Ruf an eine ausländische Universität anzunehmen.

Kurz nach dem Ruf nach Zürich, nämlich im Spätsommer 1875, erhielt er abermals einen Ruf; diesmal an die Universität Freiburg mit dem Angebot der Direktion des Physikalischen Instituts. Aufgrund seiner Verpflichtung musste er jedoch ablehnen und erhielt natürlich diesmal auch keine Aufbesserung seiner Bezüge.

Während seiner mathematischen Professur in Wien hat Boltzmann allerdings öfters in Graz bei Toepler in dessen Institut als Physiker experimentell gearbeitet. In den Jahren 1872 bis 1874 entstanden so sieben erfolgreiche Experimentaluntersuchungen, durch welche die Richtigkeit der Maxwell'schen Theorie nachgewiesen wurde. Seine Arbeit *Experimentelle*

---

21 Höflechner: *Leben.*

22 Höflechner: *Leben.*

23 Höflechner: *Leben.*

Bestimmung der Dielektrizitätskonstante einiger Gase[24] kam im Frühjahr 1874 in Druck.

1875 erschienen drei theoretische Arbeiten Boltzmanns in den Sitzungsberichten der Akademie in Wien und zwar *Über das Wärmegleichgewicht von Gasen, auf welche äußere Kräfte wirken*, *Bemerkungen über die Wärmeleitung der Gase* sowie eine rein mathematische dritte Arbeit.[25]

Vom 18. bis 25. September 1875 fand in Graz die Versammlung der Deutschen Naturforscher und Ärzte in dem neu errichteten Institutsgebäude der Physik statt. So hielt sich auch Boltzmann eine Woche lang in Graz auf und nützte diese Zeit, Henriette von Aigentler näher kennen zu lernen. Er fand in ihr nicht nur eine Frau von besonderer Schönheit, sondern auch von großem Interesse für Mathematik und Physik. Ludwig Eduard Boltzmann kehrte nachdenklich nach Wien zurück. Nach reiflicher Überlegung und Rücksprache mit seiner Mutter sandte er Henriette drei Tage nach seiner Rückkehr einen schriftlichen Heiratsantrag.[26] Henriette nahm ihn freudig an. Nun benütze Boltzmann jede Ferien, freie Tage oder längere Wochenenden, um seine Braut zu besuchen und verband dies aber auch gerne mit Arbeiten in Toeplers Institut.

Am 17. Juli 1876 heirateten Ludwig Boltzmann und Henriette von Aigentler in der Stadtpfarrkirche Maria Himmelfahrt in Graz. Die Trauzeugen waren Boltzmanns Grazer Kollege Professor Dr. August Toepler und der Grazer Bürgermeister Dr. Wilhelm Kienzl.

1.6 Die zweite Professur in Graz, 1876 –1890

Am 18. August 1876 wurde der damals 32-jährige Ludwig Boltzmann als Nachfolger Toeplers zum Ordinarius der Allgemeinen und Experimentellen Physik und zum Leiter des Physikalischen Instituts der Universität Graz ernannt; dies erfolgte unter Beibehaltung seiner Wiener Bezüge. Boltzmann zog in die vorher von Toepler bewohnten Räume im Institutsgebäude; Beleuchtung und Beheizung der Wohnung waren für ihn kostenlos.

Gleichzeitig wurde der 27-jährige Albert von Ettingshausen zum Extraordinarius des selben Faches ernannt.[27]

In dieser Zeit hatte Boltzmann seine fundamentale Arbeit *Über die Beziehung zwischen dem zweiten Hauptsatze der mechanischen Wärmetheorie und der Wahrscheinlichkeitsrechnung respektive den Sätzen über das Wärmegleichgewicht*[28] fertig gestellt. Darin deutet er den zweiten Hauptsatz wahrscheinlichkeits-theoretisch als den Übergang von sehr unwahrscheinlichen Zuständen zu den wesentlich wahrscheinlicheren, verschiedentlich

24 Werkeverzeichnis Nr. 28.
25 Werkeverzeichnis Nr. 34 bis 36.
26 Flamm: *Briefwechsel*.
27 Höflechner: *Leben*.
28 Werkeverzeichnis Nr. 44.

realisierbaren Gleichgewichtszuständen und er zeigte die von Clausius[29] benannte Entropie S als Maß der Wahrscheinlichkeit: „Der Entropiezunahme entspricht die Tendenz vom unwahrscheinlicheren zum wahrscheinlicheren Zustand, von weniger zu mehr Unordnung"; die Entropie ist proportional der Anzahl W (bzw. proportional dem Logarithmus der Anzahl) der Realisierungsmöglichkeiten für das Auftreten eines wahrscheinlichen Makrozustandes. Mit dieser Wahrscheinlichkeitsdeutung der Entropie war Boltzmann aber seiner Zeit weit voraus.

Selbst Max Planck[30] war später auch lange nicht bereit, eine wahrscheinlichkeits-theoretische Interpretation des zweiten Hauptsatzes der Thermodynamik zu akzeptieren. Erst im Jahre 1900, nachdem er Boltzmanns Methode schließlich akzeptiert hatte, hat er allerdings selbst den Zusammenhang mit der später berühmt gewordenen Formel

$$S = k. \log W$$

beschrieben; mit der „Boltzmann-Konstante" k. Diese hatte Boltzmann als für (noch) nicht berechenbar gehalten; sie konnte viel später ermittelt werden.

Boltzmanns Schüler, F. Hasenöhrl, nannte die Beziehung „einen der allertiefgehendsten, schönsten Sätze der theoretischen Physik, ja der gesamten Naturwissenschaften". Einstein hat Boltzmanns fundamentale Relation zwischen der Entropie und der Zahl der Realisierungsmöglichkeit des betrachteten Makrozustandes 1905 als „Boltzmann Prinzip"[31] bezeichnet. Die Entropie auf statistisch erfassbare Grundlagen zurück zu führen, war der bahnbrechende Verdienst Boltzmanns. Dass Boltzmanns Arbeiten zuerst in England Beachtung fanden, dürfte der Verdienst von Maxwell sein.

Die obige Arbeit *Über die Beziehung*... stellt tatsächlich einen Höhepunkt der anschaulichen Naturerklärung dar. Die Entropie als experimentell zugängliche Größe wurde nun begrifflich viel klarer gefasst und mit einer statistischen Größe, der Wahrscheinlichkeit, verknüpft. Boltzmann erreichte damit einen Höhepunkt seines Schaffens.[32]

---

29 Rudolf Julius Emanuel Clausius (1822–1888) war Professor an der ETH Zürich, in Würzburg und Bonn. Sein Gebiet war in erster Linie die mechanische Wärmetheorie. Von ihm stammen der 2. Hauptsatz der Thermodynamik und der Begriff der Entropie.

30 Max Karl Ernst Ludwig Planck (1858–1947) war seit 1885 Professor für Theoretische Physik in Kiel und wurde 1889, nachdem Boltzmann die Kirchhoff-Nachfolge abgelehnt hatte, auf diese Stelle nach Berlin berufen. Mit der Einführung der Energiequanten für die Hohlraumstrahlung begründete er 1900 die Quantentheorie und erhielt 1918 den Nobelpreis für Physik. Er war ursprünglich ein entschiedener Gegner Boltzmanns statistischer Deutung des 2. Hauptsatzes der Thermodynamik. Als er 1900 Boltzmanns Methode anwendete, um sein Strahlengesetz theoretisch zu begründen, kämpfte er sehr entschieden für Boltzmanns Ideen und verhalf ihnen zu allgemeiner Anerkennung.

31 A. Einstein (1905) *Über einen die Erzeugung und Verwandlung des Lichtes betreffenden heuristischen Gesichtspunkt*. Annalen der Physik 17: 132–148.

32 Höflechner: *Leben*.

Am 2. Juli 1878 wurde Boltzmann zum Dekan der Philosophischen Fakultät der Universität Graz für das Studienjahr 1878/79 gewählt.

Im selben Jahr wurde Ludwigs und Henriettes ältester Sohn Ludwig Hugo (9. Februar 1878–1889) geboren; er starb im Alter von 11 Jahren an einer nicht erkannten Blinddarmentzündung. Als zweites Kind wurde Henriette (12. Mai 1880 – 8. März 1945), danach Arthur Ludwig (25. Juli 1881 – 6. November 1952) sowie Ida Katharina (17. September 1884 – 11. April 1910) geboren. Als fünftes Kind kam schließlich sieben Jahre später Elsa (4. August 1891– 27. August 1966) in München zur Welt.

Die beiden Töchter, Henriette und Ida blieben unverheiratet. Beide studierten Mathematik und Physik und legten die Lehramtsprüfungen für Gymnasien ab. Henriette promovierte 1905.

Der zweite Sohn, Arthur Ludwig, mein Vater, verbrachte seine Kindheit in Graz, seine Jugend in München und Wien. Er studierte an den Universitäten Berlin und Wien. Das Doktoratstudium in Physik beendete er mit der Promotion 1904 an der Wiener Universität. An der Technischen Hochschule Wien studierte er Maschinenbau und Elektrotechnik, dies war damals noch ein gemeinsames Studium, und er erlangte den Grad eines Ingenieurs (der akademische Grad eines Diplom-Ingenieurs war noch nicht üblich). Als der erste Weltkrieg ausbrach, war mein Vater Assistent an der Universität Wien. Der Krieg unterbrach jedoch seine weitere Laufbahn und als passionierter Ballonfahrer diente er als Offizier und Artilleriebeobachter im Fesselballon. Das spätere Bild zeigt ihn mit dem Ballonfahrer-Abzeichen am Kragenspiegel. Nach dem Krieg heiratete er am 15. Januar 1922 Dr. Pauline Freiin von Chiari.

Die jüngste Tochter Boltzmanns, Elsa, war Heilgymnastikerin und heiratete Dr. Ludwig Flamm, Professor für Physik an der Technischen Hochschule Wien. Sie sind die Eltern des in diesem Buch mehrfach zitierten, inzwischen verstorbenen Dr. Dieter Flamm, Professor für Physik an der Universität Wien.

In den ersten Grazer Jahren bewohnte die Familie Boltzmann zunächst eine sogenannte Naturalwohnung im Physikalischen Institut. Sie bestand aus sechs Zimmern, einem Kabinett und Nebenräumen. Da Boltzmann ein großes Naturempfinden besaß, wollte er jedoch seine Kinder am Land aufwachsen lassen. Er kaufte eine Landwirtschaft im Nordosten von Graz am Abhang des „Platte" genannten Berges oberhalb des Dorfes Oberkroisbach; Sonnleitenweg 33 lautete die Anschrift. Zwischen den ausgedehnten Wäldern baute nun Ludwig Eduard auf einer Lichtung über alten Kellergewölben sein „Landhaus". Es wurde von seinen Kollegen scherzhaft das „Boltzmanneum" genannt und ist noch heute weithin sichtbar. Wie auf einer natürlichen Kanzel stehend, erlaubte die herrliche Lage des großen Familienhauses einen weiten prachtvollen Ausblick über die Grazer Bucht in alle Himmelsrichtungen außer nach Norden. Der nahe Berg schützte das Anwesen vor Nordwinden.

Ludwig Boltzmann hatte zeitlebens darunter gelitten, als Jugendlicher keinerlei körperliche Ertüchtigung erfahren zu haben. Und darauf führte er auch seine Kränklichkeit zurück. Nun schaffte er eine Reihe von Turngeräten an und legte größten Wert auf deren stete Benutzung durch seine Kinder, mit denen er auch regelmäßig weite Ausflüge unternahm. Dabei war er meist in heiterer Stimmung und meinem Vater waren besonders die botanischen Erklärungen in lebhafter Erinnerung. Offenbar suchte mein Großvater, der ein großer Naturliebhaber war, bei diesen Wanderungen und im Winter beim Eislaufen die ihm früher fehlende körperliche Betätigung nachzuholen.

In Graz besaß mein Großvater auch einen Schäferhund. Der kam täglich um die Mittagszeit von der Platte herab in die Stadt gelaufen, wartete vor dem Institut, um dann während des von seinem Herrn in einer nahegelegenen Gastwirtschaft eingenommenen Mittagessens unter dem Tisch zu seinen Füßen zu liegen. Diese Umstände betrachtete Boltzmann offenbar als dem Hund nicht zumutbar und er verkaufte ihn nach Kärnten. Doch nach einigen Wochen um die Mittagszeit lag der Hund plötzlich abgezehrt, verwildert und ausgehungert wieder unter dem Tisch und wartete auf seinen Herrn. Dieser hatte nun dem Hund gegenüber ein sehr schlechtes Gewissen und trennte sich nicht mehr von ihm.

Der Tod seiner Mutter Katharina am 23. Januar 1885 war ein schwerer Schlag für Boltzmann und in diesem Jahr erlebte er auch eine psychische Krise. Die Ärzte stellten fest, dass er an Neurasthenie[33] leide. Schon von Jugend an war er ja kränklich gewesen und hatte an schwerem Asthma gelitten, was ihm unangenehme Beschwerden machte. Er nahm auch an, während seiner nächtlichen Studien bei schlechter Beleuchtung seine Augen überanstrengt zu haben. Sein Sehvermögen bereitete ihm nun, besonders bei diffizilen Experimenten immer größere Schwierigkeiten.

Trotz allem war er ein ausgezeichneter Experimentator. Als er vom Nachweis elektromagnetischer Wellen durch Heinrich Hertz gehört hatte, baute er eine entsprechende Versuchsanordnung, mit der er dieses Phänomen vor einem großen Auditorium vorführte. Später zeigt er es auch in einem Vortrag im Rahmen der Chemisch-Physikalischen Gesellschaft in Wien.

Diese Grazer Jahre gehörten wohl, abgesehen von seinen manchmal auftretenden gesundheitlichen Beschwerden, zu den wenigen ungetrübten Perioden seines Lebens. Sein mittlerweile groß gewordenes internationales Ansehen zog hervorragende junge Forscher aus Physik und Chemie an sein

---

33 Neurasthenie: „Nervenschwäche", ein heute in der Medizin veralteter, von G. M. Beard geprägter Begriff zur Charakterisierung eines Zustandes vermehrter Ermüdbarkeit und Erregbarkeit bei geringer seelischer Belastungsfähigkeit.

Institut. Darunter waren Svante Arrhenius[34] und Walther Nernst[35]. Arrhenius bezeichnete später die Vorträge Boltzmanns als sehr durchsichtig und fesselnd und nannte ihn einen großen Forscher und Denker, die größte Zierde der österreichischen exakten Wissenschaften. Die Schwierigkeiten, denen man nicht selten in seien Abhandlungen begegnete, blieben bei seinem gesprochenen Wort vollkommen aus.

Mit einem Dekret vom 25. August 1881 wurde Boltzmann der Titel eines Regierungsrates verliehen. Am 25. Juni 1887 wurde Boltzmann für das Studienjahr 1887/88 zum Rektor der Universität Graz gewählt.

Doch dieses Jahr des Rektorats brachte Boltzmann viel Aufregung und Ärger. Am 22. November 1887 war es nämlich im Laufe des großen „Deutschen-Universitäts-Studenten-Antritts-Commers" im Brauhaus Puntigam zu einem großen Skandal gekommen, wobei u.a. auch das Herrscherhaus verunglimpft wurde. Diese antidynastische und illoyale Handlung zog sechs, davon vier außerordentliche Sitzungen des Akademischen Senats nach sich. Die Disziplinaruntersuchungen unter Aufmerksamkeit des Hofes und des Kaisers verursachten dem Rektor Boltzmann wohl große nervliche Belastung.[36]

Boltzmanns wissenschaftliche Tätigkeit war jetzt sehr vielseitig. Seine Hauptarbeitsgebiete waren weiterhin der Elektromagnetismus und die Thermodynamik. Als eine wahre Perle der theoretischen Physik bezeichnete Lorentz[37] Boltzmanns Ableitung des Stefan-Boltzmannschen Gesetzes. Der Zusammenhang der Strahlungsintensität eines schwarzen Körpers mit der vierten Potenz der absoluten Temperatur war 1879 von Stefan[38] experimentell gefunden worden und konnte 1884 von Boltzmann sehr elegant abgeleitet werden.[39]

Mehrere Jahre hindurch fand ein sehr fruchtbarer wissenschaftlicher Dialog zwischen Helmholtz und Boltzmann statt. Boltzmann benutzte die Helmholtz'schen monozyklischen Systeme, bei denen ihn Helmholtz' Einteilung der Koordinaten jedes Systems in langsam und schnell veränderliche

34 S. Arrhenius (1859–1927), schwedischer Chemiker und Physiker, schuf die Grundlagen der modernen Elektrochemie und die Lehre der chemischen Reaktionen der wässrigen Lösungen. 1903 erhielt er den Nobelpreis für Chemie.

35 W. H. Nernst (1864–1941) entdeckte 1906 das Nernst'sche Wärmetheorem, auch Dritter Hauptsatz der Wärmelehre genannt. 1920 erhielt er den Nobelpreis für Chemie.

36 Höflechner: *Leben*.

37 Hendrik Antoon Lorentz (1853–1928) war Professor in Leiden. Seine Arbeitsgebiete waren im wesentlichen die kinetische Gastheorie und Thermodynamik, Elektronen- und Lichttheorie sowie Elektrodynamik. Er stand in mehrfachem wissenschaftlichen Kontakt mit Boltzmann. Die nach ihm benannte Längenkontraktion schnell bewegter Körper fand Eingang in Einstein's spezielle Relativitätstheorie. 1902 erhielt er den Nobelpreis für Physik.

38 Josef Stefan (1835–1893) war wichtigster Lehrer von Boltzmann. Ab 1860 Ordinarius für Physik an der Universität Wien. Siehe auch das spätere Kapitel über Maxwell und Boltzmann.

39 Werkeverzeichnis Nr. 76.

beeindruckte.[40] Boltzmann formulierte erstmals die Hypothese, dass ein thermodynamisches System im Laufe der Zeit allen Mikrozuständen, die mit seiner Energie verträglich sind, auch wirklich nahe kommt. Diese Hypothese nennt man heute Ergodenhypothese.

In seiner Arbeit *Über die Eigenschaften monozyklischer*[41] *und anderer damit verwandter Systeme*[42] führt er erstmals den Begriff „Ergode" ein.[43]

In seiner Festrede am 15. November 1887 zur Feier des 301. Gründungstages der Karl-Franzens-Universität zu Graz würdigte Boltzmann die wissenschaftlichen Verdienste des im selben Jahr verstorbenen G. Kirchhoff: „Gerade unter den zuletzt erwähnten Abhandlungen Kirchhoffs sind einige von ungewöhnlicher Schönheit. Schönheit, höre ich sie fragen; entfliehen nicht die Grazien, wo Integrale die Hälse recken, kann etwas schön sein, wo dem Autor auch zur kleinsten äußeren Ausschmückung die Zeit fehlt? Doch...wie der Musiker bei den ersten Takten Mozart, Beethoven, Schubert erkennt, so würde der Mathematiker nach wenigen Seiten seinen Cauchy, Gauss, Jacobi, Helmholtz unterscheiden. Höchste äußere Eleganz, mitunter etwas schwaches Knochengerüst der Schlüsse charakterisiert die Franzosen, die größte dramatische Wucht die Engländer, vor allen Maxwell. Wer kennt nicht seine dynamische Gastheorie? Zuerst entwickeln sich majestätisch die Variationen der Geschwindigkeiten, dann setzen von der einen Seite die Zustandsgleichungen, von der anderen die Gleichungen der Zentralbewegung ein, immer höher wogt das Chaos der Formeln; plötzlich ertönen die vier Worte: „Put n = 5". Der böse Dämon verschwindet, wie in der Musik eine wilde, bisher alles unterwühlende Figur der Bässe plötzlich verstummen; wie mit einem Zauberstab ordnet sich, was früher unbezwingbar war. Da ist keine Zeit, zu sagen warum diese oder jene Substitution gemacht wird; wer das nicht fühlt, lege das Buch weg; Maxwell ist kein Programm-Musiker, der über die Noten deren Erklärung setzen muss. Gefügig speien nun die Formeln Resultat auf Resultat aus, bis überraschend als Schlusseffekt noch das Wärmegleichgewicht eines schweren Gases gewonnen wird und der Vorhang sinkt....Kirchhoff selbst schrieb nie über Gastheorie. Seine ganze Richtung war eine andere, und ebenso auch deren treues Abbild, die Form seiner Darstellung, welche wir neben Eulers, Gauss', Neumanns usw. wohl als Prototyp der deutschen Behandlungsweise mathematisch-physikalischer Probleme hinzustellen berechtigt sind. Ihn charakterisiert die schärfste Präzisierung der Hypothesen, feine Durchfeilung, ruhige, mehr epische Fortentwicklung mit eiserner Konsequenz ohne Verschweigung irgendeiner Schwierigkeit, unter Aufhellung des leisesten Schattens. Um nochmals zu meiner Allegorie

---

40 H. Hörz und A. Laaß (1989) *L. Boltzmanns Wege nach Berlin*. Akademie-Verlag, Berlin; im folgenden zitiert als„Hörz und Laaß, *Berlin*".

41 Ein von Helmholtz geprägter Begriff. Siehe auch das spätere Kap. 3 über *Maxwell und Boltzmann*.

42 Werkeverzeichnis Nr. 77; dort steht erstmals das Wort Ergode.

43 Flamm: *Briefwechsel* sowie Höflechner: *Leben*.

zurückzugreifen, er glich dem Denker in Tönen: Beethoven. Wer in Zweifel zieht, dass mathematische Werke künstlerisch schön sein können, der lese seine Abhandlungen über Absorption und Emission oder den der Hydrodynamik gewidmeten Abschnitt seiner Mechanik."

Boltzmann konnte nicht ahnen, dass sich mit Kirchhoffs Tod für ihn ein Weg nach Berlin, dem damaligen Zentrum der Physik, eröffnen sollte. Boltzmann wurde von der Berliner Philosophischen Fakultät als Nachfolger Kirchhoffs mit folgenden Worten vorgeschlagen: „...ein höchst scharfsinniger und ausgezeichneter Mathematiker, dem es gelungen ist, einige der schwierigsten und abstraktesten Probleme der mechanischen Wärmelehre zu lösen." Er wurde per Telegramm benachrichtigt, reiste sofort nach Berlin und traf sich mit Vertretern der Universität sowie mit dem Regierungsrat Althoff, um die Bedingungen zu vereinbaren.

Die Berufung nach Berlin entwickelte sich zu einer tragischen Angelegenheit, die sogar Gegenstand eines Buches werden sollte.[44] Am 6. Januar 1888 erhielt Boltzmann den Ruf an die Philosophische Fakultät der Friedrich-Wilhelms-Universität Berlin als Nachfolger Kirchhoffs; er sagte zu und am 19. März erfolgte seine Ernennung zum o.Professor für theoretische Physik. Am 5. April 1888 wurde er als Ordentliches Mitglied in die Preußische Akademie der Wissenschaften in der Physikalisch-Mathematischen Klasse aufgenommen.

Am 6. April 1888 bestätigte Boltzmann die Ernennung und den Erhalt der Bestallungsurkunde vom Januar und ging in seinem Schreiben allerdings auf die Schwäche (Myopie) seiner Augen ein. Er wolle sich nicht auf die „Selbstprüfung" verlassen und werde einen Facharzt konsultieren.

Die Verhandlungen mit Berlin wurden in Graz bekannt. So sah sein bislang zurückhaltender Fachkollege Streintz den Augenblick für gekommen, seine Ansprüche auf Raum und Dotation anzumelden. Von diesen Forderungen war Boltzmann bei einem weiteren Verbleib in Graz persönlich betroffen.[45]

Die mittlerweile schwankende Haltung Boltzmanns kommt in einigen Briefen an von Helmholtz und Althoff zur Geltung. Althoff beruhigte Boltzmann hinsichtlich der Sehschwäche und der experimentellen Tätigkeit und übermittelte am 13. Juni die Höhe des Gehaltes von 13.700 Mark das sind 8220 Gulden, Umzugskosten 1200 Mark und besondere Entschädigung 2400 Mark, und ersuchte Boltzmann, das neue Amt am 1. Oktober zu übernehmen.[46]

Am 24. Juni 1888 erfolgte Boltzmanns überraschende Absage an die Universität Berlin (nachdem ja bereits drei Monate zuvor die Ernennung erfolgt war). Boltzmann schrieb an das königliche Ministerium in Berlin, ihn „der übernommenen Pflichten in Gnaden wieder zu entheben und...zu

---

44 Hörz und Laaß, *Berlin*; auch ausführlich in Höflechner: *Leben*.

45 Höflechner: *Leben*.

46 Hörz und Laaß, *Berlin*.

entlassen...es hat mich einen furchtbaren Kampf gekostet...". Er berief sich darauf, dass er nur Experimentalphysik durchgängig gehalten habe und die Vorlesungen für theoretische Physik neu vorbereiten müsse.... „nun aber da ich diese Arbeit in Angriff zu nehmen versuchte, sah ich erst, dass ich sie ohne ununterbrochene Anstrengung meiner Augen nicht zu bewältigen vermöchte...andererseits würde es aber meinem Gewissen widerstreiten, eine so verantwortungsvolle Professur zu übernehmen, ohne das von mir vertretene Fach ganz und voll zu beherrschen."

Dieser Absage fügte er zwei ärztliche Gutachten bei. Eines, vom 14. April 1888, wurde von Professor Isidor Schnabel[47] ausgestellt. Dieser schrieb: „Beide Augen sind durch Staphyloma posticum – einer pathologischen Netzhautveränderung in der Macula, höchstgradig myopisch, die Myopie ist noch progressiv und gebot ihm große Schonung der Augen." Das zweite Gutachten des Psychiaters Professor Dr. Richard von Krafft-Ebing führte aus, Boltzmann sei „von neuropathischer Konstitution und litt 1885 an einem Anfall allgemeiner reizbarer Schwäche des Nervensystems. Im Frühjahr 1888 erkrankte der Patient neuerlich, im Gefühl der geschwächten Nervenkraft, überdies hochgradig myopisch, hatte er die größten Gemütsbewegungen und Seelenkämpfe zu erdulden."[48]

Am 27. Juni 1888 erging ein Telegramm an Althoff: „Ich bitte, womöglich beide rekommandierte Briefe vom 24. Juni, welche ich gestern einen an Sie, einen an das Unterrichtsministerium sandte, mir ungeöffnet zurückzuschicken oder uneröffnet aufzubewahren." Am Tag darauf folgte ein weiteres Telegramm: „Bitte mein gestriges Telegramm ignorieren. Brief eröffnen."

Boltzmanns Freund Franz Eilhard Schulze wurde von der preußischen Unterrichtsverwaltung veranlasst, bei Henriette Boltzmann anzufragen, ob bereits Schritte hinsichtlich der Entlassung aus dem österreichischen Diensten eingeleitet wurden oder ob Boltzmann in seiner dortigen Stellung verbleiben könne. Henriette Boltzmann antwortete, dass ihr Mann nun wieder im Zweifel sei, ob er denn nicht doch nach Berlin hätte gehen sollen.

Am 29. Juni 1888 wurde Boltzmann Ehrenmitglied der Preußischen Akademie der Wissenschaften in Berlin.[49] Am 9. Juli 1888 nahm der König von Preußen den Erlass über die Ernennung Boltzmanns zurück. Die Absage steigerte die nervöse Erregung Boltzmanns sehr. Einige Tage später, am 16. Juli, hat Boltzmann, den „Tag und Nacht bitterste Reue über seine in höchster Aufregung vollzogenen Schritte" quälte, bei Althoff angefragt, ob es nicht doch eine Möglichkeit gäbe, die Sache rückgängig zu machen. Im Auftrag des Ministeriums übernahm es Franz Eilhard Schulze Boltzmann zu

47 Isidor Schnabel war Ordinarius der Augenheilkunde an der Universität Graz.

48 Höflechner: *Leben*: Ausführliche Dokumentation der „Berliner Tragödie", S. I 98 ff.

49 Nach den Statuten der Akademie musste ein neu ernanntes Mitglied innerhalb von 6 Monaten seinen Wohnsitz im Bereich Berlins nehmen. Anderenfalls wurde seine Mitgliedschaft in den Status eines Ehrenmitglieds umgewandelt.

sagen, dass der Allerhöchste Erlass bereits vorliege und daher nichts mehr zu ändern sei.

In einem Schreiben vom 12. September 1888 (Zahl 181/7) bekam Boltzmann für sein Verbleiben in Graz, aufgrund „Allerhöchster Entschlissung" ab dem 1. Oktober 1888 sein Gehalt neben verschiedener Zulagen von 2800 Gulden auf jährlich 3800 Gulden erhöht.

Durch den Ärger während seiner Rektoratszeit und die Aufregungen durch die zwar ehrende Berufung nach Berlin, jedoch durch die ihn quälenden Umstände seiner unüberlegten Absage und die vergeblichen Bemühungen, sie wieder rückgängig zu machen, war Boltzmann psychisch wie körperlich so erschöpft, dass er das Ministerium um sechs Wochen Urlaub von 1. August bis 13. September 1888 zur Stärkung seiner angegriffenen Gesundheit ersuchte. In seinem Urlaubsort Millstatt in Kärnten traf er zufällig mit Rudolf Virchow zusammen; er überzeugte diesen von seinem Sinneswandel, dass er doch weiterhin nach Berlin streben wolle und bat ihn um seine Vermittlung. Auch nahm er mit Althoff und Helmholtz nochmals Kontakt auf, um sein Streben nach Berlin kund zu tun. Dies alles war allerdings nicht mehr realistisch, denn bald sollten die Berufungsverhandlungen mit Max Planck beginnen.

Das Scheitern seiner Berufung nach Berlin bereute Boltzmann intensiv für den Rest seines Lebens. Von diesem Zeitpunkt an wechselten bei ihm Perioden gesteigerter Aktivität mit Wochen tiefer Niedergeschlagenheit.

Am 9. Dezember 1882 war er Korrespondierendes Mitglied der Königlichen Gesellschaft der Wissenschaften zu Göttingen in der mathematischen Klasse geworden, am 20. Mai 1885 sodann Wirkliches Mitglied der Kaiserlichen Akademie der Wissenschaften in Wien, Mathematisch-Naturwissenschaftlichen Klasse und am 12. November 1887 wurde er Auswärtiges Mitglied der Königlichen Gesellschaft der Wissenschaften zu Göttingen in der Mathematischen Klasse. Am 12. Dezember 1888 wurde Boltzmann Auswärtiges Mitglied der Königlich Schwedischen Akademie in Stockholm. und am 13. Januar 1889 Korrespondierendes Mitglied der Akademie der Wissenschaften in Bologna. Am 27. Oktober 1889 wurde ihm der Titel eines „Hofrates" verliehen und am 2. Juli 1890 anlässlich seines Abgangs nach München wurde er schließlich Ehrenmitglied der Mathematisch-Physikalischen Gesellschaft an der Universität Graz.

In seiner letzten Grazer Zeit von etwa 1888 bis 1890 war Boltzmann sehr unausgeglichen. Noch einschneidender und wahrscheinlich sogar von wesentlichem Einfluss auf sein Leben und das seiner Familie war der Tod von Boltzmanns ältestem hochbegabten Sohn Ludwig Hugo, der im März 1889 im Alter von elf Jahren an einer zu spät erkannten Blinddarmentzündung starb. Mein Großvater machte sich schwerste Vorwürfe, nicht rechtzeitig den durch die Fehldiagnose des Hausarztes verursachten Ernst der Erkrankung erkannt zu haben. Durch diesen schweren Verlust verstärkten sich seine Unruhe und seine Depressionen. Zunehmend litt er an Asthma. Durch noch vertiefteres Arbeiten wollte er sich von seinen Selbstvorwürfen ablenken und lebte längere Zeit hindurch fast nur mehr im Institut; die Familie vernachlässigte er. Auch seine zunehmende Sehschwäche wurde ihm beim Experimentieren immer hinderlicher. Sein Sohn Arthur Ludwig berichtete, dass er sich tage- und nächtelang in seinem Arbeitszimmer einschloss, oder ganz im Institut blieb, wenn er bis zur völligen Erschöpfung mit einem Problem beschäftigt war. Nur widerwillig ließ er sich in solchen Perioden wenigstens Getränke reichen. Seine ohnedies schwächliche Gesundheit litt darunter zusehends. Die Gefühlsschwankungen und die Unentschlossenheit verstärkten sich.

Und nun, nach der unglücklichen Berliner Affäre, strebte er plötzlich weg von Graz. Er wollte eine andere Umgebung und nahm schließlich einen an ihn ergangenen Ruf nach München an, wo er allerdings nur vorübergehend zu Ruhe und Zufriedenheit fand. Die Grazer Universität ließ ihn nur sehr ungern ziehen. Seiner großen Beliebtheit entsprach auch das große Abschiedsfest am 16. Juli 1890 in den städtischen Redoutensälen, das ihm zu Ehren gegeben wurde. Professor Dr. August Tewes und Rektor magnificus der Universität, Professor Dr. Heinrich Streintz sprachen die Abschiedsworte.[50]

1.7 Die Professur in München, 1890 bis 1894

Der einstimmige Beschluss der Philosophischen Fakultät der Universität München, Boltzmann zu berufen, wurde am 24. November 1889 an den Akademischen Senat weiter geleitet. Dieser konnte nach Klärung der Finanzfrage am 11. Juni 1890 den endgültigen Antrag auf Gewinnung Boltzmanns stellen. Der wurde sodann am 6. Juli 1890 zum ordentlichen Professor für theoretische Physik an der Königlichen Ludwig-Maximilian-Universität in München ernannt, wobei ihm ein Jahresgehalt von 7800 Mark zuerkannt wurde. Am 31. August 1890 wurde er aus dem österreichischen Staatsdienst entlassen und nahm mit dem Wintersemester 1890/91 seine Münchener Lehrtätigkeit auf.

Im Verhältnis zu Graz bedeutete München eine beträchtliche Erweiterung für die Wirkungsmöglichkeiten Boltzmanns. In dieser Stadt wurde er mit einer Anzahl von Wissenschaftlern aus unterschiedlichen Fachbereichen bekannt, mit denen er fruchtbar intensiv diskutierte. Mit dem Mathematiker Christian Klein[51] kam er in Kontakt und interessierte sich für die Gedankenwelt der „physikalischen Mathematik". Dieser war den physikalischen Ideen, den letzten und höchsten Ideen Boltzmanns, gegenüber bedeutend aufgeschlossener als viele andere Fachkollegen.

Im März 1891 erschienen in Leipzig Boltzmanns erster Teil seiner *Vorlesungen über Maxwells Theorie der Electricität und des Lichtes*. Damit setzte

50 Hörz und Laaß, *Berlin*.

51 Chr. F. Klein (1849–1925) hatte u.a. von 1875 bis 1880 in München gelehrt und offenbar weiteren Kontakt mit der Universität gepflegt.

er seine Verdienste um die Popularisierung der Maxwell'schen Theorie im Deutschen Sprachraum fort. 1893 folgte der zweite Teil.[52]

Im Wintersemester 1892/93 kam von der Universität Wien die Anfrage, ob Boltzmann wieder nach Wien zurückkehren würde. Er verhandelte kurz aber lehnte schließlich ab. Die Folge war, wie schon so oft in seinem akademischen Leben, eine beträchtliche Gehaltserhöhung in München von 7800 auf 9100 Mark jährlich.

In dieser guten Verhandlungsposition beantragte er auch zu seiner Unterstützung die Besetzung der vakanten Stelle eines Extraordinariats mit einem theoretischen Physiker zur Abhaltung der elementaren Vorlesungen. Auch beantragte er ebenso erfolgreich die Errichtung eines Extraordinariats für Physikalische Chemie.[53]

Im Jahr 1892 bahnte sich eine Auseinandersetzung mit der nun vorwiegend von dem Chemiker und späteren Nobelpreisträger F. W. Ostwald (1853–1932) vertretenen Energetik an.[54] Mit Ostwald hatte er bislang in gutem kollegialen Einvernehmen gestanden. Doch war bei der Erstellung eines Kataloges der Modellausstellung der Deutschen Mathematikervereinigung, womit Boltzmann allerdings nichts zu tun hatte, das Manuskript *Grundlinien der Energetik* von Ostwald, weil nicht sachbezogen, zurückgewiesen worden. Wahrscheinlich hat Ostwald dies Boltzmann angelastet. Mittlerweile hatten auch Ostwald und der Mathematiker G. F. Helm (1851–1923)[55] intensiv die von Boltzmann vertretene und von ihnen so benannte „Theorie der Atome und Moleküle" sowie, wie Ostwald auch dies nannte, Boltzmanns „Beschreibungsversuche mit Hilfe mechanischer Bilder" angegriffen. Auch einige Kollegen vertraten die gleiche Ansicht wie Ostwald. Der schrieb sein Lehrbuch der allgemeinen Chemie sowie eine Reihe von Aufsätzen zum Thema Energetik, zur Einbeziehung weiterer physikalischer Erkenntnisse in dieser Auffassung und schließlich stellte er den Anspruch der Begründung einer Mechanik auf energetischer Grundlage. Es entstand ein reger Briefwechsel zwischen Mach, Ostwald und Boltzmann und es bahnte sich die auch öffentliche Auseinandersetzung um grundlegende Fragen an, was schließlich auch Boltzmann hin zur Philosophie führen sollte.

Auf der 65. Naturforscherversammlung in Nürnberg im September 1893 hielt Boltzmann den Vortrag *Über die neueren Theorien der Elektrizität und des Magnetismus*[56]. Wie schon vorher auf der Versammlung in Halle 1891 ergab sich wieder eine eingehende Diskussion, in der sich neben Ostwald und Helm nun auch Planck zugunsten der thermodynamischen Interpretation gegen Boltzmanns kinetische Auffassung stellten. Boltzmann hielt in der Diskussion seinen Gegnern den bedeutsamen Satz entgegen: „Ich sehe

---

52 Werkeverzeichnis Nr. 105. Siehe auch das spätere Kap. 3 über *Maxwell und Boltzmann*.
53 Höflechner: *Leben*, S. I 129.
54 Siehe das spätere Kap. 4: *Mach, Ostwald und Boltzmann*.
55 Siehe das spätere Kap. 4: *Mach, Ostwald und Boltzmann*.
56 Werkeverzeichnis Nr. 119 .

keinen Grund, nicht auch die Energie als atomistisch eingeteilt anzusehen!" Auf der nächsten Naturforscherversammlung sollte es noch schlimmer kommen. Die Diskussionen um Boltzmanns Atomistik werden Gegenstand eines späteren Kapitels dieses Buches sein. Sie war in der Wissenschaftsgeschichte so bedeutsam, dass sie großes Aufsehen erreichte und später sogar zwei Büchern deren Titel gab.[57]

Boltzmann fühlte sich unter seinen Münchener Kollegen besonders wohl. Mit diesen wurden regelmäßig bei abendlichem Bier wissenschaftliche Fragen diskutiert. Es waren u.a. die Mathematiker Alfred Pringsheim und Walter Dyck, der Physiker Eugen Lommel, der Chemiker und spätere Nobelpreisträger Adolf von Bayer, der Astronom Hugo Seeliger und der Kältetechniker Carl von Linde.

Auch in München war Boltzmann eine Anziehungskraft für ausländische Gäste. Es besuchten ihn u.a. der Engländer Samuel Tolver Preston, gleich alt wie Boltzmann, und bereits ausgewiesener Wissenschaftler, sowie der Japaner Hantaro Nagaoka (1865–1950), der zuvor in Tokio promoviert worden war. Dieser beschrieb Boltzmanns Vorlesungen als besonders klar und bewunderte sein Gedächtnis, da er auch für die kompliziertesten Funktionen und Gleichungen keine Notizen brauchte.[58]

Große Bedeutung kommt in der Münchner Zeit auch den wissenschaftlichen Diskussionen mit englischen Physikern zu. Es ging dabei vorwiegend um die Verknüpfung der Thermodynamik mit der kinetischen Gastheorie. Boltzmann fand in England unvergleichlich mehr wissenschaftliche Anerkennung. Im Juni 1892 war er zu der 300-Jahr Feier des Trinity College in Dublin eingeladen. Dort traf er Culverwell, William Thomson und John William Strutt, mit denen er in brieflichen Kontakt trat[59]. Im Rahmen einer Tagung der British Association for the Advancement of Sience in Oxford verteidigte Boltzmann in einem Vortrag auch hier die Vorstellung von der atomistischen Struktur der Materie. Im Rahmen dieser Tagung wurde er am 15. August 1894 durch die Verleihung der Ehrendoktorwürde der Universität Oxford geehrt, wobei er sich darüber amüsierte, dass er das Ehrendoktorat der Rechte (Doctor of Law) erhielt. Dazu schrieb ein britischer Kollege später in der Zeitschrift *Nature*: „He received an honorary degree, and expressed some amusement at being made a Doctor of Law. It were better they made me a Doctor of Science, he remarked. It was, however, pointed out that as an authority on the laws of thermodynamics the title was a fitting one".

Die Laudatio der Ehrenpromotion wurde am 23. August 1894 in *Nature* gekürzt publiziert:

„His first paper was on the distribution of electricity on a sphere and cylinder, and his second one on the mechanical significance of the second

57 C. Cercigniani und D. Lindley; s. Bibliographie.

58 Höflechner: *Briefe*. Der Brief ist an Asian Journal of Science and Art gerichtet; S. I 132, 133. Nagaoka war später, 1896 bis 1926, Professor für theoretische Physik in Tokyo.

59 Höflechner: *Leben*, S. I 135.

law of Thermodynamics. His subsequent papers are too numerous to mention in detail, and have been published principally by the Academy of Science at Vienna, and recently at Munich. The most important of these treat of the steady state of kinetic energy in gas molecules and its connection with the second law of Thermodynamics, of the specific inductive capacity of solids and gases, and other thermodynamic and electromagnetic subjects. Along with Clausius and Maxwell, he is a founder of the kinetic theory of gases, especially in its more complicated aspects and in its connections with the second law of Thermodynamics. Recently he has devoted himself in popularising Maxwells electromagnetic theory in Germany."[60]

Besonders hat Boltzmann die Organisation und die Disziplin der Diskussionen innerhalb der „British Association for the Advancement of Science" beeindruckt und diese war ihm Vorbild für die Ausgestaltung der Veranstaltungen der Gesellschaft Deutscher Naturforscher und Ärzte 1895 in Lübeck.

Ludwig Boltzmann hat später seine Jahre in München als die schönste Periode seines akademischen Lebens bezeichnet. Er pflegte Kontakte mit vielen Kollegen unter anderen mit Finsterwalder, Klein und Sohnke. Mit von Lommel, Professor für Experimentalphysik und mit dem Chemiker von Baeyer verband ihn eine enge Freundschaft, und auch bei Einladungen zu Prinz Luitpold fanden Gespräche über physikalische Fragen statt. Boltzmanns wohnten zunächst in der Maximilianstraße. Von dort war es nahe zur Universität und auch zur Oper, wo die von Boltzmann gerne gehörten Werke Richard Wagners aufgeführt wurden.

Mein Vater berichtete, dass schon damals Boltzmanns „Sehschwäche" so weit fortgeschritten war, dass ihm meine Großmutter regelmäßig wissenschaftliche Arbeiten vorlas, um die Augen ihres Mannes zu schonen. Als Mathematikerin war sie eine sachkundige Vorleserin. Sie war aber auch von großer Unrast erfüllt, denn hauptsächlich sie hatte die zweimaligen Umzüge in der kurzen Münchener Zeit veranlasst. Die Familie zog aus der Stadtmitte nach Schwabing und weiter in die Nähe des botanischen Gartens, Maria Josefastraße 8 „An der Grube". Meine Großmutter war es, die schließlich zu einem Wechsel nach Österreich drängte. Zuletzt wohnte die Familie in dem Haus der Bildhauerin Elisabeth Ney. In dieses Haus zog später der Archäologe Adolf Furtwängler, der Vater des Dirigenten. Den Sommer 1891 verbrachte die Familie in Murnau am Staffelsee und 1893 in Garmisch-Partenkirchen. Mein Vater erzählte häufig von den wunderschönen gemeinsamen Wanderungen mit seinem Vater, der heiter erzählte aber dann wieder plötzlich abbrach und in Gedanken versank.

Die Boltzmann zuteil gewordenen Ehrungen hatten sich zu häufen begonnen: Am 14. November 1891 war er Ordentliches Mitglied der Baye-

60 Boltzmanns „English connections" werden ausführlich beschrieben in Höflechner: *Leben*, S. I 135 ff.

rischen Akademie der Wissenschaften in München geworden und auch Mitglied der Deutschen Mathematiker-Vereinigung. Am 30. Januar 1892 wurde er Ehrenmitglied des Naturwissenschaftlichen Vereins für Steiermark in Graz und am 26. Februar 1892 wurde ihm mit prinzregentlicher Entschließung der Titel eines Geheimen Rates verliehen. Kurz danach, am 26. April 1892 wurde er Ehrenmitglied der Manchester Literary and Philosophical Society und am 21. Mai dieses Jahres auswärtiges Mitglied der Holländischen Gesellschaft der Wissenschaften in Haarlem. Später, am 7. April 1893 wurde er Auswärtiges Mitglied der Gesellschaft der Wissenschaften in Kopenhagen. Die Ehrungen hatten ihren vorläufigen Höhepunkt in der besprochenen Ehrenpromotion in Oxford gefunden.

In Wien war am 7. Januar 1893 Josef Stefan gestorben. Nach den 30 Jahren seiner Professur war somit dessen Lehrstuhl vakant geworden. Die zahlreichen Sitzungen der Nachbesetzungskommission begannen im Februar 1893 und sehr bald wurde natürlich auch über Boltzmann gesprochen; allerdings gab es auch viele andere Vorschläge und die Sitzungen zogen sich schließlich über mehr als ein Jahr hin. Inzwischen hatte Boltzmann durchblicken lassen, dass er doch wieder nach Wien strebe, was zu ersten Gesprächen und schließlich Verhandlungen führte. Boltzmann hatte sich zunächst einen sehr hohen Gehalt vorgestellt, musste sich zwar später mit weniger begnügen, was aber im Juni 1894 dem Kaiser immer noch „schonend" unterbreitet werden musste. Am 20. Juni 1894 konnte das Berufungsverfahren abgeschlossen werden.[61]

Das offizielle Angebot, nach Wien zurück zu kehren, verunsicherte Boltzmann, ähnlich wie 1888 nach Berlin, er nahm aber den Ruf doch bald an. Dass er nach einigen so befriedigenden Jahren München und seinen so anregenden Kollegen- und Freundeskreis wieder verlassen wollte, ist einerseits im wesentlichen auf seine rasch zunehmende Sehschwäche und auf seine Angst vor einer vollständigen Erblindung zurückzuführen, die sich in seinen letzten Lebensjahren auch tatsächlich anzukünden begann. Andererseits fürchtete er, in München ohne Altersversorgung dienstunfähig zu werden. Er dachte an den frühen Tod seines Vaters und hatte wohl auch die Berichte über den erblindet verstorbenen Georg Simon Ohm[62] vor Augen, der ohne Pension in ärmlichsten Verhältnissen gelebt hatte und elend, mit abgerissener Kleidung, in die Sitzungen der Akademie der Wissenschaften gekommen war. Obwohl als Universitätsprofessor bayerischer Staatsbürger und „Königlich Bayerischer Geheimer Rat", war auch Boltzmann nicht pensionsberechtigt. Das hatte er bei Annahme der Berufung wohl nicht bedacht. Deshalb wäre auch seine Familie, seine Frau mit vier Kindern, im Falle einer

---

61 Höflechner: *Leben*, S. I 148 – I 155.

62 Georg Simon Ohm (1789–1854) war Mathematiklehrer in verschiedenen Orten und ab 1849 Professor für Physik in München. Sein Name ist vor allem durch das nach ihm benannte Gesetz und die Widerstands-Einheit bekannt. Das Gesetz hatte er bereits lange vor seiner Professur formuliert.

Dienstunfähigkeit völlig unversorgt geblieben und das war auch für meine Großmutter der Grund, zu einer Rückkehr nach Österreich zu drängen. Nach den bisher zahlreichen Umzügen stand also ein weiterer bevor; es sollte nicht der letzte werden.

Mit Dekret vom 18. Juli 1894 wurde die zum 1. September wirksame Entlassung aus dem Bayrischen Staatsdienst verfügt.

1.8 Die zweite Professur in Wien, 1894 bis 1900

Das Wiener k.k. Ministerium für Cultus und Unterricht ernannte Boltzmann mit einer Urkunde vom 22. Juni 1894 zum ordentlichen Professor der theoretischen Physik an der Universität in Wien. Der Dienstantritt als Nachfolger Stefans wurde mit 1. September 1894 festgesetzt. Die Ernennung brachte abermals eine beträchtliche Erhöhung des Einkommens mit sich: Ein Jahresgehalt von 6000 fl[63] sowie eine Personalzulage 1000 fl, beides in die zugesagte Pension einrechenbar; dazu kamen für die Leitung des theoretisch-physikalischen Seminars eine sogenannte Remuneration von jährlich 600 fl sowie der Genuss einer kostenlosen Dienstwohnung bzw. der Ersatz von Mietkosten, falls die angebotene Dienstwohnung nicht zusagen sollte. Schließlich wurden noch die Umzugskosten mit 2000 fl ersetzt. Der Jahresgehalt betrug nun fast das Doppelte seines früheren Grazer Bezugs.

Anlässlich der 66. Naturforscherversammlung September 1894 in Wien hielt Boltzmann einen Vortrag *Über Luftschifffahrt*[64] in dem er sich vor allem für den österreichischen Flugpionier Wilhelm Kress[65] einsetzte und ihn zu dem Vortrag einlud. Zur Veranschaulichung ließ er ein kleines Modell des „schon vor 14 Jahren von Kress ersonnenen Apparates" durch den Großen Saal des Wiener Musikvereins fliegen. Boltzmann bekundete damit sein vielseitiges Interesse und beendete seinen, den damaligen Stand der Entwicklung zusammenfassenden Vortrag, indem er sagte: „Der Erfinder des lenkbaren Luftschiffes muss hierin dem Muster aller großen Entdecker, Christoph Kolumbus, gleichen, der ebenso durch persönlichen Mut wie durch Scharfsinn allen Entdeckern der Zukunft das Beispiel gab. ... Außer der Überlegung und Begeisterung ist nur noch eines nötig, was auch Kolumbus am schwierigsten erlangte, nämlich Geld!" Und Boltzmann gab Kress beträchtliche finanzielle Unterstützung.[66] Seine Begeisterung für die Luftfahrt

---

63 fl stand für Gulden.

64 Werkeverzeichnis Nr. 124, *Populäre Schriften*, S. 81–91.

65 W. Kress (1836–1913) kam 1877 aus St. Petersburg nach Wien und wurde namhafter Flugpionier. 1901 erfand Kress das Prinzip des Steuerknüppels. Er brachte mehrere Flugapparate zum Fliegen und ihm gelang auch 1901 der Start eines Motorflugzeugs. Die berühmten Gebrüder Wright veröffentlichen ihren Motorflug im September 1908.

66 W. Stiller (1989) *Ludwig Boltzmann, Altmeister der klassischen Physik*. Verlag Harri Deutsch, Thun, Frankfurt/Main, im folgenden zitiert als „Stiller: *Boltzmann, Altmeister*".

trug Boltzmann eine diesbezügliche humorvolle Karikatur seines dafür begabten früheren Studenten Karl Przibram ein.[67] Zu Hause gab er meinem Vater, der sich für die Luftschifffahrt sehr interessierte und kleine Flugzeuge baute, viele Ratschläge hinsichtlich Verbesserungsmöglichkeiten. Das Engagement Boltzmanns für Kress zeigte, dass er neben der „reinen" Naturwissenschaft auch lebhaft an technischen Errungenschaften interessiert war. Auch betätigte er sich fallweise sogar als „Mechaniker". So baute er meiner Großmutter einen elektrischen Antrieb für ihre Nähmaschine und entwarf auch einen Druckkochtopf.

Zur Linderung seines Asthmaleidens verbrachte Ludwig Eduard Boltzmann die Sommerferien stets an der Adriatischen Küste und dies meist nur in Begleitung seines Sohnes Arthur Ludwig. Mein Vater fotografierte viel und gern und daher sind noch verblasste Bilder von diesen Ferien in Abbazia, Volosca, Fiume, Chersano und von der Insel Lussin erhalten geblieben.

In dieser Zeit der zweiten Wiener Professur befand sich Boltzmann zwar wie früher in München auf der Höhe seines Lebens und erfreute sich höchsten wissenschaftlichen und allgemeinen Ansehens.[68] In dieser Phase trat nun aber auch die Philosophie bzw. Naturphilosophie neben seine Physik und führte zu Auseinandersetzungen vorwiegend mit Mach, Ostwald und Helm. Mit Mach hatte er in erster Linie um die Anerkennung der Vorstellung von Atomen und Molekülen und die damit zusammenhängende mechanistische Auffassung der Naturerscheinungen zu kämpfen. Die intensivsten Diskussionen musste er mit Ostwald und Helm führen, die nebst einigen weiteren Widersachern Boltzmanns wesentliche Erkenntnisse in Frage stellten.

Diese Auseinandersetzung fand auf der Naturforscherversammlung in Lübeck vom 16. bis 20. September 1895 ihren Höhepunkt.[69] Boltzmann war in freudiger Erinnerung an Oxford zunächst fest entschlossen gewesen, „eine Debatte ‚a la british association' *zu* provozieren" jedoch „the philosophy of energetics exploded out into the open."[70] Im wesentlichen begann der Streit aufgrund eines Vortrags von Ostwald über *Die Überwindung des wissenschaftlichen Materialismus*. Ostwald suchte den Nachweis zu führen, „dass die mechanistische Auffassung der Naturerscheinungen unzulänglich ist und dass sie mit dem Erfolg der Beseitigung der Unzulänglichkeiten durch die energetische [Auffassung] ersetzt werden kann."[71] Ein Referat von G. F. Helm *Über den derzeitigen Zustand der Energetik* wollte alles Naturgeschehen

---

67 Siehe Kap. 9: *Dokumente*. Acht Karikaturen Przibrams u.a. auch in Flamm: *Briefwechsel*.

68 Höflechner: *Leben*.

69 Eine eingehendere Schilderung ist dem späteren Kapitel über *Ostwald, Mach und Boltzmann* vorbehalten.

70 Hiebert, E. (1971) The Energetics Controversy and the New Thermodynamics. In: *Perspectives in the History of Science and Technology* (D. H. D. Roller, Hrsg.). University of Oklahoma Press, S. 67–86.

71 W. Ostwald selbst in seinen Lebenslinien noch 1927.

einzig allein aus einer Gleichung für die Energie ableiten. Und P. Duhem[72] hat sogar die kinetische Theorie der Materie, die Thermodynamik, als „parasitäres Gewächs an einem Baum, der schon kräftig und voll Leben ist" bezeichnet. Boltzmann kämpfte in der langen Diskussion gegen seine wissenschaftlichen Gegner und gewann. Darüber berichtet Arnold Sommerfeld[73] in einem Vortrag zum 100. Geburtstag Ludwig Boltzmanns: „Das Referat für die Energetik hatte Helm aus Dresden gehalten; hinter ihm stand Wilhelm Ostwald, hinter beiden die Naturphilosophie des nicht anwesenden Ernst Mach. Der Opponent war Boltzmann, sekundiert von Felix Klein. Der Kampf zwischen Boltzmann und Ostwald glich, äußerlich und innerlich, dem Kampf des Stiers mit dem geschmeidigen Fechter. Aber der Stier besiegte diesmal den Torero trotz aller Fechtkunst. Die Argumente Boltzmanns schlugen durch. Wir damals jüngeren Mathematiker standen alle auf der Seite Boltzmanns."[74]

Planck schrieb in seinen Erinnerungen: „...dass dieser Kampf...ziemlich lebhaft geführt wurde und dass er auch zu manchen drastischen Effekten Anlass gab, da die beiden Gegner sich an Schlagfertigkeit und natürlichem Witz ebenbürtig waren."

Als gegen Boltzmann von einem „sonst getreuen Anhänger der molekularen Theorie die Bemerkung fiel, es sei in der Gastheorie ein gewisses Missverhältnis zwischen Aufwand und Resultaten nicht zu leugnen", erwiderte Boltzmann mit der ihm eigenen Schlagfertigkeit und Energie „seit wann denn bei der Schätzung wissenschaftlicher Ergebnisse die Mühe in Rechnung gesetzt würde, die ihre Gewinnung gekostet hätte."

Ostwald hat die kinetische Gastheorie, die für ihn ein besonderer Ausdruck der „Atomhypothese" war, mit einem Dornröschen verglichen, das in tiefen Schlaf versunken sei, aus dem es wohl so bald nicht wieder erwachen würde.[75]

Nach Aussage seiner Enkelin Grete Bauer hat Ostwald nach dieser Lübecker Diskussion einen Zusammenbruch erlitten und musste sich für ein halbes Jahr beurlauben lassen.[76] Aber auch Boltzmann war sehr mitgenommen. Allerdings hat er später die Diskussion einseitig fortgesetzt, indem er 1896 seine Überzeugung in mehreren Aufsätzen u.a. in den Populären Schriften mit rund 60 Druckseiten, u.a. in *Ein Wort der Mathematik an die Energetik*"[77] zusammenfasste. Der Schlagabtausch war aber noch lange nicht beendet. Es folgten zahlreiche Aufsätze der einen Seite, gefolgt von Entgeg-

---

72 Pierre M. M. Duhem (1861–1916), französischer Physiker, Philosoph und Wissenschaftshistoriker (u.a.: *„Physikalische Theorien sind bloße Konstruktionen, die keinen Anhaltspunkt in der Wirklichkeit haben."*).

73 A. J. W. Sommerfeld (1868–1951) war Professor in Clausthal, München und Aachen.

74 A. J . W. Sommerfeld: *Das Werk Boltzmanns*, s. Bibliographie.

75 Höflechner: *Leben*.

76 Grete Bauer, Großbothen, persönliche Mitteilung.

77 Werkeverzeichnis Nr. 133, 138, 142, 143, 145, 146.

nungen der anderen. Noch 1896 publizierte Ernst Zermelo[78], damals Assistent bei Max Planck, abermals auch gegen Boltzmanns H-Theorem.

Im September 1895 schloss Boltzmann den ersten Teil seiner *Vorlesung über Gastheorie* ab, der 1896 erschien. Es war in 200 Seiten eine umfassende Theorie der Gase mit einatomigen Molekülen. Der zweite Teil mit 260 Seiten erschien 1898 und behandelte die Theorie von Van der Waals, die Gase mit zusammengesetzten Molekülen sowie die Gasdissociation[79].

Zwischen den beiden Bänden stellte Boltzmann 1897 den ersten Teil seiner *Vorlesungen über die Prinzipe der Mechanik* fertig, den zweiten Teil im Sommer 1904, während der dritte Teil erst nach seinem Tode 1920 durch Hugo Buchholz herausgegeben wurde[80]. Das Fundament aller Bereiche der Physik war für Boltzmann die Mechanik und in fünf Antrittsvorlesungen hat er die Prinzipien der Mechanik vorgestellt. „Der Gott, von dessen Gnaden die Könige regieren, ist das Grundgesetz der Mechanik" so sagte er unter anderem in der Leipziger Antrittsvorlesung.

In dieser Zeit litt er seelisch ungemein unter dem Eindruck, dass er wesentlich mehr Widersacher als Freunde hatte, die seine Entwicklungen anerkannten und dass seine Statistische Mechanik besonders im deutschen Sprachraum zu wenig Beachtung fand bzw. bekämpft wurde. Boltzmanns statistische Argumente wurden von seinen Widersachern nicht akzeptiert, und so schrieb er zum Beispiel im Vorwort zum zweiten Band seiner Gastheorie: „Es wäre daher meines Erachtens ein Schaden für die Wissenschaft, wenn die Gastheorie durch die augenblicklich herrschende feindselige Stimmung zeitweilig in Vergessenheit geriete wie z.B. einst die Undulationstheorie durch die Autorität Newtons." Die Eleganz und Erklärungsmächtigkeit von Boltzmanns genialem statistischen Ansatz rechtfertigt aber auch heute noch die Auseinandersetzung mit dieser Idee.

Das physikalische Institut war damals nicht mehr in Erdberg. Es befand sich in einem traurigen, desolaten Zustand in der Türkenstrasse 3. In diesem Hause bezog die Familie eine Naturalwohnung (bis zur baldigen Übersiedlung nach Leipzig). Boltzmann bewegte sich jetzt nur mehr innerhalb des Hauses zwischen Wohnung und Institut, was ihm gesundheitlich sicher schadete; es gab keine Ausflüge mehr wie früher in Graz.

Kaum erst ein Jahr wieder zurück in Wien fühlte er sich hier nun doch nicht mehr wohl und er bereute, von München weg gegangen zu sein. Das dortige Fehlen einer Altersversorgung schien er vergessen zu haben. Nicht zuletzt als Zeichen seiner Unruhe strebte Boltzmann rasch wieder weg von Wien. Er habe hier keine Stundenten zu rein wissenschaftlicher Arbeit. Zusammenkünfte und gesellige Vereinigungen, in denen man wissenschaftliche Anregungen empfängt, fehlten fast ganz. In dieser psychisch nicht

---

78 Ernst F. F. Zermelo (1871–1953), Mathematiker und Physiker, war Professor in Zürich und später in Freiburg.

79 Werkeverzeichnis Nr. 135.

80 Werkeverzeichnis Nr. 147.

gerade glücklichen Situation schien ihm offenbar ein erneuter Ortswechsel erstrebenswert. Offenbar ohne seine Kenntnis hatte Henriette im Januar 1896 Verbindung mit Berlin aufgenommen, ob man nicht bei einer erforderlichen Wiederbesetzung an ihren Mann denken könnte. Diese aus heutiger Sicht nicht gut verständliche Maßnahme hatte natürlich keinen Erfolg. Es ist ungewiss, ob überhaupt eine Antwort erfolgte. Boltzmann selbst streckte dann im Frühjahr Fühler nach München aus. Im Interesse der dortigen Fakultät und der Universität wurde die Rückberufung beantragt und bis über die Jahrhundertwende hinaus angestrengt. Doch die bayrische Unterrichtsverwaltung lehnte mit Hinweis auf die Finanzlage ab.[81]

Statt anregender Diskussionen mit Kollegenfreunden hatte er unerfreuliche Auseinandersetzungen. Zunehmend litt er unter den Angriffen gegen seine Erkenntnisse. In Ernst Mach, den er zwar persönlich sehr schätzte, hatte er bekanntlich einen erbitterten Gegner der Atomistik. Auch kränkte es ihn, dass er, nachdem er durch seinen Ruf nach München aus der Kaiserlichen Akademie der Wissenschaften in Wien als wirkliches Mitglied ausgeschieden worden war als nunmehriger Ordinarius an der Wiener Universität erst nach geraumer Zeit wieder aufgenommen wurde. Einer sofortigen Wiederbestätigung hatte sich nämlich Kaiser Franz Josef widersetzt. In vielen Briefen aus dieser Zeit ist seine Enttäuschung dokumentiert. Unter diesen Eindrücken hat es meine Großmutter dann sehr bedauert, zum Wechsel nach Wien gedrängt zu haben.

Allerdings besuchte Boltzmann in Wien sehr gerne Konzerte und die Oper. Besonders gerne hörte er Opern von Richard Wagner; die Oper *Der Evangelimann* von Wilhelm Kienzl, 1895 in Berlin uraufgeführt, fand in der Boltzmann'schen Familie verständlicherweise begeisterte Zuhörer.

Am 8. Dezember 1895 hat Boltzmann in einer Gedenkrede auf Josef Stefan den Begriff der theoretischen Physik definiert: „Schon die Fassung dieses Begriffs ist nicht ganz ohne Schwierigkeiten. Die Physik ist heutzutage durch ihre vielen praktischen Anwendungen populär geworden. Von der Tätigkeit eines Mannes, der durch Versuche ein neues Gesetz in der Wirkungsweise der Naturkräfte entdeckt oder auch bekannte Gesetze bestätigt oder erweitert, dürfte man sich eine Vorstellung machen können. Aber was ist ein theoretische Physiker? Da letzterer gründliche mathematische Kenntnisse besitzen muss, pflegt man seine Tätigkeit häufig die mathematische Physik zu nennen, jedoch nicht ganz entsprechend; denn auch die Auswertung komplizierter physikalischer Experimente, ja selbst die Lösung technischer Probleme, kann weitschweifige und schwierige Rechnungen erfordern, ist aber doch nicht der theoretischen Physik zuzuzählen. Die theoretische Physik hat vielmehr, wie man früher sagte, die Grundursachen der Erscheinungen aufzusuchen oder wie man heute lieber sagt, sie hat die gewonnenen experimentellen Resultate unter einheitlichen Gesichtspunkten

---

81 Höflechner: *Leben*.

zusammenzufassen, übersichtlich zu ordnen und möglichst klar und einfach zu beschreiben, wodurch die Erfassung derselben in ihrer ganzen Mannigfaltigkeit erleichtert, ja eigentlich erst ermöglicht wird. Deshalb wird sie in England auch *natural philosophy* genannt."[82]

Im Herbst 1896, zwischen zwei Entgegnungen auf „Angriffe" Zermelos[83], brachte Boltzmann den Aufsatz *Über die Unentbehrlichkeit der Atomistik in den Naturwissenschaften* heraus, der später auch in den Populären Schriften erschien.[84] Also die Weiterführung seines Kampfes um die Anerkennung der Realität in der Natur.

Die Lübecker Auseinandersetzung hatte immer noch nachgewirkt und sich in einem nahezu permanenten Abtausch wissenschaftlicher Abhandlungen manifestiert.[85]

Die in dieser Zeit zunehmenden Schwierigkeiten durch die rasch komplexer werdenden einzelnen Teilbereiche der Physik wurden durch die mechanistische Interpretation der Wärmelehre zusammengefügt. Diese Fragen waren eine Herausforderung für die Physiker. Mach leugnete die Frage nach dem „warum", Hertz verfasste eine radikale Mechanik, Poincaré wandte sich der Naturphilosophie zu. Boltzmann nahm 1897 in den Sitzungsberichten der Akademie in Wien dazu Stellung: *Über die Frage nach der objektiven Existenz der Vorgänge in der unbelebten Natur.*[86] Er schreibt darin in seinen Populären Schriften: „Wir dürfen nicht fragen, ob Gott existiert, bevor wir uns darunter etwas bestimmtes vorstellen können, sondern vielmehr, durch welche Vorstellung wir uns dem obersten, alles in sich fassenden Begriffe nähern können."

Am 27. Mai 1896 hatte an der Akademie in Wien die Delegiertenversammlung des Unternehmens für die Herausgabe der *Mathematischen Enzyklopädie* getagt. In dieser Sitzung wurde der Verlagsvertrag ausgehandelt. Für diese *Mathematische Enzyklopädie* lieferte Boltzmann bis an sein Lebensende wissenschaftliche Arbeiten; die letzte 1905 gemeinsam mit Josef Nabl über *Kinetische Theorie der Materie*; seine letzte Veröffentlichung.[87]

Im Jahr 1897 hielt Boltzmann bei der Naturforscherversammlung in Braunschweig den Vortrag: *Über einige meiner weniger bekannten Abhandlungen über Gastheorie und deren Verhältnis zu derselben.*[88] Und 1898 nahm er an der Düsseldorfer Naturforscherversammlung teil und griff, in gewohnter Weise lebhaft gestikulierend, in die Aussprache ein und vertrat vehement seine Meinung. Seine Beiträge waren unter anderem: *Zur Energetik*, und *Über die kinetische Ableitung von Formeln für den Druck des gesättigten*

82 Werkeverzeichnis Nr. 132.
83 Werkeverzeichnis Nr. 141, 148.
84 Werkeverzeichnis Nr. 145.
85 Sehr ausführlich dargestellt in Höflechner: *Leben*, S. I 171 ff.
86 Werkeverzeichnis Nr. 144.
87 Werkeverzeichnis Nr. 192.
88 Werkeverzeichnis Nr. 151.

Gases, für den Dissoziationsgrad von Gasen, für die Entropie eines das van der Waals'schen Gesetz befolgenden Gases.[89]

Seit dem 9. Mai 1895 war Boltzmann Mitglied der Königlichen Gesellschaft Edinburgh; drei Wochen später, am 29. Mai 1895, war er als Wirkliches Mitglied der Kaiserlichen Akademie der Wissenschaften in Wien wiedergewählt und am 7. Dezember zum Ordentlichen Mitglied der Königlichen Gesellschaft der Wissenschaften in Upsala gewählt worden.

Am 12. Januar 1896 war Boltzmann Auswärtiges Mitglied der Akademie der Wissenschaften in Turin und am 7. September Auswärtiges Mitglied der Regia Lynceorum Academia in Rom geworden, sodann am 9. Oktober 1896 Auswärtiges Mitglied der Akademie der Wissenschaften in Rom in der Klasse für Physik, Mathematik und Naturwissenschaften. Am 10. März 1897 war er Auswärtiges Ehrenmitglied der American Academy of Arts and Sciences, Section of Physics in Boston, am 21. April 1897 Auswärtiges Mitglied der Niederländischen Akademie der Wissenschaften in Amsterdam und am 6. Mai Auswärtiges Mitglied der Italienischen Gesellschaft der Wissenschaften in Rom und schließlich am 24. Mai 1897 Ehrenmitglied der Cambridge Philosophical Society. Weitere Ehrenmitgliedschaften folgten am 15. Juni 1897 bei der Physikalisch-Medicinischen Societät Erlangen und am 26. Mai 1898 beim Physikalischen Verein zu Frankfurt am Main. Später, am 1. Juni 1899 wurde er Mitglied der Gesellschaft für Naturwissenschaften in London.

Zu Beginn 1899 erhielt Ludwig Boltzmann eine Einladung an die Clark University in Worcester, Massachusetts[90]. Diese Einladung war der Anlass für die erste seiner drei Reisen in die USA. Im Rahmen einer Festveranstaltung sollte auch Boltzmann einige Vorträge halten und ihm sollte die Würde eines Ehrendoktors verliehen werden.

Von diesen Amerikareisen sind einige Briefe erhalten, in denen nach Hause berichtet wird. Am 20. Juni 1899 schiffte sich das Ehepaar Boltzmann in Bremen auf dem Dampfer „Kaiser Wilhelm der Große" des Norddeutschen Lloyds ein. Die Überfahrt ging nach Southampton: „wir machten eine Rundfahrt, sahen viele englische Schiffe, auch ein Kriegsschiff, der Verkehr war großartig. Die umladenden Dampfkrane sehr interessant". Die Fahrt von Cherbourg über den Atlantik nach New York dauerte sieben Tage. Der erste Brief stammt von Bord, ist von Henriette begonnen und berichtet im wesentlichen über die Abendessen mit neun Gängen, auf die sie aber wegen Seekrankheit verzichten musste. „Mama kann vor Üblichkeit [Übelkeit (Anm. Hrsg.)] nicht mehr weiter schreiben" beendet mein Großvater den Brief. „Papa war immer gesund," schreibt hingegen Henriette am 4. Juli im nächsten Brief vom Festland: „Wir bummelten in abenteuerlichster Weise

---

89 Werkeverzeichnis Nr. 159, 162.

90 Die Clarc Universität wurde 1887 gegründet; sie gehört zu den ältesten Universitäten in USA. Ihr erster Präsident war G. Stanley Hall, damals ein namhafter Psychologe. So kam es auch, dass 1909 Sigmund Freud dort seine berühmten „Clarc Lectures" hielt. A. A. Michelson lehrte einige Jahre an der Clarc University; siehe Fußnote 89.

durch New York. Der Verkehr ist riesig. In manchen Straßen glaubt man, nur auf einem großen Bahnhof zu sein. Oben geht die Hochbahn, zwei Züge, und unten die Elektrische mit zwei Zügen und oft noch eine Dampfbahn, zwei Züge, daneben noch Fuhrwerke aller Art. Es ist recht gefährlich. Rasend schnelle elektrischen Bahnen mindern die Entfernungen, vorne mit Netzen zur Rettung Überfahrener. Wir waren auch auf der Freiheitsinsel, ich stieg bis in den Kopf der kolossalen Statue. Dann machten wir eine Dampfschiffpartie am Hudson bis Newburgh, was wunderschön war. Dieses Dampfschiff war fabelhaft und prächtig. Schwere weiche Teppiche, Palmengruppen, Kuppeln aus färbigem Glas, mit allem Comfort ausgestattet. Der Centralpark in New York ist prachtvoll; da ist der Prater [in Wien] nichts dagegen. Wir fuhren in einem Wagen darin herum, ihn abzugehen wäre nicht möglich; überhaupt ist Wien ein Dorf gegen New York ..."

„Boston, hat uns nicht behagt; die alte Stadt hat krumme Gassen, der Staub ist furchtbar, der Verkehr kolossal. Wir gingen im Bostoner Common spazieren. Heute Nacht, vom 3. auf den 4, Juli war ein furchtbarer Lärm, die ganze Nacht wurde geschossen und geheult. Der 4. Juli ist der größte Feiertag der Amerikaner. Heute Abend wird überall Feuerwerk sein. Wir fuhren von Boston nach Cambridge und besichtigten dort die prachtvollen Universitätsgebäude und waren bei Kollegen eingeladen...Gestern kamen wir dann hierher..." [nach Worcester].

In einem seiner Briefe berichtet später mein Großvater u.a.: „Dann kam das Fest, das uns 8 Tage in Worcester festhielt. Wir wohnten bei Professor Webster. Ich hielt meine Vorträge und die anderen (ein Franzos, ein Italiener, ein Spanier und ein Schweizer) hielten sie noch miserabler. ... Die Städte sind alle riesig ausgedehnt, im Gegensatz zu den 28stöckigen Häusern in New York, wohnt hier alles in Familienhäusern mit Garten. Außer uns sind noch zwei Professoren hier bei Prof. Webster im Hause zu Gast: Prof. Pubie von der Columbia Universität und Prof. Magie von der Princeton Universität in Jersey. Zu jeder Mahlzeit ist aber der Tisch voll Gästen. Professoren von den verschiedensten amerikanischen Universitäten. Gestern war auch Miss Whiting bei Tisch; sie ist Professor der Physik an der Frauenuniversität Wellesley in Massachusetts. Auch die dortige Professorin der Mathematik, Miss Hayes, lernte ich kennen. Sie luden uns dringend ein, ihr College zu besuchen. Gestern Abend war großer Empfang beim Präsidenten der Universität, Mister Hall. Morgen ist großer Damenempfang bei Miss Webster..."

In einem anderen Brief berichtet meine Großmutter Henriette:„...Heute war eine große Feierlichkeit an der Universität; sie begann mit einem Gebet des Priesters im Ornat. Louis [so wurde mein Großvater von Henriette genannt] wurde zum Ehrendoktor ernannt. Mit ihm der Spanier, der Schweizer, der Italiener und der Franzose. Abends großer Empfang aller Honoratioren. Papa wird sehr geehrt...Gestern wurden wir mit dem Wagen abgeholt und zur Villa von Miss Professor Whyting geführt. Wir fuhren mit ihr im prachtvollem Waldpark herum zu den verschiedenen Gebäuden: Das Hauptgebäude ist schlossartig, luxuriös; sie führte uns in ihren Hörsaal, Laboratorien,

Bibliothek, Concertsaal, Salons und weiter zu zehn Gebäuden. Ein großer See ist im Park mit einem Bootshaus."

Boltzmann war in Worcester mit den Physikern Edwin Herbert Hall[91], Albert Abraham Michelson[92] und Henry Augustus Rowland[93] zusammen getroffen.[94] Man kann die Fachgespräche nur erahnen.

Später fuhr das Ehepaar Boltzmann per Bahn nach Montreal, dann am Lorenzstrom durch die Stromschnellen, weiter zum Ontariosee, zu den Niagara Fällen und nach Buffalo, wo eine Dampfschifffahrt am Eriesee unternommen wurde. Weiter fuhren sie über Pittsburgh, Washington, Baltimore, Philadelphia zurück nach New York.

Dort begann dann am 25. Juli die Überfahrt mit der „Trave", einem kleinen Dampfer. „Die ‚Maria Theresia' ist nicht fertig geworden" heißt es in einem Brief. Am 2. August 1899 kam das Ehepaar wieder in Bremen an.

Nach den Strapazen der langen Reise erholte sich Boltzmann mit seiner Familie in Abbazia.

Im September nahm Boltzmann an der Naturforscherversammlung in München teil und sprach *Über die Entwicklung der Methoden der theoretischen Physik in neuerer Zeit.*[95] Darin sagte er unter anderem: „...Was hat sich seitdem alles verändert! Fürwahr, wenn ich auf alle diese Entwicklungen und Umwälzungen zurückschaue, so erscheine ich mir wie ein Greis an Erlebnissen auf wissenschaftlichem Gebiete! Ja, ich möchte fast sagen, ich bin allein übriggeblieben von denen, die das Alte noch mit voller Seele umfassten, wenigstens bin ich der einzige, der noch dafür, soweit er es vermag, kämpft."

In seinem späteren Nachruf nahm Lorentz 1906 auf diese Stelle Bezug und hielt dem entgegen: „Das Alte, von dem Boltzmann spricht, ist in unseren Tagen dank ganz besonders auch seinem Wirken, zu neuem, kräftigem Leben aufgeblüht und, wenn auch das Gewand sich geändert hat und gewiss im Laufe der Zeiten noch vielfach ändern wird, so dürfen wir doch hoffen, dass es niemals der Wissenschaft verloren gehen wird."

Der Ehrenpromotion an der Clarc University waren weitere Ehrungen gefolgt: Am 21. November 1899 die Verleihung des Königlich Bayrischen Maximilians Orden für Wissenschaft und Kunst, am 29. Dezember 1899 die Wahl zum Korrespondierenden Mitglied der Kaiserlichen Akademie der Wissenschaften in Petersburg und am 9. Februar 1900 wurde ihm das

---

91 E. H. Hall (1855–1938), Professor in Cambridge, Mass. (nach ihm ist der Hall-Effekt benannt; (Zusammenhang zwischen Spannung und Magnetfeld).

92 A. A. Michelson (1852–1931), Professor in Cleveland Ohio, Clarc Universität Worcester, Mass., Chicago; später am Mount-Wilson-Observatorium. Er führte gemeinsam mit E. W. Moorley den berühmten Versuch durch, der die Nichtexistenz des Lichtäthers bewies. Er erhielt 1907 den Nobelpreis für Physik.

93 H. A. Rowland (1848–1901), Professor in Baltimore, (nach ihm ist der Versuch zum Nachweis magnetischer Felder um bewegte elektrische Ladungen benannt).

94 Flamm: *Briefwechsel.*

95 Werkeverzeichnis Nr. 170.

Österreichische Ehrenzeichen für Kunst und Wissenschaft verliehen. Am 4. Mai 1900 wurde er Auswärtiges Mitglied der Ungarischen Akademie der Wissenschaften in Budapest. Im Mai wurde er dann auch noch Mitglied der Section de mecanique der Academie des Sciences in Paris und am 15. Dezember 1900 wurde er Ordentliches Mitglied der Königlich Sächsischen Gesellschaft der Wissenschaften in Leipzig.

Während Boltzmanns Amerikareise war 1899 in Leipzig eine Vakanz eingetreten und trotz der großen fachlichen Gegensätze setzte sich dort Ostwald intensiv für die Berufung Boltzmanns nach Leipzig ein bzw. hat er offenbar überhaupt Boltzmanns Berufung initiiert. So war es eben: Man bekämpfte sich auf der Ebene der fachlichen Meinungsunterschiede aber schuldete sich höchste gegenseitige Wertschätzung. Boltzmann, vor die Entscheidung gestellt, neuerlich die Universität zu wechseln, wurde wieder unsicher und deprimiert. Ostwald befürchtete nach seinem Einsatz einen Rückzug Boltzmanns und er schrieb: „...wenn Sie Ihretwegen schwanken, kommen Sie meinetwegen, denn ein Misserfolg in dieser Sache, würde mich um mein ganzes Ansehen in der Fakultät und beim Ministerium bringen..."[96] Und Boltzmann kam.

Sein Abgang war für Wien überraschend. Er verließ Wien ohne jede Verabschiedung von seinen Kollegen und ohne Übergabe des physikalischen Instituts.

Die Berufungsverhandlungen mit der Unterrichtsbehörde in Dresden kamen sehr rasch zu einem positiven Abschluss. Laut Dekret vom 21. Juli 1900 wurde Boltzman*n* mit Wirkung vom 1. September aus dem österreichischen Staatsdienst entlassen. Die Nachbesetzung des Wiener Lehrstuhls behielt sich Wilhelm von Hartel „bis zur Gewinnung eines geeigneten Nachfolgers" vor.[97]

Im Frühjahr 1900 war Boltzmann in einen tief deprimierten Gemütszustand verfallen. Ein wesentlicher Grund dafür dürfte die vehemente Kritik Thomsons an der Maxwell-Boltzmann'schen Verteilung und der daraus folgenden Einzelheiten der kinetischen Gastheorie gewesen sein.[98] Thomson hatte in mehreren Vorträgen im wesentlichen die kinetische Gastheorie für „rubbish" erklärt und, wie er sich ausdrückte, diese als „dem Menschenverstand zuwiderlaufend" bezeichnet. Auch hatte er gesagt, es sei für den Fortgang der Wissenschaft „absolutely necessary to throw it overbord".

Noch im August 1900 weilte Boltzmann zur Erholung in Seeboden. Dort konsultierte er den berühmten Ophthalmologen Ernst Fuchs und stand in einem kleinen Sanatorium in der Behandlung von Dr. Fasan. Bei-

---

96 Höflechner: *Leben*, S. I 209.

97 Auch hier wieder eine detaillierte Dokumentation der Vorgänge in Höflechner: *Leben*.

98 Sir Thomson William, Kelvin Lord of Largs (1824–1907) war Professor der Naturphilosophie und Physik in Glasgow. Er zählt zu den bedeutendsten Physikern. Eine Anzahl wesentlicher Gesetze, Effekte, Formeln und Geräte sind nach ihm benannt. Zur Kritik an Maxwell und Boltzmann s. Höflechner: *Leben*, S. I 214.

de bemühten sich um den von einer schweren Krise Erschütterten. In Folge seiner raschen Entscheidung für die Berufung nach Leipzig war Boltzmann sogar von Selbstmordgedanken gequält. Er erwog, nun doch wieder in Wien zu bleiben; das Anstellungsdekret aus Dresden enthob ihn jedoch seiner Zweifel; es gab kein Zurück und es gab keine Wiederholung der „Berliner Tragödie" von 1888.

1.9 Die kurze Professur in Leipzig, 1900 bis 1902

Am 1. September 1900 wurde Boltzmann zum ordentlichen Professor der theoretischen Physik an der Philosophischen Fakultät der Universität Leipzig ernannt (laut Dekret vom 17. August 1900). Sein Jahresgehalt betrug 12.000 Mark (laut Berufungszusage vom 4. August 1900). Am 24. November 1900 eröffnete er mit der Antrittsvorlesung *Über die Prinzipe der Mechanik* seine Vorlesungen.

In Leipzig hatte Boltzmann kein eigenes Institut und konnte auch über keine eigene Dotation verfügen, sondern war in allem vom Wohlwollen des Direktors des Physikalischen Instituts Otto Heinrich Wiener abhängig. So bereute er auch hier wieder sehr bald seinen Entschluss nach Leipzig gegangen zu sein und fühlte sich abermals nicht wohl.

Die Erwartungen, die er an seine Tätigkeit in Leipzig gestellt hatte, seine Kräfte noch einmal in der Anregung eines internationalen Schülerkreises von größerem Umfang und größerer Hingabe zu versuchen, erfüllten sich nicht. Der psychische Druck, der durch seine selbst gesteckten Ziele auf ihm lastete, führte zu „Kolleg-Angst", der Angst, dass Geist und Gedächtnis während einer Vorlesung versagen könnten. Zeitweise sagte er sogar seine Vorlesungen ab.

Im September 1900 nahm er an der Naturforscherversammlung in Aachen teil, wieder begleitet von seinem Sohn Arthur. Er leitete die erste Sitzung am 17. September 1900 und nahm auch an der Diskussion lebhaften Anteil.

Boltzmanns Gemützustand verschlechterte sich wieder zusehends. Ostwald berichtete, dass sich ihm in depressiver Stimmung oft die Kolleg-Angst bemächtigte. Im Kollegenkreis war er jedoch gern gesehen. So berichtet Gerhard Kowalewski, der damals Privatdozent in Leipzig war: „Im Professorenzimmer des Augusteums, wo die Professoren sich während der Pausen aufhielten, war Boltzmann immer sehr gesprächig. Er machte keinen Unterschied zwischen Odinarien, Extraordinarien und Privatdozenten. Gerade mit uns Jüngeren plauderte er besonders gern. Ein Grundzug seines Wesens war grenzenlose Menschenfreundlichkeit. Er ließ sich jedes Mal von mir erzählen, was ich vortragen würde, und war dabei so eifrig, dass er manchmal Bleistift und Papier heraussuchte, um die Sache noch besser erklären oder verstehen zu können. Etwas zu verstehen, war für ihn das schönste Erlebnis. Diese Unterhaltungen mit ihm bleiben mir unvergesslich."[99]

Boltzmann erhielt eine Einladung zur 200-Jahr-Feier der Yale Universität, New Haven, Conn. Er fühle sich nicht in der Lage, nach USA zu reisen entschuldigte er sich mit einem sehr kurz gefassten Schreiben.

Im selben Jahr wurde zur Erholung eine sommerliche Schiffsreise am Mittelmeer geplant. Von Leipzig aus fuhren Vater und Sohn Ende Juli nach Hamburg und schifften sich auf dem Schnelldampfer „Deutschland" der Hamburg-Amerika-Linie ein. Diese Seefahrt sollte meinem Großvater, den damals schon sehr angegriffenen seelischen Zustand verbessern helfen, besonders da er die ruhige Art meines Vaters liebte. Allerdings litt er sehr unter der Hitze. Am 8. August schreibt Arthur Ludwig von Bord des Dampfers „Pera" der Deutschen Levante Linie: „Das Mittelmeer ist wirklich viel blauer als der Atlantische Ozean. Leider ist es auch heißer hier, was Papa gar nicht gut tut." Die Reise ging von Hamburg über Lissabon 9. August, Gibraltar 13. August, Algier 14. August, Malta, Athen 19. bis 21. August, Constantinopel 27. August, Panderma 29. August nach Cavalla. Wegen Ausbruchs der Pest durften sie nicht, wie beabsichtigt, weiter nach Odessa fahren. Das Schiff lag längere Zeit in Quarantäne. „Das Desinfizieren war furchtbar", schrieb Arthur Ludwig seiner Mutter. Großen Gefallen fanden beide am täglichen Schachspiel. Am 4. Oktober 1901 trafen sie wieder in Leipzig ein.

Die Reise hatte nicht die gewünschte Erholung und Verbesserung des Gemütszustandes meines Großvaters gebracht. Verzweifelt schreibt meine Großmutter: „Soll denn diese Reise gar nichts genützt haben!" Seine Sehschwäche war damals schon so weit fortgeschritten, dass er während seines hervorragenden Klavierspiels stets eine zweite, mitunter sogar eine dritte Brille zum Lesen der Noten verwendete. Mein Vater, der ihn regelmäßig mit der Geige begleitete, berichtete, dass sein Vater oft ungeduldig die Brillen wechselte und immer wieder von Neuem, die eine oder andere Brille versuchte, manchmal sogar übereinander. Sie waren in Ostwalds Familie öfters zu Musikabenden geladen, bei denen Haydn, Mozart, Schubert und Beethoven gespielt wurde.

Die Familie hatte zwar eine Wohnung in der Leplaystraße Nr. 9, war aber in dieser Zeit doch sehr zerrissen. Mein Großvater konnte nicht die Ruhe eines gemeinsames Familienlebens genießen, denn meine Großmutter fuhr zwischen Leipzig und Wien hin und her. Es gibt mehrere Briefe aus dieser Zeit, die von der Angst über den Gesundheitszustand meines Großvaters berichten. Mein Vater beendete seine Schule in Wien mit einer Externistenmatura, da auch er von und nach Leipzig pendelte. Seine Schwester Henriette, Jetti genannt, studierte an der Wiener Universität. Ida ging auf das Gymnasium in Leipzig. Im Semester 1901/02 studierte mein Vater an der Technischen Hochschule Berlin-Charlottenburg, war aber immer wieder wo-

99 G. Kowalewski (1950) *Bestand und Wandel.* Oldenbourg Verlag, München, S. 128/129.

chenlang in Leipzig. 1902 setzte er dann sein Studium in Wien fort.

Boltzmann war in Leipzig zeitweise verzweifelt und dachte an Selbstmord. Zur Linderung seines Leidens suchte er auch die Heilanstalt seines Kollegen, des Leipziger Psychiaters Flechsig auf.

Obwohl manche seiner Kollegen sich sehr um ihn bemühten, konnte er sich in Leipzig nicht eingewöhnen. Auch dort fand er in Ostwald, der eine starke Kämpfernatur war, einen Verfechter der Energetik und einen hartnäckigen Bekämpfer der Atomistik. Er fühlte wohl, wie die Brillanz Ostwalds[100] seine eigenen wissenschaftlichen Leistungen opponierte und überschattete. Er war schließlich unglücklich in Leipzig und kehrte schon nach zwei Studienjahren, und diesmal endgültig, nach Wien zurück.

Diese kurze Leipziger Periode, ein Intermezzo seiner letzten Jahre, erwähnte er später nie wieder.

Am 11. März 1902 erhielt Boltzmann den mit 12.000 Mark dotierten *Otto-Vahlbruch-Preis* der Universität Göttingen und am 6. September 1902 wurde ihm die Würde eines Ehrendoktorats der Norwegischen König Frederik Universität in Christiania, dem heutigen Oslo, verliehen. Es war sein drittes Ehrendoktorat.

1.10 Die dritte Professur in Wien ab 1902 und die letzten Lebensjahre

Mit „Allerhöchster Entschließung" vom 1. Juni 1902 wurde Boltzmann ein fixes Jahresgehalt von 14.000 Kronen, eine Remuneration von 1200 Kronen für die Übungen sowie eine Wohnungsentschädigung von 3000 Kronen jährlich, unter Nachsicht der Diensttaxe mit Rechtswirksamkeit zugesagt. Mit Wirksamkeit vom 1. Oktober 1902 wurde „allergnädigst geruht", ihn zum dritten Mal zum ordentlichen Professor der theoretischen Physik an der Universität Wien zu ernennen. Auch der Titel eines „Hofrats" wurde ihm wieder verliehen.

Die Übersiedlung nach Wien gab Boltzmann großen Auftrieb und er fühlte sich zunächst wieder wesentlich besser. Allerdings litt er immer wieder an Nieren- und Blasenbeschwerden, was in der Familie geheim gehalten wurde. Er hatte sich lange geweigert, einen Arzt aufzusuchen. Auch die bereits im Jahr 1897 aufgetretenen Polypen in der Nase machten ihm unangenehme Beschwerden. Er war in Behandlung bei dem Laryngologen Professor Dr. Ottokar Frh. von Chiari[101], meinem Großvater mütterlicherseits; er wurde von ihm operiert, blutete aber doch immer wieder. Seine Schlaflosigkeit, Kopfschmerzen und Asthma wollte er zwar überwinden, doch plagten und beeinträchtigten sie ihn weiterhin.

Die Sommer 1902 und 1903 sorgten doch für einige Erholung. Vater

---

100 Stiller: Boltzmann, *Altmeister*.

101 Er war Ordinarius für Laryngologie an der Wiener Universitätsklinik und hatte die private Ordination in Wien 1, Bellariastr. 12.

und Sohn waren 1902 im Seebad Bansin bei Swinemünde und im folgenden Jahr im kleinen Kurort Lussinpiccolo auf der langgestreckten Insel Lussin in Dalmatien unweit von Istrien. Meine Großmutter verbrachte die Ferien meist mit ihren drei Töchtern in Krieglach oder in den Bergen.

Sehr befriedigt und glücklich empfand Ludwig Boltzmann den Kauf seines Hauses im 18. Wiener Gemeindebezirk, Haizingergassee 26. Er genoss den Garten und die damalige Nähe der Weinberge und des Türkenschanzparks. Er unternahm wieder Spaziergänge und freute sich sehr, mit seiner Familie wieder in einem eigenen Haus zu wohnen. Doch dies war ihm nicht mehr lange vergönnt.

Voll neuer Energie stürzte er sich auf seine Arbeit. Er schrieb am zweiten Band seiner *Vorlesung über die Prinzipe der Mechanik* (Die Wirkungsprinzipe, die Lagrange'schen Gleichungen und deren Anwendungen)[102]. Der erste Band war schon 1897 erschienen. In persönlichen Gesprächen mit Kollegen im September 1903 hatte er dazu offenbar wertvolle Anregungen erhalten; ebenso wahrscheinlich auch auf der Naturforscherversammlung in Kassel, an der er nach einem Besuch in Göttingen teilnahm. Nach einem Vortrag David Hilberts[103] *Über eine Mechanik der Continua* geriet er mit diesem in eine „äußerst lebhafte Meinungsverschiedenheit."[104]

Eine große zusammenfassende Veröffentlichung für die *Mathematische Enzyklopädie* (Göttingen) kostete ihn offenbar viel Energie. Vor der Kasseler Tagung hatte er dazu an einer Redaktionsbesprechung teilgenommen. In einem Brief an Arrhenius[105] 1902 schreibt er, dass ihm „dieses Literaturwühlen und das knapp, verständlich, populär und zugleich hochwissenschaftlich, kurz und doch alles umfassende Schreiben" höchst lästig sei, ihm „viel Kopfschmerzen" bereite und ihn von allem anderen abhalte.[106] Im Herbst 1905 erschien in der *Mathematischen Enzyklopädie* schließlich mit Josef Nabl gemeinsam als seine letzte Veröffentlichung die *Kinetische Theorie der Materie*.[107]

Nach der Tagung in Kassel nahm er noch an dem Southport Meeting der British Association for the Advancement of Science teil. Er diskutierte dort zum Referat eines Teilnehmers über die Anwendung der Vektorrechnung in der Physik.

Ernst Mach, hatte seit 1895 an der Universität in Wien einen Lehrstuhl für „Philosophie, insbesondere für Geschichte und Theorie der induktiven Wissenschaften" inne. In den diesbezüglichen Berufungsverhandlungen hatte sich Boltzmann sehr für ihn bemüht, weil Mach 1894 bei der Besetzung

---

102 Werkeverzeichnis Nr. 147.

103 David Hilbert (1862–1943) war Professor der Mathematik in Königsberg und ab 1895 in Göttingen. Er schuf u.a. auch neue Methoden der mathematischen Physik.

104 Höflechner: *Leben*, S. I 264. Siehe auch Werkeverzeichnis Nr. 177.

105 Siehe Fußnote 29.

106 Höflechner: *Leben*.

107 Werkeverzeichnis Nr. 105.

der physikalischen Professur nach Boltzmann gereiht und so nicht zum Zug gekommen war. Mach hatte nun im Juli 1898 einen Schlaganfall erlitten, durch den er rechtsseitig gelähmt wurde. 1901 trat er von seiner Professur offiziell zurück.

Mit dem Erlass vom 5. Mai 1903 erhielt nun Boltzmann (lt. Datum vom 9. Mai 1903) unbeschadet der bestehenden Lehrverpflichtung, vom Wintersemester 1903/04 an Stelle Machs einen zusätzlichen Lehrauftrag für „Philosophie der Natur und Methodologie der Naturwissenschaften" mit einer Remuneration von 2.000 Kronen je Semester. Sofort begann er intensiv, sich für seine Vorlesungen über die *Principien der Naturfilosofi* vorzubereiten.

Dabei entstanden zunächst in seiner persönlichen Kurzschrift[108] Notizen auf mehreren, eng beschriebenen großen Doppelbögen über die von ihm gelesenen und bearbeiteten Schriften von Kant, Wundt, Avenarius, Schmitz, Du Mont, Stallo, Poincaré, Ostwald und Schopenhauer. Sie tragen die Überschrift: „Bald zu benützende Notizen für Naturfilosofi". Die Antrittsvorlesung war sodann ein vielbeachtetes Ereignis. Die Zuhörer standen im Vorraum, auf der Treppe und bis in die Laboratorien. Die Tafeln waren mit Tannenreisern geziert; „brausender Beifall begleitete ihn". In vielen Wiener Tageszeitungen fand die Antrittsvorlesung große Aufmerksamkeit und wurde sogar in der Wochenzeitschrift *Die Zeit* veröffentlicht. Die weiteren Vorlesungen selbst existierten nur in Boltzmanns Kurzschrift, blieben daher bis 1990 unlesbar und galten bis dahin als verschollen.[109]

In dieser Zeit empfing Kaiser Franz Josef Ludwig Boltzmann bei Hof und sprach seine Freude über dessen Rückkehr nach Wien aus. Damals wurden neu ernannte Professoren nur mehr in besonderen Fällen bei Hof empfangen. Boltzmann war, vielleicht bedingt durch seine Sehschwäche, ein sehr langsamer Esser. Der Kaiser berührte bei offiziellen Anlässen kaum seine Speisen und die Etikette ließ es nicht zu, dass die Gäste länger als der Kaiser aßen. Später wurde in der Familie oft von Boltzmanns Verärgerung darüber erzählt, dass ihm von den Bediensteten seine Teller so rasch wieder weggenommen wurden, so dass er kaum etwas von den exquisiten Speisen kosten konnte. Diese Erfahrung war aber sicher nicht der Grund für die Ablehnung des ihm angebotenen Adelsprädikats. Er begründete die Ablehnung mit folgenden Worten: „Meinen Vorfahren, meinem Vater war der Name Boltzmann gut genug und soll es auch mir, meinen Kindern und Enkeln sein".

In einem Brief vom 17. April 1903 berichtet sein damals 21-jähriger Sohn Arthur Ludwig, mein Vater, seiner Schwester Ida über seine Radtour von Wien nach Paris. Dort erwarteten ihn seine eben von London kommenden Eltern: „... Wir waren in der Oper und sahen ‚Lohengrin'. Das Opernhaus ist prachtvoll ausgestattet. Auf dem Eiffelthurm waren wir ganz oben.

---

108 Siehe das spätere Kapitel über Boltzmanns persönliche Kurzschrift.

109 I. M. Fasol-Boltzmann (1990) *L. Boltzmann Principien der Naturfilosofi*. Springer, Berlin. Im folgenden vereinfacht zitiert als *„Naturfilosofi"*.

Mama hatte Angst, dass er umfällt. Er ist über 300 m hoch, das ist ja auch zum schwindlig werden. Und dabei ist der Thurm nur ein Eisengerüst; wo man in einem Wagen an einem Drahtseil hinauf gehoben wird, man glaubt, es geht in den Himmel. Das Versailler Schloss mit dem Spiegelsaal hat uns sehr gefallen ..."

Am 20. Februar 1904 fand zu Ehren des 60. Geburtstags Boltzmanns eine große Festveranstaltung statt. In einem Brief an seine Schwester Ida berichtet Arthur Ludwig: „...Die Studenten applaudierten ihm und ein Student hielt eine Rede. Papa erhielt Blumen und einen Jubelband von 125 Mitarbeitern. Gelehrte schrieben Abhandlungen für diesen Zweck. Bei dem Festabendessen hielt Hofrat Lieben eine schöne Rede wie auch Wirtinger, Pernter und Stefan Meyer. Es war sehr interessant. Obermayer sprach auch, er erzählte von der alten Zeit, als Papa zuerst Assistent bei Stefan war..."

Die Festschrift ist ein 1,8 kg schweres bibliophiles Prachtstück: Vollständig in gold-geprägtem Leder gebunden, die Vorsätze (Innendeckel) in grüner Brokatseide, Goldschnitt an allen drei Seiten; die Fachaufsätze von 117 Autoren nehmen 928 Seiten ein, mit einem Porträt, 101 Abbildungen im Text und 2 Tafeln. „Dass dieser stattliche Band auch eine würdige Ausstattung erhielt, ist dem liebenswürdigen Entgegenkommen des Verlegers, Herrn Arthur Meiner, Inhaber der Firma Johann Ambrosius Barth in Leipzig zu danken, der in bereitwilligster Weise Druck und Kosten des Werkes übernahm" [anstelle eines Vorworts vor dem Inhaltsverzeichnis]. Die Redaktion des Bandes, der eine wertvolle Übersicht über den damaligen Stand der Physik darstellt, war von Stefan Meyer besorgt worden.[110]

Stefan Meyer schrieb noch viel später (1944) an Hans Benndorf: „Bei dem Abendessen hielt er [Boltzmann] eine Rede, in der er damit anfing, dass er erzählte, er sei in der Nacht zwischen Fastnacht und Aschermittwoch geboren und dieser Kontrast spiegle sich in seinem ganzen Leben wieder. Ich glaube, er hat sich damit ausgezeichnet charakterisiert."

Wahrscheinlich im Zusammenhang mit seinem 60. Geburtstag wurde Boltzmann mit weiteren Ehrungen überhäuft:

Nachdem er schon am 15. Oktober 1903 Ehrenmitglied der Kaiserlichen Gesellschaft der Freunde der Naturwissenschaften in St. Petersburg und am 18. Dezember 1903 Ehrenmitglied der Kaiserlichen Naturwissenschaftlichen Gesellschaft in Moskau geworden war, wurde er am 26. Januar 1904 Ehrenmitglied des Akademischen Senats (Ehrensenator) der Kaiserlichen Universität St. Petersburg.

Am 16. März 1904 wurde er Ehrenmitglied der Royal Irish Academy, Department of Science, Dublin, am 21. April Auswärtiges Mitglied der National Academy of Science of the United States of America, Washington D.C., am 19. Mai Ehrenmitglied der Royal Institution of Great Britain, London, am 11. Mai Ehrenmitglied der Kaiserlichen Universität Kasan. Am 20. Mai 1904

---

110 Siehe Bibliographie.

wurde er wiedergewählt als Wirkliches Mitglied der Kaiserlichen Akademie der Wissenschaften in Wien und schließlich wurde er am 17. Oktober 1904 Ehrenmitglied der Academy of Science of St. Louis

Vom 21. August bis zum 8. Oktober 1904 reiste Boltzmann zum zweiten Mal nach den USA. Der wesentliche Anlass war seine Teilnahme an dem großen internationalen Kongress, der im Rahmen der Weltausstellung in St. Louis stattfand. Als Vertreter der Kaiserlichen Akademie der Wissenschaften in Wien nahm er an der Sitzung des Commitees of Solar Research teil. Auch auf dieser Reise wurde er von seinem Sohn Arthur Ludwig begleitet. Die Überfahrt von Hamburg nach New York mit dem Postdampfer ‚Belgravia' der Hamburg-Amerika Linie dauerte diesmal zehn Tage. „...Sie war außerordentlich stürmisch und unbequem. Das ständige Heulen des Nebelhorns hinderte am Schlafen. ... Das Schiff ist sehr minder und hat viele Unbequemlichkeiten" schreibt mein Großvater an seine „Liebste Mama"; so nannte er seine Frau Henriette stets in seinen Briefen. „Wir sind beide gesund. Hoffentlich bleibe ich es auch auf der ganzen Reise, die allerdings mehr Strapazen bringen wird, als bei meinem Alter und Nervenzustand gut ist"; und etwas später: „Ich bin krank und wenn diese entsetzliche Melancholie, die mich jetzt erfüllt, nicht in Wien rasch weicht, so kann ich keine Vorlesungen halten."

Nach Ankunft in New York am 31. August fuhren sie am 3. September weiter nach Philadelphia, Washington, Detroit. „Nun sind wir in Detroit, einer großen Stadt zwischen Huron und Eriesee, die erste Stadt, wo ich nicht mit Dir war, dann den St. Lorenzstrom. Wir sahen die großen amerikanischen Niagara Elektrizitätswerke, die im Bau begriffenen englischen, und eine riesige Locomotivfabrik in Philadelphia an. Weiter fuhren wir über Chikago nach St. Louis." Am 24. September 1904 hielt Boltzmann bei der von Prof. Arthur Gordon Webster von der Clark University geleiteten Veranstaltung, den von der Gewissheit der Existenz der Atome ausgehenden Vortrag *Über statistische Mechanik*.[111] Die Rückreise erfolgte auf der „Deutschland" nach Hamburg.

Für meinen Vater waren diese Reisen mit meinem Großvater, der Besuch der Weltausstellung in St. Louis, die dortigen Vorträge seines Vaters, dessen Ernennung zum Akademiemitglied und die Fahrt zu den Niagarafällen die größten Erlebnisse seiner Jugend. In St. Louis lud Präsident Benjamin Ide Wheeler von der Berkeley Universitity Boltzmann zu einer Vortragsreihe ein. Er konnte diese Einladung zwar nicht unmittelbar wahrnehmen, versprach aber, im folgenden Sommer nach Berkeley zu kommen.

Ende November 1904 kam Ostwald nach Wien und hielt vier Vorträge in der Philosophischen Gesellschaft, darunter jenen *Über das Glück* unter quasi-energetischen Aspekten, indem er Willensakte als energetische Geschehen interpretierte. Boltzmann war damit nicht einverstanden und

---

111 Werkeverzeichnis Nr. 181.

publizierte in seinen Populären Schriften die *Entgegnung auf einen von Prof. Ostwald über das Glück gehaltenen Vortrag.*[112] In seiner Entgegnung ging Ostwald leider doch etwas zu weit. Über die von ihm als wesentlich vorausgesetzte „Widerstandsempfindung" schrieb er nämlich: „...Den entgegengesetzten Zustand bietet der Neurastheniker dar. Bei diesem sind die Widerstandsempfindungen exzessiv gesteigert; er ist außer Stande, den kleinsten Entschluss zu fassen, weil er die entgegengesetzten Widerstände nicht überwinden kann, und er gehört zu den unglücklichsten Menschen, die es gibt."[113]

Am 21. Januar 1905 hielt Boltzmann in der Philosophischen Gesellschaft einen Vortrag über Schopenhauer. Er hatte ihn zunächst unter dem Aufsehen erregenden Titel vorgelegt: *Beweis, dass Schopenhauer ein geistloser, unwissender, Unsinn schmierender, die Köpfe durch hohlen Wortkram von Grund aus und auf immer degenerierender Philosophaster sei.* Dieser Titel stammte allerdings Wort für Wort aus Schopenhauers Werk *Über die vierfache Wurzel des Satzes vom zureichenden Grunde.* Dort war dieser Satz auf Hegel bezogen. Boltzmann musste den Titel jedoch ändern und er hielt den Vortrag sodann unter dem Titel *Über eine These Schopenhauers.*[114] Im Text des Vortrags selbst hat er dann aber doch den ursprünglichen Titel zitiert. Dieser und der Vortrag selbst, wie überhaupt Boltzmanns Philosophie, fanden natürlich bei den zeitgenössischen Philosophen keinen guten Anklang; auch Mach reagierte zurückhaltend.[115]

Für die Vorbereitungen seiner Vorlesungen über Naturphilosophie hatte Boltzmann Kontakt mit Franz Brentano aufgenommen. Zunächst hatte sich briefliches Zwiegespräch ergeben, Boltzmann traf dann am 1. April 1905 bei Brentano in Florenz ein und blieb fast einen Monat. Den Besuch bezeichnet Brentano als zeitweise erschöpfend, aber doch auch mitunter bereichernd.[116] Auf der Rückreise besuchte Boltzmann Venedig.

Boltzmanns dritte Amerikareise nach Berkeley wurde durch seine humorvolle Schilderung in *Die Reise eines deutschen Professors ins Eldorado*[117] am besten bekannt. Diese Schrift wurde später vielfach wiederveröffentlicht und auch ins Englische übersetzt. Doch erwähnt Boltzmann darin nicht das Missgeschick, das ihm in der Hafenstadt Bremen widerfuhr.

Am 8. Juni 1905 hatte er Wien in Richtung Leipzig verlassen, wo er an der Redaktionssitzung für die *Enzyklopädie der mathematischen Wissenschaften* teilgenommen und sich zur Fertigstellung des Manuskriptes über *Kinetische Theorie der Materie* verpflichtet hatte; es sollte seine letzte Veröffentlichung werden. Er war am 12. Juni in Bremen eingetroffen. Vor dem

---

112 *Populäre Schriften.*

113 Höflechner: *Leben.*

114 *Populäre Schriften.* Siehe darüber ausführlich im Kap. 5: *Boltzmanns Philosophie.*

115 Höflechner: *Leben,* S. I 274 f.

116 Höflechner: *Leben.* Siehe auch später im Kap. 7: *Notizen aus den letzten Lebensjahren.*

117 *Populäre Schriften.*

Einschiffen wollte er noch einmal in Ruhe und Gemütlichkeit an Land ein Abschiedsmahl von Europa zu sich nehmen. In einem Hafenrestaurant aß er genussvoll zu Abend und bestieg in froher Erwartung die „Kronprinz Wilhelm", die am 13. Juni 1905 auslief. Er wollte dem Burschen, der sein Gepäck in die Kabine getragen hatte, ein Trinkgeld geben. Da bemerkte er zu seinem großen Schrecken, dass er die Geldtasche mit seinem gesamten Bargeld nicht mehr hatte. Sie musste ihm während des Essens gestohlen worden oder sonst abhanden gekommen sein. Seine Nachfrage wurde natürlich negativ beantwortet und seine Verzweiflung lächelnd zur Kenntnis genommen. Nach einigem Nachdenken, erzählte er den Verlust dem Kapitän und borgte von ihm eine größere Summe. Diese konnte er später vom Vorlesungshonorar zurück erstatten. Trotzdem genoss er die Seereise ganz bewusst. Wunderbar beschreibt er die Naturschönheiten, die wechselnden Stimmungen und Farben des Meeres bei Tag und Nacht, die weißschäumende, wild stürmische See ringsum nebelgrau, dann bei Sonnenschein das Ultramarinblau des Wassers, eine Farbe so dunkel und leuchtend. Er schildert die Herrlichkeiten der Fahrt über den Atlantik:

„Ich lachte einmal, als ich las, dass ein Maler nach einer einzigen Farbe Tage und Nächte suchte; jetzt lache ich nicht mehr darüber. Ich habe beim Anblick dieser Farbe des Meeres geweint; wie kann uns eine bloße Farbe weinen machen? Dann wieder Mondesglanz oder Meeresleuchten in pechschwarzer Nacht ... Wenn eines unserer Bewunderung noch mehr wert sein kann als diese Naturschönheit, so ist es die Kunst des Menschen, welcher in dem seit den Zeiten der Phönizier und noch viel länger geführten Kampf mit diesem unendlichen Meer so vollständig siegte ..."

Zunächst musste Boltzmann in New York zwei Tage auf den Expresszug nach San Franzisko warten, denn dieser verkehrte nur zweimal in der Woche. Anschließend verbrachte er vier Tage und vier Nächte in der Eisenbahn. In Berkeley hat er dann wie so oft unter schweren Asthma gelitten. Den größten Eindruck machte ihm später der Besuch des Lick-Observatoriums, der herrlich eingerichteten Sternwarte auf dem Mount Hamilton in 1480 m Seehöhe. Durch das Riesenteleskop mit der 28-zölligen Linse konnte er den Mars beobachten. Er folgte einer Einladung in das von Jacques Loeb geführte Laboratorium in Pacific Grove. Seine Einladung bei der Mäzenatin der Universität Berkeley, Mrs. Hearst, auf ihrem Sommersitz in der Nähe von Livermore beschreibt er farbenprächtig. Er bezeichnete sie witzig als ‚alma mater berkeleyensis'. Als Höhepunkt ihrer Einladung genoss er sein Spiel auf dem Steinwayflügel, dessen Klangschönheit ihn tief berührte. Er schrieb: „Die Kunde von meinem armseligen Klavierspiel war bis in die Hazienda gedrungen. ...Ahnungslos griff ich in die Tasten: Einen Flügel von solcher Klangschönheit hatte mein Ohr vielleicht schon in einem Konzerte gehört, nie aber meine Finger berührt. Wenn mich je die Strapazen meiner kalifornischen Reise gereut hätten, von jetzt an nicht mehr...im zweiten Satz vergaß ich mich selbst; nicht ich spielte die Melodie, sondern diese lenkte meine Finger. Ich musste mich mit Gewalt zurückhalten."

Boltzmann fand den Aufenthalt aber doch sehr anstrengend und ermüdend, besonders das kalifornische Klima sagte ihm nicht zu. „Die feuchte Kühle, das lockte mir den ungebetenen Gast, das Asthma, wieder auf den Hals". Der Wechsel zwischen subtropischer Hitze und feuchter Kälte, zwischen Staubtrockenheit und Nebel „dass man das nächste Haus nicht mehr sieht, ist einem europäischen Gemüte schwer verträglich", meinte er. Außerdem klagte er über Magenverstimmungen; das Wasser, das vom Winterregen in riesigen Zisternen aufbewahrt wird, vertrage er nicht, „aber mein Glas Wein nach Tisch musste ich sorgfältig versteckt trinken, sodass ich fast das Gefühl bekam, einem Laster zu frönen." In der Eisenbahn durchquerte er den Kontinent und schrieb: „Ich war durch die Hitze und den Ruß, durch Magenkatarrh und Durst schließlich so reisemüde ...". Über Chicago fuhr er schließlich nach New York, wo er sich in das Flaggschiff des Norddeutschen Lloyd „Kaiser Wilhelm II." einschiffte.

Boltzmanns Vorlesungen in Berkeley waren nicht sehr erfolgreich, weil er sie in seinem schwer verständlichen Englisch hielt. Es wurde gesagt, auf Deutsch hätte man sie vielleicht besser verstanden.

Schon früher wurde im zeitlichen Zusammenhang mit der Kasseler Naturforschertagung der Boltzmann arbeitsmäßig doch belastende Artikel für die *Encyclopädie der Mathematischen Wissenschaften* erwähnt. Sogar in seiner *Reise ... ins Eldorado* kommt er eingangs darauf zu sprechen, weil er auf dem Weg nach Bremen in Leipzig Station machen musste, um an einer Redaktionssitzung teilzunehmen. Zurück in Europa befand er sich in Hochstimmung und stürzte sich sofort in die Arbeit, den später sehr hoch bewerteten Artikel gemeinsam mit dem Assistent Josef Nabl[118] fertig zu stellen. Die *Kinetische Theorie der Materie* erschien als letzte Veröffentlichung Boltzmanns.

Am 28. Oktober 1905 hielt Boltzmann einen Vortrag in der Wiener Philosophischen Gesellschaft mit dem Titel *Erklärung der Entropie und der Liebe aus der Wahrscheinlichkeitsrechnung.* Dieser Vortrag blieb unveröffentlicht; er ist hier später im Kap. 8 als „Der verschollene Vortrag" wiedergegeben. Am 1. März 1906 erhielt Boltzmann die letzte große Ehrung seines Lebens: In Frankfurt am Main wurde ihm die Goldmedaille (18 karat) und der Ehrenpreis der Peter-Wilhelm-Müller Stiftung, dotiert mit 9000 Mark, verliehen.

Seine gesundheitliche Verfassung begann sich im Frühjahr 1906 rasch zu verschlechtern. Sein Asthma quälte ihn besonders stark; dazu gesellten sich schwerste Kopfschmerzen, die sich oft zur Unerträglichkeit steigerten. Seine Sehschwäche störte ihn immer mehr beim Schreiben und Lesen. Sein Zustand verschlechterte sich dermaßen, dass er seine Vorlesung zeitweise nicht mehr halten konnte. Er blieb tagelang notdürftig im Institut und kam nur selten nach Hause in die Haizingergasse. Ohne Zweifel bleibt, dass er den von der Umwelt gestellten Anforderungen nicht mehr gewachsen war.

---

118 Höflechner: *Leben*, S. I 285.

Dazu gehörten die vielfältigen Kontroversen mit den unterschiedlichsten Gegnern und deren für ihn unsachlichen fachlichen Angriffe, die ihn aufregten und in ihrer Summe bestimmte Krankheitserscheinungen hervorriefen und multiplizierten.

Am 5. Mai 1906 informierte der Dekan, Professor Perntner das Ministerium, „dass Herr Hofrat Prof. Dr. L. Boltzmann an schwerer Neurasthenie erkrankt ist und den ärztlichen Verfügungen gemäß jeder wissenschaftlichen Tätigkeit sich enthalten muss. Im Institute für Theoretische Physik ist durch den Assistenten und Privatdozenten Dr. Meyer für das Institut als [für] die Vorlesungen genügend vorgesorgt."[119] Gleichzeitig wurde Boltzmann wegen Krankheit vom Dienst beurlaubt. Die Vorlesungen über Naturphilosophie hatte er schon etwas früher beendet.
Ludwig Boltzmann wollte sich im Kreise seiner Familie in Duino bei Triest erholen. Für den 6. September 1906 war nach längerem Aufenthalt die Heimreise nach Wien und somit die Rückkehr in seine Pflichten vorgesehen. Am 5. September bereitete er seinem Leben ein Ende.

Es war dies ein unbeschreiblicher Schock für die ganze Familie. Der labile Gemüts- und Gesundheitszustand meines Großvater hatte in seinen letzten Lebensjahren das Familienleben überschattet. In den Erzählungen meines Vaters kam immer die durchlebte Angst um seinen Vater zum Ausdruck. Diese belastende Sorge lese ich auch in allen Briefen unter den Geschwistern und denen meiner Großmutter. Die verschiedenen Leiden meines Großvaters hatten an Intensität zugenommen und waren zur drückenden Last der ganzen Familie geworden.

Nach dem Tode ihres Mannes übertraf die Witwenschaft von Henriette Magdalena Katharina Antonia Boltzmanns geborene Edle von Aigentler an Dauer noch jene ihrer Schwiegermutter, Maria Katharina Boltzmann geborene Pauernfeind. Henriette Boltzmann starb am 3. Dezember 1938.

* * *

Neben seinen wissenschaftlichen Arbeiten und Leistungen war Ludwig Boltzmann nicht nur ein guter Pianist, der bis an sein Lebensende das Klavierspiel genoss und das Violinspiel seines Sohnes Arthur Ludwig begleitete. Er war auch von großer poetischer Begabung. Am bekanntesten wurde sein Gedicht über das geträumte Erlebnis eines Zusammentreffens im Himmel mit dem von Ihm neben Schiller so hoch verehrten Beethoven. Ebenso wie *Die Reise ins Eldorado* wurde auch dieses Gedicht mehrmals von verschiedenen Herausgebern veröffentlicht und auch ins Englische übersetzt. Trotzdem soll es in diesem Gedenkband widergegeben werden, weil es in berührender Weise auf den Gemütszustand schließen lässt, in dem es von Boltzmann verfasst wurde. Wann dies geschah, ist nicht bekannt.

119 Höflechner: *Leben*, S. I 287.

Er hat, im Gegensatz zum größten Teil seiner hinterlassenen Schriftstücke den Text nicht stenographiert sondern in Langschrift niedergelegt. Das Gedicht *Beethoven im Himmel* ist im Kap. 9: *Dokumente* gemeinsam mit den ersten Zeilen des Autographs widergegeben.

In einem der vielen kleinen, in seiner persönlichen Kurzschrift geschriebenen Notizbücher, in dem er Aufzeichnungen über Maxwell gemacht hatte, fanden sich erst kürzlich am inneren Deckblatt die nachfolgenden Zeilen. Sie waren wegen der dünnen, zum Teil verwischten, mit Bleistift geschriebenen Stenographie nur sehr mühsam zu transkribieren. Ebenso wie *Beethoven im Himmel* lässt auch dieses Gedicht ohne Titel auf Boltzmanns zeitweilige triste Gemütsverfassung schließen.

Ein schnöd verlassen Mägdelein, voll Sorge, Gram und Not,
liegt krank in ihrem Kämmerlein und wünschet sich den Tod.
Da klopft es dreimal an die Tür, das Mägdlein bat herein,
ein schlanker Jüngling tritt herfür und spricht: Lieb Mägdelein,
ich bin der Tod, den Du beriefst und komm' auf dein Begehr,
wenn Du bei mir in Zukunft schliefst, du klagtest bald nicht mehr.
Da sieht sie ihm ins Angesicht und wurde feuerrot
und spricht: Fürwahr behaupt' das nicht, wie wärest du der Tod?
Du bist ein Jüngling sanft und schön, und doch so groß und stark,
so hehr wie ich noch nie geseh'n, hast in den Knochen Mark.
Doch jener ihr entgegenhält: Ich bleib mir immer gleich,
dem Unglück nah' ich sanft und mild, dem Glück dagegen bleich.
Da schloss sie ihn in ihren Arm, und drücket ihn mit Lust
und war zum letzten Male warm an seiner kalten Brust.

Dieses Gedicht, auch in ähnlicher Form, konnte unter Verwendung von Suchprogrammen, in der deutschen Lyrik nicht gefunden werden. Es muss demnach angenommen werden, dass Boltzmann der Autor ist. Selbst wenn Boltzmann doch nicht der Verfasser sein sollte, hat ihn die Thematik dieses Textes offensichtlich sehr beschäftigt. Eine Datierung ist auch hier nicht möglich.

Boltzmanns Nachfolger in Wien wurde Friedrich Hasenöhrl (1874–1915). Er ist 1915 als Leutnant gefallen. Er war als Schüler Boltzmanns sein langjähriger wissenschaftlicher Anhänger und würdiger Nachfolger. Er arbeitete über die Atomistik, Probleme der statistischen Mechanik und der Thermodynamik. Schon 1904 hatte er erste Aussagen in Richtung der Äquivalenz von Masse und Energie gemacht, wie diese von Einstein 1905 in seiner berühmten Formel festgelegt wurde. Hasenöhrl hat 1909 die Wissenschaftlichen Abhandlungen Boltzmanns herausgegeben (s. Bibliographie). Friedrich Hasenöhrl sagte in seiner Rede anlässlich der Errichtung der Büste Boltzmanns im Arkadenhof der Wiener Universität:

„Die Erfolge des Forschers bedingen Begabung und Verstand, der Lehrer muss das Herz am rechten Fleck haben. Die Fähigkeit, sich in den Lernenden hineinzudenken, das Interesse an seiner Entwicklung, Wohlwollen und Zuneigung, mit einem Wort, ein menschenfreundliches Herz, das charakterisiert den guten Lehrer – im Elementarunterricht wie auf der Hochschule. Das waren die Eigenschaften, die aus Boltzmann einen glänzenden Lehrer machten und die ihm die unvergängliche Dankbarkeit seiner zahlreichen Schüler sichert. ... Große Güte und wahrer Idealismus kennzeichnen seine Persönlichkeit. Liebe zu Menschen, schlicht im Wesen, allem Äußeren abhold, alles Innere verstehend, ein gottbegnadeter Genius, gut und edel – so ist Boltzmann auf der Menschheit Höhe gewandelt."[120]

George Cecil Jaffé berichtet in Leipzig aus dem Hause Wilhelm Ostwalds:

„... Mit plump aussehenden Händen spielte der korpulente Mann, von Charakter weich und verletzbar, so zartfühlend und einfühlsam Sonaten Mozarts und wie kraftvoll und hinreißend Beethovens Klavierstücke."

Auf die Nachricht von Boltzmanns Tod erklärte sein wissenschaftlicher Gegner Ostwald:

„Er war ein Fremdling in dieser Welt. Ganz und gar seiner Wissenschaft hingegeben, von ihren Problemen unausgesetzt erfüllt, hat er nie Zeit und Neigung gefunden, sich mit jenen tausend Kleinigkeiten vertraut zu machen, auf deren instinktiver Handhabung das Leben des modernen Menschen zum größten Teil beruht. Derselbe Mann, dessen mathematischem Scharfsinn nicht die kleinste wissenschaftliche Unstimmigkeit entging, war im täglichen Leben von der Harmlosigkeit und Unerfahrenheit eines Kindes."

In seinen Lebenserinnerungen gibt der Komponist Wilhelm Kienzl eine suggestive Beschreibung Boltzmanns:

„Er war der Prototyp eines weltumläufigen Gelehrten, ganz im Reich der Wissenschaft und seiner bahnbrechenden Forschung lebend, nebenbei auch Musik mit Vorliebe pflegend. Ein groß gewachsener, starker Mann mit kräftigem Schädelbau, sehr kurzsichtig, daher bebrillt, mit kleingelocktem braunen Haupthaar, das von einem Vollbart umrahmte breite Gesicht stark gerötet, stets in etwas gebückter Körperhaltung. Er verfügte über ein hohes Maß allgemeiner Bildung, was der auffallenden, fast kindlichen Naivität seines Wesens keinerlei Eintrag tat, wie das bei konzentrierten, sich in hohen Sphären bewegenden Geistern oft vorzukommen pflegt....Ich erinnere mich noch eines anregenden Spazierganges mit ihm, der sonst nie über sich sprach, mir gegenüber das erschütternde Bekenntnis ablegte, dass er sich in seinen letzten und höchsten Ideen von gar niemanden verstanden wisse. Er könne über gewisse Probleme überhaupt nur mit einem Manne sprechen und das sei Helmholtz, der jedoch fern von ihm lebe. Als aber Boltzmann,

---

120 Stiller: *Boltzmann, Altmeister.*

über dessen hohe wissenschaftliche Bedeutung man sich in der Gelehrtenwelt völlig klar war, nach Kirchhoffs Hinscheiden als dessen Nachfolger an den verwaisten Lehrstuhl in Berlin berufen wurde, befiel ihn – wie das bei großen Geistern der Fall ist – eine so arge Verzagtheit, eine Angst, den Posten nicht ausfüllen zu können, seiner nicht würdig zu sein, dass er ablehnte. Im Widerstreit zwischen der Hoffnung, in Berlin neue Anregungen zu erhalten, und der Stimmung, den Anforderungen nicht gewachsen zu sein, verzichtete Boltzmann auf den ehrenvollen Ruf."

Hendrik Antoon Lorentz sprach in seiner Gedächtnisrede:

„...Boltzmann hat in den ersten Jahren seiner Laufbahn auf experimentellem Gebiet Schönes und Wichtiges geleistet und oft hat er in beredter Weise das Lob der Experimentalphysik verkündet. Bisweilen schien er sie fast um die Zuverlässigkeit ihrer Resultate und um ihre gleichmäßig fortschreitende Entwicklung zu beneiden. Jedoch im Grunde seines Herzens war er Theoretiker; er liebte es, dies im Ernst und im Scherz nachdrücklich zu betonen, und hat nie aufgehört, die Weiterführung der Theorie, die Klarlegung und Sicherung ihrer Grundlagen als seine Lebensaufgabe zu bezeichnen. ‚Die Idee, welche mein Sinnen und Wirken erfüllt, ist der Ausbau der Theorie'. Wenn er so sprach, so meinte er wohl nicht bloß das Verständlichmachen dieser oder jener Gruppen von Erscheinungen, sondern das Erreichen einer zusammenhängenden Welt- und Lebensbetrachtung, mit der seine physikalischen Auffassungen aufs innigste verwebt waren".

Der größte Widersacher und Gegner seiner Atomistik, Ernst Mach, brach erst 1909 und 1910 durch die Überzeugung Max Plancks zusammen. Mach sah, dass die große Mehrzahl der Physiker in diesem erkenntnistheoretischen Streit mittlerweile eindeutig auf der Seite Boltzmanns standen. Er sagte dazu:

„Wenn der Glaube an die Realität der Atome für Euch so wesentlich ist, so sage ich mich von der physikalischen Denkweise los, so will ich kein richtiger Physiker sein, so verzichte ich auf jede wissenschaftliche Wertschätzung, so danke ich schönstens für die Gemeinschaft der Gläubigen. Denn Denkfreiheit ist mir lieber." [121]

In seinem Nachruf (Neue Freie Presse vom 8. September 1906) schrieb Mach:

„Ein schwererer Schlag hätte die wissenschaftliche Welt, insbesondere jene Österreichs und Wiens, wohl kaum treffen können, als die unerwartete Nachricht von dem tragischen Tod Ludwig Boltzmanns. War er ja doch der Stolz unserer Universität, die ihn im Wettkampf mit anderen vor wenigen Jahren sich wieder gewonnen hatte. War es eine Ahnung, als vor noch nicht ganz drei Jahren die Schüler und Freunde Boltzmanns entgegen aller Übung dessen sechzigsten Geburtstag durch Übergabe einer Festschrift feierten,

121 E. Mach (1910) Die Leitgedanken meiner naturwissenschaftlichen Erkenntnislehre und ihre Aufnahme durch die Zeitgenossen. Scientia VII(14): 225 – 233.

zu welcher aus allen Weltteilen Beiträge einliefen, die den vorgesehenen Rahmen zu sprengen drohten? Konnte man glauben, dass der damals heitere, rüstige, in der alten Heimat sich wohl fühlende Mann so bald von uns scheiden würde? ... Wenn die ganze Welt Ursache hat, den Tod Boltzmanns zu betrauern, so haben wir Österreicher doppelten Grund, schmerzlich erschüttert zu sein."

Arnold Sommerfeld, Boltzmanns Nachfolger in München, sagte:

„Wenn Boltzmann in späteren Jahren die Naturforschergesellschaft oder die Redaktionssitzungen der Mathematischen Enzyklopädie besuchte, so brachte er stets Leben und Bewegung mit sich. Oft stellte er den Mathematikern Probleme wahrscheinlichkeitstheoretischen oder mechanischen Inhalts, meist sehr schwierige oder witzige Probleme."[122]

Seine frühere Studentin Lise Meitner schrieb:

„Boltzmann war ein stattlicher Mann mit einem krausen schwarzen Bart und Haupthaar, von Charakter weich, verletzbar und zartfühlend. Er war ein ungewöhnlich guter, temperamentvoller, anregender Vortragender, immer lebhaft diskutierend, und konnte alles was er lehrte, seine eigene Begeisterung auf die Zuhörer übertragen. Voll Herzensgüte, Glauben an Ideale und Ehrfurcht gegenüber den Wundern der Naturgesetzlichkeit." Lise Meitner bezeichnete es als ‚großen Glückszufall', dass sie bei Boltzmann die Grundlagen der theoretischen Physik studieren durfte. „Mit seinen herausragenden wissenschaftlichen Fähigkeiten gehörte er zu den Physikpionieren der zweiten Hälfte des 19. Jahrhunderts; mit seiner thermodynamischen Forschung und der Einführung statistischer Methoden hat er wesentlich zum Übergang von der klassischen zur modernen, der Mikrophysik, beigetragen. Als überzeugter Anhänger der sogenannten Atomistik war er früh von der realen Existenz von Atomen ausgegangen, während maßgebliche Physiker diese teilweise, noch bis ins 20. Jahrhundert hinein, nur als ‚Gedankendinge' gelten lassen wollten. Zu den Gegnern der Atomistik gehörten Ernst Mach, aber auch Max Planck, der seine berühmte Quantenhypothese im Jahre 1900 erst formulieren konnte, nachdem er seine große Skepsis abgelegt und die reale Existenz von Atomen ‚in einem Akt der Verzweiflung', wie er es nannte, anerkannt hatte. ..."

„... in meiner Erinnerung sind Boltzmanns Vorlesungen die schönsten und anregendsten, die ich jemals gehört habe. ...Er hatte eine sehr große Tafel in der Mitte, auf die er alle Hauptrechnungen schrieb, und zwei an den Seiten angebrachten Tafeln, wohin die Nebenrechnungen kamen. Alles sehr übersichtlich und klar geschrieben, so dass ich damals oft dachte, man könne an Hand der Tafeln die ganze Vorlesung rekonstruieren. Er war selbst von allem, was er lehrte, so begeistert, dass man aus jeder Vorlesung mit dem Gefühl wegging, es werde einem eine ganz neue und wunderbare Welt er-

122 Rede von A. Sommerfeld 1944: Das Werk Boltzmanns anlässlich der 100. Wiederkehr von dessen Geburtstag. Siehe Bibliographie.

öffnet. Er liebte es auch, persönliche Bemerkungen in seine Vorlesung einzuflechten."[123]

Boltzmanns Schüler Paul Ehrenfest schrieb:

„Es wären da am Beginn der Tätigkeit gerade die Schwierigkeiten zu überwinden gewesen, die den Experimenten eines Stefan oder der Durchdringungskraft des Maxwell'schen Kalküls eine Grenze zogen. Boltzmann hingegen tritt an die kinetische Theorie sofort mit einer ganz neuen Frage heran und erschließt sich dadurch mit 20– 21 Jahren ein immenses Arbeitsfeld."[124]

Wie schon früher gesagt, wurde Boltzmann von seinem Schüler und späteren Professor Karl Przibram in mehreren Karikaturen, die als Illustration zu den von ihm vorgetragenen Themen passen, festgehalten (s. Kap. 9: *Dokumente*). Wahrscheinlich waren es viel mehr als die im Besitz der Familie befindlichen. Er schrieb über Boltzmanns Vorlesungen:

„Als es ihm in einer Vorlesung über Maxwell'sche Theorie, auf die er bekanntlich das Faust-Zitat ‚War es ein Gott der diese Zeichen schrieb?...' in etwas veränderten Form angewendet hatte, gelungen war, etwas zu seiner eigenen Zufriedenheit recht klar herauszuarbeiten, meinte er: „So! Das muss doch jetzt jedes elektromagnetische Wickelkind verstehen!"

In einer Franz Exner gewidmeten Kneipzeitung bezog sich eine Art Distichon auf Boltzmanns Naturphilosophie: „Tritt der gewöhnliche Mensch auf einen Wurm, so wird der sich krümmen; Ludwig Boltzmann tritt auf: siehe, da krümmt sich der Raum!" Boltzmann war nämlich auf mehrdimensionale und gekrümmte Räume zu sprechen gekommen. Einstein hatte bekanntlich in seiner allgemeinen Relativitätstheorie die später bewiesene Raumkrümmung in der Nähe großer Massen berechnet.

In neuerer Zeit sind Überlegungen angestellt worden, inwieweit die prinzipielle Vorstellung allgemeiner Relativität aus L. Boltzmanns *Prinzipe der Mechanik* resultiere und Einstein beeinflusst haben könnte.[125]

Die Aufzählung der Ludwig Boltzmann im Laufe der Jahre von 1875 bis 1906 zuteil gewordenen Ehrungen füllt im vorliegenden Buch zwei Seiten. Die höchste denkbare Auszeichnung wäre sicher der seit 1901 verliehene Nobelpreis gewesen. Für diesen wurde er von insgesamt vier Wissenschaftlern unabhängig von einander z.T. wie folgt vorgeschlagen:

Adolf von Baeyer, 25. 12. 1903, München
Proposition pour le prix Nobel de physique a decerner en 1903.
Hofrat L. Boltzmann in Wien für seine Arbeiten über die kinetische Theorie der Gase.

---

123 Lise Meitner nach Broda in Stiller: *Boltzmann, Altmeister* und in Höflechner: *Leben.*

124 Paul Ehrenfest in Stiller: *Boltzmann, Altmeister.*

125 Hans Motz (1981/82): Did the Germ of Relativity Come from Boltzmann. In L. Boltzmann Gesamtausgabe, Bd. 8.

Dr. Adolf von Baeyer, Professor an der Universität München

Max Planck, 26. 1. 1905, Berlin
Nobel-Comite für das Fach der Physik beehre ich mich, in Beantwortung des geehrten Schreibens vom 7. Sept. 1904, einen Vorschlag für die Verleihung des Preises für das Jahr 1905 ganz ergebenst zu überreichen.
Ich nenne Herrn Dr. Ludwig Boltzmann, Professor der theoretischen Physik an der Universität Wien, und begründe meinen Vorschlag in erster Linie durch den Hinweis auf die Verdienste, welche sich der Genannte durch seine Forschungen auf dem Gebiete der kinetischen Theorie der Gase erworben hat, zum größten Teil zusammengefasst in seinem Buche *Vorlesungen über Gastheorie*, zwei Bände, (Leipzig, Ambr. Barth, 1896 und 1898). Als Hauptleistung Boltzmanns auf diesem Gebiet bezeichne ich die Durchführung der mechanischen Erklärung der molekularen Vorgänge bis in Regionen, die sich sogar der Pionierarbeit von Forschem wie Clausius und Maxwell gegenüber noch als unzugänglich erwiesen. Erst auf Grundlage der Boltzmann'schen Arbeiten ist die heute in schneller Entwicklung begriffene Dynamik zusammengesetzter Elektronensysteme möglich geworden.

Hochachtungsvollst Dr. Max Planck

Philipp Lenard, 6. 1. 1906, Kiel
Ludwig Boltzmann in Wien für seine thermodynamisch-gastheoretischen Arbeiten (Abdrücke der Arbeiten stehen mir nicht zur Verfügung; dieselben bedürfen vielleicht auch nicht der besonderen Zitierung, doch wäre ich bereit, eine Zusammenstellung der Zitate zu liefern, falls nötig), in welchen er mit der statistischen Methode neue Einsichten und Erfolge bringt, die Maxwell'sche Lichttheorie in fruchtbare Verbindung setzt mit der Wärmetheorie und so im besonderen auch die Mittel und Wege schafft zur exakten Begründung der wichtigen Strahlungsgesetze des schwarzen Körpers.

Dass diese letzteren Gesetze – bei der Herstellung verbesserter Beleuchtungsmittel und als einzige rationelle Grundlage zur Messung höchster Temperaturen auch bereits von praktischer Wichtigkeit geworden – zu den hervorragendsten Errungenschaften der neueren Physik gehören, und dass sie also zur Grundlage einer Preiserteilung genommen zu werden verdienen, unterliegt wohl keinem Zweifel, und darauf begründet sich mein Vorschlag.

Betrachtet man die Reihe derjenigen unter den Lebenden, welche diese Errungenschaft herbeigeführt haben – nämlich von theoretischer Seite her in erster Linie neben Boltzmann W. Wien und M. Planck, von experimenteller Seite her Lummer, Rubens, Paschen –, so findet man, dass kein anderer Einzelner unter ihnen und auch keine Kombination zu zweit oder zu dritt von ihnen – außer nur Boltzmann allein-verantwortlicherweise für den Erfolg prämiert werden könnte. Denn die Experimentatoren für sich allein haben zum Erfolg – dem vollständigen und auch theoretisch standhaftendem

Gesetz – nicht kommen können. Von den Theoretikern aber könnten Wien und Planck weder ohne Boltzmann, noch auch ohne die Experimentatoren für das Gesetz prämiiert werden; denn ihre Arbeiten haben einerseits zur wesentlichen Vorbedingung die Boltzmann'schen gehabt, andererseits aber der Korrektur (Wien) bzw. des Wegweises (Planck) durch die Ergebnisse der Experimentatoren bedurft. Es bleibt daher nichts übrig, um – wie ich es für angebracht halte – die genannte Errungenschaft durch einen Nobel-Preis zu markieren, als vor allem Boltzmann einen solchen zuzusprechen.

Lenard, Auswärtiges Mitglied der Akademie in Stockholm[126]

Vinzenz Czerny, 16. 1. 1906, Heidelberg
(weshalb Vinzenz Czerny, 1842–1916, als Chirurg – er war Schüler Billroths in Wien gewesen – zu dieser Nominierung aufgefordert wurde, ist unklar. Czerny war durch die Fortführung der Abdominalchirurgie in der Nachfolge Billroths und durch die erste totale supravaginale Hysterektomie hervorgetreten):

Aufgefordert, einen Vorschlag für den Nobelpreis in Physik zu machen, musste ich mich mit kompetenten Sachverständigen ins Benehmen setzen, da ich selbst nicht genügend die Physik beherrsche. Nach deren Urteil verdient in erster Linie Ludwig Boltzmann in Wien den Preis für seine thermodynamisch-gastheoretischen Arbeiten, in welchen er mit der statistischen Methode neue Einsichten und Erfolge bringt, die Maxwell'sche Lichttheorie in fruchtbarer Verbindung setzt mit der Wärmetheorie und so im besonderen auch die Mittel und Wege schafft zur exakten Begründung der wichtigen Strahlungsgesetze des schwarzen Körpers.

Prof. V. Czerny

Max Planck, 28. 1. 1906, Berlin-Grunewald
Dem Nobel-Comite für das Fach der Physik beehre ich mich, auf das geschätzte Schreiben vom September 1905 einen Vorschlag für die Verleihung des Preises für das Jahr 1906 ganz ergebenst zu überreichen.
Ich nenne, wie im vorigen Jahre, Ludwig Boltzmann, Professor der Physik an der Universität Wien, und begründe meinen Vorschlag in der nämlichen Weise, wie in meinem Schreiben vom Januar 1905, durch den Hinweis auf die Verdienste, welche sich der Genannte durch seine Forschungen auf dem Gebiete der kinetischen Theorie der Gase erworben hat, und die sich zusammengefasst finden in seinem bekannten Buche *Vorlesungen über Gastheorie* (zwei Bände, 1896 und 1898, Leipzig, Ambr. Barth).

Hochachtungsvoll ergebenst Dr. M. Planck [127]

---

126 Höflechner: *Leben*.
127 Höflechner: Leben.

Boltzmann selbst schrieb in seinem Aufsatz *Über die Bedeutung von Theorien* [128]: „Wenn ein einzelner aus der Allgemeinheit hervorgehoben wird, so kann dies nach meiner Auffassung niemals seiner Persönlichkeit gelten, sondern nur der Idee, die er vertritt; ...die Idee, welche mein Sinnen und Wirken erfüllt, den Ausbau der Theorie. Ihr zum Preise ist mir kein Opfer zu groß, sie, die den Inhalt meines ganzen Lebens ausmacht..."

Kurz nach seinem Hinscheiden setzten sich Boltzmanns Ideen durch. Sie inspirierten die ersten Arbeiten Einsteins, die er zuerst an Boltzmann gesandt hatte, um sein Urteil zu erfahren bevor er sie zur Veröffentlichung gab. Im Jahr 1905 lieferte Einstein mit seiner Arbeit über die Brownsche Bewegung die theoretische Grundlage zum experimentellen Nachweis der von Boltzmann postulierten molekularen Schwankungserscheinungen.[129]

Auch der österreichische Nobelpreisträger der Physik und Schöpfer der Wellenmechanik, Erwin Schrödinger, ging von Boltzmanns Ideen aus. In seiner Antrittsrede am 4. Juli 1929 in der Preußischen Akademie der Wissenschaften sagte er:[130]

„Sein Ideenkreis spielt für mich die Rolle der wissenschaftlichen Jugendgeliebten. Kein anderer hat mich wieder so gepackt, keiner wird es wohl jemals tun. Der modernen Atomtheorie kam ich nur sehr langsam näher. Ihre inneren Widersprüche klangen wie kreischende Dissonanzen an der reinen, unerbittlich klaren Gedankenfolge Boltzmanns gemessen."

An das Ende dieses Kapitels möchte ich schließlich die folgenden Worte von Theodor Des Coudres, dem Nachfolger Boltzmanns in Leipzig, setzen:

„Die Welt, die den Theoretiker Boltzmann fesselte, war bis zuletzt nicht die Welt, in der die Gedanken bei einander wohnen, sondern die Welt, in der sich die Sachen stoßen. ... Nicht dunkle Punkte zu verschleiern, sondern zu betonen, war seine Art. Er führte lieber die weitläufigsten Rechnungen durch, als dass er ohne Not eine physikalisch unplausible Erklärung zuließ."

„Wie wir ohne unser eigenes Zutun in diese Welt kommen, so betrachten wir es als das naturgemäße, dass der Mensch auch ohne sein persönliches Zutun aus ihr scheidet. Wo wir es anders erleben, da schließen wir auf vorausgegangenes schweres Leid. Hat sich jemand gar infolge angeborener nervöser Konstitution vorher schon mehrfach durch solch schlimme Gemütsdepressionen durchkämpfen müssen und dankt die Welt ihm so viel, wie sie Boltzmanns Sein und Wirken dankt, dann bleiben wir lange nachdenklich und Respekt macht uns schweigen."

---

128 Werkeverzeichnis Nr. 104, *Populäre Schriften.*

129 Flamm: *Briefwechsel.*

130 Antrittsrede des E. Schrödinger, Sitzungsbericht d. Preuß. Akademie d. Wissenschaften Berlin S. C-CI (1929).

Maria Katharina Boltzmann, geb. Pauernfeind (1810–1885), die Mutter Ludwig Boltzmanns in jungen Jahren

und im Alter

Ausschnitt aus dem Gruppenbild nach der Matura,
Ludwig Boltzmann in der Bildmitte

Ludwig Boltzmann als junger Student mit Kollegen

Henriette von Aigentler

Dr. Ludwig Boltzmann

k. k. Universitäts-Professor.

Verlobte.

Ludwig Boltzmann in Wien 1875
etwa zur Zeit seiner Verlobung

Henriette Boltzmann, etwa 1885

Boltzmanns Haus auf der Platte, Graz

Die Familie Boltzmann in Graz 1886
Kinder: Henriette, Ida Katharina, Ludwig Hugo, Arthur Ludwig

Ludwig Boltzmann in Graz 1887
Stehend (v. l.): Walther Nernst (1864-1941)[1], Franz Streinz (1855–1922)[2], Svante Arrhenius (1859–1927)[3], Richard Hiecke (1864–1948)[4].
Sitzend (v. l.): Eduard Aulinger (1854– ?)[4], A. v. Ettingshausen (1850–1932)[4], Boltzmann, Ignaz Klemencic (1853–1901)[4], Viktor Hausmanninger (1855–1907)[4]

1 Siehe Fußnote 35.

2 1877 bei Boltzmann promoviert, 1882 habilitiert, 1906 o.Professor für Physik in Graz, siehe Höflechner, *Leben* S. I 67.

3 Siehe Fußnote 34.

4 Alle bei Boltzmann promoviert und seine Assistenten. Von Ettingshausen war 1876, gleichzeitig mit Boltzmanns Berufung, zum Extraordinarius ernannt worden; siehe Höflechner, *Leben* S. I 54 ff.

Nach der Ehrenpromotion in Oxford am 15. August 1894

Die Kinder von Ludwig und Henriette Boltzmann 1898
von links: Henriette geb. 1880, Arthur Ludwig 1881,
Elsa geb. 1891, Ida Katharina geb. 1884

Arthur Ludwig etwa 1914

Ludwig Boltzmann 1899

Das Ehrengrab am Zentralfriedhof von Wien

2 Ludwig Boltzmann and the Foundations of Natural Science

Stephen G. Brush

Ludwig Boltzmann explored in his research and lectures several of the fundamental problems of 19th-century science: The atomic structure of matter, the validity of the Second Law of Thermodynamics, the nature of electromagnetic radiation, and the direction of time. In some cases, such as the statistical interpretation of entropy and the theory of equilibrium and transport properties of gases, his results have survived in today's and provide the basis for current research. In other cases, such as the development of mechanical models for molecules, he revealed the limitations of classical physics and thus helped to prepare the way for the new physics of the 20th century and later.

The first stimulus for Boltzmann's researches came from teachers and colleagues at the University of Vienna, especially Joseph Stefan (1835–1893) and the chemist Joseph Loschmidt (1821–1895). Stefan introduced him to Maxwell's electrical theory, and in a lecture suggested the electrical problem whose solution constituted Boltzmann's first published paper *Über die Bewegung der Electricität in krummen Flächen*[1]. He also published a few papers on kinetic theory and hydrodynamics, and did important theoretical work on gases and radiation that provided the basis for some of Boltzmann's theories. Their names are permanently linked in the law that relates radiation energy to the fourth power of absolute temperature.

Loschmidt's name is linked to Boltzmann's in a different way, through the „reversibility paradox" which is now remembered as a dispute between them and which seems to have led Boltzmann to introduce his mathematical relation between entropy and probability. But Loschmidt actually prepared the way for Boltzmann's research programme in a more fundamental way when he devised in 1865 the first reliable method for estimating the diameter of a molecule and the number of molecules in a given quantity of gas.[2] As William Thomson (later known as Lord Kelvin) pointed out, such estimates brought the atom out of the realm of metaphysical speculation into the domain of quantitative science, and thus gave legitimacy to theories based on atomic hypotheses. This claim was in line with his general position that numerical measurement is essential to scientific knowledge.

1 Werkeverzeichnis Nr. 1.

2 In his memorial address for Loschmidt, Boltzmann pointed out that the number of atoms into which the dead scientist´s body would disintegrate could be calculated by his own method, and wrote the number One followed by 25 zeros.

Mechanical Basis for Thermodynamics

Boltzmann began his lifelong study of the atomic theory of matter by seeking to establish a direct connection between the Second Law of Thermodynamics and the mechanical Principle of Least Action (*Über die mechanische Bedeutung des zweiten Hauptsatzes der Wärmetheorie*[3]). Since the First Law of Thermodynamics appeared to be a direct generalization of the principle of conservation of energy in mechanics, it seemed plausible that the Second Law should also correspond to some principle in mechanics; this would require finding the correct mechanical interpretation of thermodynamic concepts like heat and entropy. Although Clausius, Szily, and others later worked along similar lines, and Boltzmann himself returned to the subject in his elaboration of Helmholtz's theory of monocyclic systems in 1884, the analogy with purely mechanical principles seemed insufficient for a satisfactory interpretation of the Second Law.

Statistical Theory of Molecular Motions

The missing element was the statistical approach to molecular motion that had already been introduced by the British physicist James Clerk Maxwell, and even earlier in a more limited way by the German physicist Rudolf Clausius; here physics seems to have been influenced by developments in the social sciences. Maxwell postulated (and later tried to justify in terms of molecular collisions) a statistical distribution law for molecular velocities, similar to the well-known Gaussian exponential „law of errors". Earlier writers on the kinetic theory of gases had assumed that the effect of collisions would be to average the velocities or momenta of the colliding molecules, so that after many collisions all molecules would have about the same speed. But according to Maxwell's distribution law, the result of numerous collisions would be a state in which a few molecules have very low speeds, a few have very high speeds, and most are clustered around an average speed that is determined by the absolute temperature (actually, proportional to its square root).

Maxwell's original theory left open the question of the effect of forces (external or intermolecular) on the distribution law. It was generally believed that in a vertical column of gas subject only to the earth's gravitational field, the average molecular speed must decrease with height, in accordance with the observation that the temperature of the Earth's atmosphere decreases with height above the ground. Maxwell himself, in his second kinetic theory of gases submitted to the Royal Society of London in 1866, concluded that the temperature should *increase* with height, but soon realized that this result was erroneous and stated in the published version of the paper that a

3 Werkeverzeichnis Nr. 2.

vertical column in thermal equilibrium should have the same temperature throughout.[4] But the proof of this result was buried in his complex equations.

The Boltzmann Factor for Thermodynamic Equilibrium

Boltzmann in 1868 generalized Maxwell's distribution law by including the effects of forces (*Studien über das Gleichgewicht der lebendigen Kraft zwischen bewegten materiellen Punkten*[5]). The molecular kinetic energy, which had appeared (divided by absolute temperature) in Maxwell's exponential formula, was replaced by the total energy including the potential energy corresponding to the forces. The result was a new exponential formula giving the relative probability of any specified molecular state, now known as the „Boltzmann factor" and basic to all modern calculations in statistical mechanics. The thermodynamic properties of any physico-chemical system, assumed to be in thermal equilibrium at a specified temperature, can in principle be computed by writing down the appropriate formulas for those properties for each molecular state and then computing the average by using the Boltzmann factor to give the weight of each state. The introduction of the Boltzmann factor thus allowed the statistical approach to be extended from ideal gases (no forces) to real gases, liquids, and solids. As a by-product, it confirmed in a more convincing way the conclusion that the temperature is uniform throughout a vertical column of gas in thermal equilibrium, as Maxwell acknowledged in later papers.[6]

In the same paper of 1868, Boltzmann presented another derivation of the Maxwell velocity distribution law that was independent of any assumptions about collisions between molecules. He simply assumed that there is a fixed total amount of energy to be distributed among a finite number of molecules, in such a way that all combinations of energies are equally probable. (More precisely, he assumed uniform distribution in momentum space.) By regarding the total energy as being divided into small but finite elements, he could treat this as a problem of combinatorial analysis, and obtained a rather complicated formula that reduced to the Maxwell velocity distribution law in the limit of an infinite number of molecules and infinitesimal energy elements.

The device of starting with finite energy elements and then letting them become infinitesimal is not essential to such a derivation, but it reveals an interesting feature of Boltzmann's mathematical approach in

---

4 J. C. Maxwell (1867) On the Dynamical Theory of Gases. Philosophical Transactions of the Royal Society of London 157: 49–88. Addition made December 17.

5 Werkeverzeichnis Nr. 5.

6 Reprinted in W. D. Niven (ed.) (1890) The Scientific Papers of James Clerk Maxwell. Cambridge University Press.

his early period. Boltzmann asserted on several occasions that a derivation based on infinite or infinitesimal quantities is not really rigorous unless it can also be carried through with finite quantities. This viewpoint delayed his appreciation of some of the developments in pure mathematics that appeared toward the end of the 19th century, such as Georg Cantor's theory of transfinite numbers; the *Lectures on Natural Philosophy* indicate a subsequent development of Boltzmann's mathematical ideas in the light of Cantor's work. But Boltzmann's earlier approach had a remarkable influence on the development of modern physics through Max Planck's 1900 work on the black body radiation problem. Th. Kuhn has argued that Planck, following Boltzmann, originally used the assumption of finite energy elements simply as a convenient mathematical device and did not (in 1900) propose a physical quantization of energy[7].

Transport Equation and H-Theorem

Although Maxwell and Boltzmann had succeeded in finding the distribution laws by assuming that the system is in an equilibrium state, they thought that one should also be able to show that the system will actually evolve toward an equilibrium state if it is not there already. Maxwell had made only fragmentary attempts to solve this problem; Boltzmann devoted several long papers to establishing a general solution for low-density gases (for which only two-molecule interactions need be considered), and his results suggested that the problem might also be solved for other systems. His approach, like Maxwell's, involved the derivation of general equations that could be used to describe transport processes such as viscosity, heat conduction, and diffusion.

Approach to equilibrium in a low-density gas was seen by Maxwell and Boltzmann as a special case of a general phenomenon: Dissipation of energy and increase of entropy, as postulated by Clausius and Thomson in the 1850s and 1860s. Clausius and Thomson were in turn generalizing the earlier postulate of Joseph Fourier, that heat naturally tends to flow irreversibly from high to low temperatures. It was Boltzmann's achievement (going beyond Maxwell's qualitative ideas) to show in detail how thermodynamic entropy is related to the statistical distribution of molecular configurations, and how increasing entropy corresponds to increasing randomness on the molecular level. This was a peculiar and unexpected relationship, for macroscopic irreversibility seemed to contradict the fundamental reversibility of Newtonian mechanics, which was still assumed to apply to molecular collisions. Boltzmann's attempts to resolve this contradiction formed part of

---

7 T. S. Kuhn (1978) *Black-body Theory and the Quantum Discontinuity*, 1894–1912. Clarendon Press, Oxford.

the debate on the validity of the atomic theory in the 1890's. It also led him to give an explicit role to molecular randomness, going beyond the use of statistical methods to describe motions that had been assumed to be deterministic. Seen in this context, the proof of the distribution law has even more significance than the law itself.

Boltzmann's first major work on the approach to equilibrium (and on transport processes in gases) was published in 1872 as *Weitere Studien über das Wärmegleichgewicht unter Gasmolekülen*[8]. This paper, like that of 1868, took Maxwell's theory as the starting point. Boltzmann first derived an equation for the time-rate of change in the number of molecules having a given energy, resulting from collisions between molecules; he used here, without comment, Maxwell's assumption that the velocities of two colliding molecules are statistically independent before they meet. Later it was recognized that there might be valid grounds for objecting to this assumption, since the calculation must take account of inverse collisions, and one is thus in effect assuming that their velocities are statistically independent *after* they meet. With this assumption, the time-rate of change of the distribution function can be written in terms of products of the values of the same function evaluated for different values of the initial and corresponding final velocities for two-particle collisions, integrated over all sets of initial velocities. This nonlinear integro-differential equation, which may also incorporate terms describing the effects of external forces and non-uniform conditions, is now known as Boltzmann's transport equation or simply „The Boltzmann Equation". It provides the basis for modern research on fluids, plasmas, and neutron transport.

With special assumptions about the physical conditions of the gas and the interaction between the molecules, Boltzmann's equation can be solved to yield values for the transport coefficients. As Maxwell had already discovered, an exact solution is possible only for a special force law: intermolecular repulsion inversely proportional to the 5th power of the distance between point particles. In this case the term depending on the relative velocity v, which cannot be calculated unless one already knows the non-equilibrium velocity distribution f, drops out of the integral. It was in reference to this result of Maxwell's that Boltzmann wrote his oft-quoted comparison of styles in theoretical physics and styles in music, dramatizing the almost magical disappearance of v when the words „let $n = 5$" were pronounced.[9] Boltzmann made several attempts to develop accurate approximations for other force laws, but this problem was not satisfactorily solved until the work of Sydney Chapmann and David Enskog around 1916–1917.[10]

---

8 Werkeverzeichnis Nr. 23.

9 *Populäre Schriften* S. 73.

10 S. G. Brush (1972) Kinetic Theory, Vol. 3: The Chapman-Enskog Solution of the Transport Equation for Moderately Dense Gases. Pergamon Press, Oxford New York.

If the velocity distribution function f is the one proposed by Maxwell for thermal equilibrium, then the Boltzmann equation implies that the time-rate of change of f is zero. In other words, once the Maxwellian state has been reached, the molecular motions and collisions will not produce any further change (in the absence of external forces).

So far this is simply an elaboration of the previous arguments of Maxwell and Boltzmann himself, but now, with an explicit formula for the rate of change of the distribution function, Boltzmann was able to go further and show that f always tends toward the Maxwellian form. He did this by introducing a function, later known as Boltzmann's H-function, which is computed by integrating (f log f) over all velocities at a particular time t. He then showed, using the assumption about statistical independence mentioned above, that H always decreases with time until it reaches the Maxwellian form; it then maintains a fixed minimum value. This value is essentially the same (apart from a constant negative factor) as the thermodynamic entropy in the equilibrium state. Thus Boltzmann's H function provides an extension of the entropy concept to non-equilibrium states not covered by the thermodynamic definition.

The theorem that H always decreases for non-equilibrium systems was called „Boltzmann's minimum theorem" in the 19th century and now goes by the name „Boltzmann's H-theorem". It is considered equivalent to the „generalized Second Law of Thermodynamics" of Clausius, which states that the entropy of a system tends toward a maximum.[11] As Clausius pointed out, the Second Law thus contradicts the idea the world is cyclic and may go on forever in the same way; on the contrary, when the universe reaches its maximum entropy, no further changes are possible and the universe will be in a state of unchanging death. This doctrine of an inevitable „heat death" was widely publicized, striking a responsive chord in the pessimistic atmosphere of the late 19th century.

Reversibility Paradox

The H-theorem raised some difficult questions about the nature of irreversibility in physical systems, in particular the so-called „reversibility paradox" and „recurrence paradox". The reversibility paradox was first discussed in 1874 by William Thomson, who noted the contrast between reversible „abstract dynamics" and irreversible physical processes. Of course there must be

---

11 R. Clausius introduced the thermodynamic entropy concept (heat transfer divided by absolute temperature) in 1854, but first called it „entropy" in 1865. His famous statement of the two laws of thermodynamics – „1. The energy of the universe is constant; 2. The entropy of the universe tends to a maximum" – was also first published in this paper: Über verschiedene für die Anwendung bequeme Formen der Hauptgleichungen der mechanischen Wärmetheorie, Annalen der Physik 2/125 (1865): 353–400.

a contradiction between Newtonian mechanics, which is time-reversible, and any theory that requires an irreversible change, but one could not talk about a paradox until one had a reasonably well-developed kinetic theory that made specific claims about molecular motions. Thomson pointed out that one could avoid any absolute contradiction by invoking Maxwell's Demon; so it is only a pragmatic question of whether the kinetic theory allows reversals in a way that is actually observable. Thomson showed that while it is possible in principle to produce a dis-equalization of temperature by reversing molecular velocities, the amount of time during which this could happen goes rapidly to zero as the number of molecules becomes large[12].

Loschmidt, apparently without knowledge of Thomson's paper, brought the paradox to Boltzmann's attention in 1876 as part of his attack on the thesis that the Second Law of Thermodynamics requires an irreversible dissipation of energy (and on the doctrine that the temperature is constant in a vertical column of gas in thermal equilibrium). Loschmidt claimed that the Second Law could be formulated as a mechanical principle without reference to the sequence of events in time; he thought that he could thus „destroy the terroristic nimbus of the second law, which has made it appear to be an annihilating principle for all living beings of the universe; and at the same time open up the comforting prospect that mankind is not dependent on mineral coal or the sun for transforming heat into work, but rather may have available forever an inexhaustible supply of transformable heat"[13].

Loschmidt noted that in any system „the entire course of events will be retraced if at some instant the velocities of all its parts are reversed". His application of this reversibility principle to the validity of the Second Law was somewhat obscurely stated, but Boltzmann (perhaps as a result of privat discussions) quickly got the point and published a reply, in which he gave a thorough discussion of the paradox. He suggested that the irreversibility of processes in the real world is not a consequence of the equation of motion for individual particles and the form of the intermolecular force law, but, rather seems to be a result of the initial conditions. For some unusual initial conditions the system might in fact decrease its entropy as time progresses; such initial conditions could be constructed simply by reversing all the velocities of the molecules in an equilibrium state known to have evolved from a non-equilibrium state. But, Boltzmann asserted, there are infinitely more initial states that evolve with increasing entropy, simply because almost all possible states are equilibrium states. Moreover, the entropy would also be almost certain to increase if one picked an initial state at random and followed it backward in the time instead of forward.

---

12 W. Thomson (1874) Kinetic Theory of the Dissipation of Energy. Proceedings of the Royal Society of Edinburgh 8.

13 J. Loschmidt (1876) Über den Zustand des Wärmegleichgewichtes eines Systems von Körpern mit Rücksicht auf die Schwerkraft. AdW Wien. Ber. 73: 128–42.

The problem of irreversibility was revived in England in the 1890's as part of a more general discussion, within the British Association for the Advancement of Science, of the Laws of Thermodynamics. Analysis of the relation of the Second Law to dynamical principles focussed attention on the conditions for validity of the assumption of thermal equilibrium and the use of the Maxwell-Boltzmann distribution law. E. P. Culverwell asked how a system of particles obeying Newton's laws could have a tendency to reach equilibrium, in view of the fact that „for every configuration which tends to an equal distribution of energy, there is another which tends to an unequal distribution" because of the reversibility of Newton's laws. He suggested that perhaps interactions between molecules and *Äther* are responsible for attaining thermal equilibrium. Other British scientists attempted to identify the stage in the Boltzmann's derivation of the H-theorem where irreversibility enters. S. H. Burbury proposed that the crucial assumption is the statistical independence of two colliding molecules, an assumption that becomes questionable when it is applied to reverse collisions. Burbury proposed that the assumption could be justified by postulating some kind of external disturbance „the effect of which, coming at haphazard, is to produce that very distribution of coordinates which is required to make H diminish".

In response, Boltzmann agreed that a new assumption, which he called „molecular disorder", was needed in order to prove that a system tends to change irreversibly toward thermal equilibrium. While randomness causes irreversibility, it does not require it, since even if molecular motions were completely random there is still a small but finite probability that H may sometimes increase. Thus the H-theorem itself is only statistically true.

Recurrence Paradox

The recurrence paradox arises from a theorem in mechanics first published by Henri Poincaré in 1890.[14] According to this theorem, any mechanical system constrained to move in a finite volume with fixed total energy must eventually return to any specified initial configuration. The theorem was motivated by an attempt to give a rigorous proof of the stability of the solar system, a problem that had attracted much attention in the 18th century in connection with the cyclic „clockwork universe" view of the world. Although at the beginning of the 19th century Laplace was thought to have solved the problem, by Poincaré's time standards of mathematical proof had risen substantially and Laplace's proof no longer seemed adequate. Poincaré was interested both in the mathematical aspects of the mechanical problem, and in the physical theory of cosmic evolution. The concept of cosmic recurrence, as an alternative to the thermodynamic heat death, was also a

14 H. Poincaré (1890) Sur les equations de la dynamique et le problème des trois corps. Acta Mathematica 13: 1–270.

topic of discussion among philosophers such as Friedrich Nietzsche at this time.

If a certain value of the entropy is associated with every configuration of the system (a disputable assumption), then according to the recurrence theorem the entropy cannot continually increase with time, but must eventually decrease in order to return to its initial value. Therefore the H-theorem cannot always be valid.

Poincaré, and later Zermelo, argued that the recurrence theorem makes *any* mechanical model, such as the kinetic theory, incompatible with the Second Law of Thermodynamics; and since, it was asserted, the Second Law is a strictly valid induction from experience, one must reject all mechanical models and the mechanistic viewpoint in general. The Poincaré-Zermelo criticism thus reinforced contemporary assaults on the mechanical worldview.[15]

Boltzmann replied that the recurrence theorem does not contradict the H-theorem, but is completely in harmony with it. The equilibrium state is not a single configuration but, rather, a collection of the overwhelming majority of possible configurations, characterized by the Maxwell-Boltzmann distribution law. From the statistical viewpoint, the recurrence of some particular initial state is a fluctuation that is almost certain to occur if one waits long enough; the point is that the probability of such a fluctuation is so small that one would have to wait an immensely long time before observing a recurrence of the initial state. Thus the mechanical viewpoint does not lead to any consequences that are actually in disagreement with experience.

Is there an objective Direction of Time?

For those who are concerned about the „heat death" of the universe, Boltzmann suggested the following idea. The universe as a whole is in a state of thermal equilibrium, and there is no direction between forward and backward directions of time. However, within relatively small regions, which he calls „worlds", there will be noticeable fluctuations that include ordered states corresponding to the existence of life. A living being in such a world will distinguish the direction of time for which entropy increases (processes going from ordered to disordered states) from the opposite direction; in other words, the concept of „direction of time" is statistical or even subjective, and is determined by the direction in which entropy happens to be increasing. Thus the statement „entropy increases with time" is a tautology.

In this way local irreversible processes would be compatible with cosmic reversibility and recurrence.

---

15 H. Poincaré (1893) Le Mecanisme et l'Experience. Revue de Metaphysique et de Morale 1: 534–47.

Boltzmann's proposal to make time-direction subjective has been criticized by Karl Popper, who argues that the proposal is tantamount to abandoning Boltzmann's claim to give a statistical explanation of irreversibility and represents a surrender to philosophical idealism. Indeed, Boltzmann's philosophical opponent Ernst Mach had suggested a similar interpretation of the entropy-time relation in 1894. Popper's critique has been discussed in detail by Martin Curd, who concludes that while Boltzmann's idea is „untenable, at least for a realist", Popper's own claims for the objectivity of a time-direction are not substantiated and his criticism does not fatally undermine Boltzmann's interpretation of irreversibility. Other philosophers and cosmologists have found Boltzmann's proposal appealing for the same reason that Popper rejects it, and it seems by no means certain that we must accept an objective unidirectional arrow of time in the world.[16]

For the historian of ideas it is more important to look at Boltzmann's hypothesis about time-direction in the context of late-19th-century culture and science than to worry about whether it is compatible with late-20th-century physics. In the 1890s philosophers like Lotze, Bradley, Bosanquet, Moore, McIntyre and Lloyd wondered whether absolute time exists at all and whether the past and future are real, and scientists like Flammarion pointed out that someone travelling faster than light would see events in reverse time sequence. For the 19th-century traveller the non-existence of an objective universal time was not a metaphysical fantasy but an annoying practical reality.

Statistical Mechanics and Ergodic Hypothesis

Having followed Boltzmann's work on irreversible processes into some of the controversies of the 1890s, let us now return to his contributions to the theory of systems in thermal equilibrium (for which the term „statistical mechanics" was introduced by J. Willard Gibbs).

It would be possible (as is in fact done in many modern texts) to take the Maxwell-Boltzmann distribution law as the basic postulate for calculating all the equilibrium properties of a system. Boltzmann, however, preferred another approach that seemed to rest on more general grounds than the dynamics of bimolecular collisions in low density gases. The new method was in part a by-product of his discussion of the reversibility paradox, and is first hinted at in connection with the relative frequency of equilibrium, as opposed to non-equilibrium configurations of molecules: „One could even calculate, from the relative numbers of the different distributions, their probabilities, which might lead to an interesting method for the calculation of thermal equilibrium". This remark was quickly followed up in the same

16 E. Mach (1894) On the Principle of Conservation of Energy. The Monist 5: 22–54; M. Curd (1982) Popper on Boltzmann's Theory of the Direction of Time. In: Sexl and Blackmore (Hrsg.) Ludwig Boltzmann Gesamtausgabe, Bd 8. Siehe Bibliographie.

year (1877) in a paper in which the famous relation between entropy and probability was developed and applied. In this relation, there appears the logarithm of a quantity W, defined as the number of possible molecular configurations („microstates" in modern terminology) corresponding to a given macroscopic state of the system.

In modern texts the equation is written $S = k. \log W$, where S = entropy and k = Boltzmann's constant. Boltzmann himself could not write it in such a simple form because W is infinite or undefined in classical physics where one has a continuous infinity of microstates. He could only write an equation for the difference in entropy between two states, so that the infinite term in log W cancels out on subtraction. The logarithmic formula for S is clearly related to Boltzmann's earlier expression for the H function.

The new formula for entropy – from which formulas for all other thermodynamic quantities could be deduced – was based on the assumption of equal a priori probability: all microstates that have the same total energy are postulated to have the same probability of occurrence, in the thermal equilibrium. As noted above, Boltzmann had already proved in 1868 that such an assumption implies the Maxwell velocity distribution for an ideal gas of non-interacting particles; it also implies the Maxwell-Boltzmann distribution for certain special cases in which external forces are present. But the assumption itself demanded some justification beyond its inherent plausibility. For this purpose, Boltzmann and Maxwell introduced what is now (following the Ehrenfest's) called the „ergodic hypothesis", the assumption that a single system will eventually pass through all possible microstates during its deterministic time-evolution.

There has been considerable confusion about what Maxwell and Boltzmann really meant by ergodic systems. It appears that they did not have in mind completely-deterministic mechanical systems following a single trajectory unaffected by external conditions; the ergodic property was to be attributed to some random element or at least to collisions with a boundary. Boltzmann seems to have had in mind a path that goes arbitrarily close to every point in the phase space (space of all possible positions and momenta of all the particles), but does not necessarily pass through every point. In the 1880s, before he was familiar with Cantor's theory of sets, Boltzmann did not seem to recognize the difference between these two assumptions, or at least he considered it a purely mathematical distinction with no physical significance. His remarks on the Cantor theory in the Lectures on Natural Philosophy suggest that he might have expressed himself more precisely on this subject if he had written on it after 1903.

In fact, when Boltzmann first introduced the words Ergoden and ergodische, he used them not for single systems but for collections of similar systems with the same energy but different conditions. In these papers of 1884 and 1887, Boltzmann was continuing his earlier analysis of mechanical analogies for the Second Law of Thermodynamics, and also developing what is now (following J. Willard Gibbs) known as „ensemble" theory. Here again, Boltzmann was following a trail blazed by Maxwell, who had introduced the ensemble concept in his 1879 paper.[17] But while Maxwell never got past the restriction that all systems in the ensemble must have the same energy, Boltzmann suggested more general possibilities and Gibbs ultimately showed that it is most useful to consider ensembles in which not only the energy but also the number of particles can have any value, with a specified probability.

The Maxwell-Boltzmann ergodic hypothesis led to considerable controversy on the mathematical question of the possible existence of dynamical systems that pass through all possible configurations. The controversy came to a head with a publication of an article by Ehrenfest in 1911, in which it was suggested that while strictly ergodic systems are probably nonexistent, „quasi-ergodic" systems that pass „as close as one likes" to every possible state might still be found. Shortly after this, two mathematicians, Rosenthal and Plancherel, used some recent results of Cantor and Brouwer on the dimensionality of sets of points to prove that strictly ergodic systems (in which the system goes through every point in the phase space corresponding to the specified total energy) are indeed impossible. Since then, there have been many attempts to discover whether physical systems can be quasi-ergodic; „ergodic theory" has become a lively branch of modern mathematics, although it now seems to be of little interest to physicists.

After expending a large amount of effort in the 1880's on elaborate but mostly fruitless attempts to determine the transport coefficients of gases, Boltzmann returned to the calculation of equilibrium properties in the 1890s. He was encouraged by the progress made by Dutch researchers – J. D. van der Waals, H. A. Lorentz, J. H. van't Hoff, and others – in applying kinetic methods to dense gases and osmotic properties of solutions. He felt obliged to correct and extend their calculations, as in the case of virial coefficients (correction to the ideal-gas law) for gases of elastic spheres. The success of these applications of kinetic theory also gave him more ammunition for his battle with the energeticists (see below).

Other Contributions

Although Boltzmann's contributions to kinetic theory were the fruits of an effort sustained over a period of years, and are mainly responsible for his reputation as a theoretical physicist, they account, numerically, for only about half of his publications. The rest are so diverse in nature – ranging over the fields of physics, chemistry, mathematics, and philosophy – that it would be useless to try to describe or even list them here. Only one characteristic seems evident: most of what Boltzmann wrote in science represents some kind of interaction with other scientists or with his students. All of his books

---

17 Maxwell (1879) On Boltzmann's Theorem ... Trans. Cambridge Phil. Soc. 12: 547–570.

originated as lecture notes; in attempting to explain a subject on the elementary level, Boltzmann frequently developed valuable new insights, although he often succumbed to unnecessary verbosity. He scrutinized the major physics journals and frequently found articles that inspired him to dash off a correction, design a new experiment, or rework a theoretical calculation to account for new data.

Soon after he started to follow Maxwell's work on kinetic theory, Boltzmann began to study the electromagnetic theory of the great British physicist. In 1872, he published the first report of a comprehensive experimental study of dielectrics, conducted in the laboratories of Helmholtz in Berlin and of Toepler in Graz. A primary aim of this research was to test Maxwell's prediction that the index of refraction of a substance should be the geometric mean of its dielectric constant and its magnetic permeability – a formula that epitomizes the linkage of optical to electric and magnetic properties that was Maxwell's greatest achievement. Boltzmann confirmed this prediction for solid insulators and (more accurately) for gases. Boltzmann became one of the primary advocates of Maxwell's electromagnetic theory on the Continent, although his own approach to the subject differed from that of Maxwell on a number of points; what they had in common was the use of mechanical models and analogies to explain electrical and magnetic phenomena.

In 1883, Boltzmann learned of a work by the Italian physicist Adolfo Bartoli on radiation pressure. Bartoli's reasoning stimulated Boltzmann to work out a theoretical derivation of the temperature-dependence of radiation energy, based on the Second Law of Thermodynamics and Maxwell's electromagnetic theory. The result – that the radiation energy is proportional to the 4th power of the absolute temperature – coincided with Stefan's conclusion, published in 1879, for the rate of heat transfer by radiation, derived from an analysis of empirical data. (It also involved the law, based on Maxwell's kinetic theory, that the heat conduction coefficient of gas is independent of pressure.) The T^4 law is now known as the Stefan-Boltzmann law. It played an important role as a constraint in theories of black-body radiation in the late 19th century, leading up to Planck's discovery of his distribution law.

Defense of the Atomic Viewpoint

Throughout his career, even in his works on subjects other than kinetic theory, Boltzmann was concerned with the mathematical problems arising from the atomic nature of matter. Thus an early paper with the title *Über die Integrale linearer Differentialgleichungen mit periodischen Coefficienten*[18] turned out to be an investigation of the validity of Cauchy's theorem on this subject,

---

18 Werkeverzeichnis Nr. 4.

which is needed to justify the application of the equations for an elastic continuum to a crystalline solid in which the local properties vary periodically from one atom to the next.

Until the 1890's, it seemed to be generally agreed among physicists that matter is indeed composed of atoms, and Boltzmann's concern about the consistency of atomic theories may have seemed excessive. But toward the end of the century, the various paradoxes – specific heats, reversibility, and recurrence – were taken more seriously as defects of atomism and Boltzmann found himself cast in the role of principal defender of the kinetic theory and of the atomistic-mechanical viewpoint in general. Previously he had not been much involved in controversy – with the exception, ironically, of a short dispute with O. E. Meyer, who had accused Boltzmann of proposing a theory of elasticity that was inconsistent with the atomic nature of matter. But now Boltzmann found himself almost completely deserted by Continental scientists; his principal supporters were in England and Holland. In Germany, the „energetics" doctrines of Wilhelm Ostwald and Georg Helm challenged the kinetic theory and the value of atomic theories; in France, Pierre Duhem advocated a positivist thermodynamic approach. In Austria, Ernst Mach, while recognizing that hypotheses can be useful in science, rejected all attempts to ascribe reality to unobservable concepts such as absolute space and time or atoms.

In 1976 Peter Clark, a follower of Imre Lakatos's „methodology of scientific research programmes", argued that the atomic-kinetic research programme was objectively „degenerating" after 1880. According to the Lakatos methodology, it would then have been rational for scientists to abandon that programme in favour of the macroscopic thermodynamics programme.[19] Clark's analysis ignores the successes of Boltzmann and van der Waals, and their followers, in developing quantitative explanations of the properties of matter based on the kinetic theory during this period. An alternative interpretation for the unpopularity of Boltzmann's programme in the late 19th century is that it was the victim of a more general „reaction against materialism" – a philosophical bias against the atomistic-mechanistic worldview and in favour of phenomenological or positivist approaches.[20]

It has been suggested that Boltzmann himself, as a result of the criticisms of his theory, abandoned his mechanistic philosophy and adopted a more pragmatic approach in which the real existence of entities like atoms was no longer important. The result of this revisionist view is to see Boltzmann as a convert to Mach's philosophy and to make him an honorary member of the Vienna Circle. Perhaps the best justification for this interpre-

19 P. Clark (1976) Atomism versus Thermodynamics: In C. Howson (ed.) Method and Appraisal in the Physical Sciences. Cambridge University Press, Cambridge and New York.

20 J. Blackmore (1985) A Historical Note on Ernst Mach. British Journal for the Philosophy of Science 36: 299–305.

tation is Boltzmann's view that scientific concepts such as „atom" are mental pictures rather than entities independently existing in the world. Andrew Wilson argues that this aspect of Boltzmann's scientific epistemology influenced Wittgenstein. But despite Boltzmann's explicit interest in philosophy, it may be misleading to interpret his scientific work as motivated by philosophical convictions; he could be a strong advocate of the necessity of atomism without rejecting other approaches that promised to be fruitful.

In the first volume of his *Vorlesungen über Gastheorie*[21] (1896), Boltzmann argued vigorously for the kinetic theory:

„Experience teaches that one will be led to new discoveries almost exclusively by means of special mechanical models. ... Indeed, since the history of science shows how often epistemological generalizations have turned out to be false, may it not turn out that the present „modern" distaste for special representations, as well as the distinction between qualitatively different forms of energy, will have been a retrogression? Who sees the future? Let us have free scope for all directions of research; away with all dogmatism, either atomistic or anti-atomistic! In describing the theory of gases as a mechanical *analogy*, we have already indicated, by the choice of this word, how far removed we are from that viewpoint which would see in visible matter the true properties of the smallest particles of the body."

In the foreword to the second volume of this book 1898, Boltzmann seemed rather more conscious of his failure to convert other scientists to acceptance of the kinetic theory. He noted that attacks on the theory had been increasing, but added:

„I am convinced that these attacks are merely based on a misunderstanding, and that the role of gas theory in science has not yet been played out. The abundance of results agreeing with experiment which van der Waals has derived from it purely deductively, I have tried to make clear in this book. More recently, gas theory has also provided suggestions that one could not obtain in any other ways. From the theory of the ratio of specific heats, Ramsay inferred the atomic of argon and thereby its place in the system of chemical elements – which he subsequently proved, by the discovery of neon, was in fact correct. In my opinion it would be a great tragedy for science if the theory of gases were temporarily thrown into oblivion of a momentary hostile attitude toward it, as was for example the wave theory because of Newton's authority. I am conscious of being only an individual struggling weakly against the stream of time. But it still remains in my power to contribute in such a way that, when the theory of gases is again revived, not too much will have to be rediscovered."

Boltzmann and Ostwald, although on good personal terms, engaged in bitter scientific debates during this period; at one point even Mach thought

---

21 Werkeverzeichnis Nr. 135.

the argument was becoming too violent, and proposed a reconciliation of mechanistic and phenomenological physics.[22]

Despite his travels and discussions with scientific colleagues, Boltzmann did not seem to realize that the new discoveries in radiation and atomic physics after 1900 were beginning to vindicate his theories. He ended his life in September 1906 just before the existence of atoms was finally established (in his own pragmatic, not metaphysical sense) by experiments on Brownian motion guided by the kinetic-statistical theory of molecular motion he had helped to develop.

There is a continuous line leading from Boltzmann's ideas to 20th century physics, not only in statistical mechanics but also in the foundation of mechanics. As he himself noted, new theories usually build on old ones rather than completely displacing them. His views on the possible extension of physical theory to biology were also well ahead of his time; unlike some critics in his own time and later, Boltzmann recognized that there is no contradiction between biological evolution and the laws of thermodynamics. (The supposed contradiction rests on a misunderstanding of the conditions under which the Second Law requires an increase of entropy.) He even showed qualitatively, in a 1904 lecture, that evolution from simple to complex forms of life should be expected to occur according to the statistical-atomic theory.

Boltzmann was a powerful thinker whose ideas helped to shape modern science. Even if his reliance on mechanical models makes his writings look somewhat out of date, his profound analyses, technical ingenuity and bold hypotheses confer permanent value on his contributions.

---

22 E. Mach (1896) Die Prinzipien der Wärmelehre, historisch-kritisch entwickelt. Barth, Leipzig, pp. 362ff.

3 Maxwell und Boltzmann

Karl Heinz Fasol

War es ein Gott, der diese Zeichen schrieb,
Die mit geheimnisvoll verborg'nem Trieb
Die Kräfte der Natur um mich enthüllen
Und mir das Herz mit stiller Freude füllen.[1]

James Clerk Maxwell wurde am 13. Juni 1831 in Edinburgh als letzter Repräsentant der alten schottischen Familie Clerk of Penicuik geboren; den Namen Maxwell hatte sich sein Vater zugelegt. Maxwell begann sein Studium der Mathematik, Physik und Philosophie 1847 in Edinburgh, setzte es 1850 in Cambridge fort und beendete es dort 1854. Schon 1856 wurde er Professor für Naturphilosophie in Aberdeen. Zunächst befasste er sich mit Farbentheorie; 1959 gewann er den Adams Preis für seine Arbeit über die Stabilität der Ringe des Saturn. Maxwell hatte nämlich gezeigt, dass deren Stabilität nur herrschen könne, wenn die Ringe aus zahlreichen kleinen Festkörpern bestünden. 1860 wurde er Professor am King's College in London und blieb es fünf Jahre lang. Nachdem er sich im Jahre 1865 nach Schottland auf das Landgut Glenlair der Familie zurückgezogen hatte, wurde Maxwell 1871 schließlich Professor in Cambridge, wo er später auch das berühmt gewordene Cavendish Laboratorium gründete. Schon am 5. November 1879 starb er mit 48 Jahren in Cambridge an Magenkrebs.

In den nur wenig mehr als 20 Jahren seines Wirkens wurde Maxwell rasch zu einem führenden Naturwissenschaftler des 19. Jahrhunderts, dessen Einfluss auch auf die Physik des 20. Jahrhunderts ausstrahlte. Es ist nicht die Aufgabe dieses Kapitels und nicht im Sinne des Gedenkbandes insgesamt, Maxwells Arbeiten im Detail zu besprechen. Lediglich seine wichtigsten Arbeiten, mit denen er sehr bald mit dem von ihm äußerst geschätzten Ludwig Boltzmann in Berührung kam, werden etwas genauer zur Sprache kommen.

---

1 Boltzmann setzte als Ausdruck seiner Verehrung Maxwells diese, von ihm etwas veränderten Verse aus Goethes Faust (1.Teil, Studierstube) als Motto an den Beginn des zweiten Teils seiner Vorlesungen über Maxwells Theorie der Elektricität und des Lichtes. Werkeverzeichnis Nr. 105.

Herausragend aus Maxwells Schaffen waren seine bahnbrechenden Arbeiten über Elektrizität und Magnetismus, mit denen sich sehr bald auch Boltzmann befassen sollte; einerseits, um darin zu zeigen, dass elektrische und magnetische Kräfte zwei sich gegenseitig ergänzende bzw. beeinflussende Erscheinungen des Elektromagnetismus sind. Maxwell zeigte, dass sich elektrische und magnetische Felder in Form von elektromagnetischen Wellen mit nahezu Lichtgeschwindigkeit fortbewegen. Diese Maxwell'sche Theorie beinhaltet insbesondere auch die Aussage, dass ein zeitlich veränderliches elektrisches Feld ein Magnetfeld erzeugt und umgekehrt. Maxwell wurde mit dieser ältesten physikalischen Feldtheorie der Begründer der Elektrodynamik.[2] Und er postulierte in seiner elektromagnetischen Theorie des Lichtes, dass das Licht Teilchenstruktur habe und eine Form elektromagnetischer Wellen sei. Diese Maxwell'sche Erklärung des Lichtes war gar nicht so weit entfernt von jener Einsteins. Zu seinen Theorien kam Maxwell nicht unwesentlich auch durch Anwendung mechanischer Analogien. Besonders auch in Boltzmanns Gedankengängen hatten ja mechanische Deutungen immer schon eine große Rolle gespielt; darüber wird gleich zu sprechen sein. Maxwell veröffentlichte seine elektromagnetische Theorie zunächst in Einzelarbeiten schon ab 1864 und dann schließlich 1873 in seinem *Treatise on Electricity and Magnetism*[3]. Nicht nur Maxwell nahm zu dieser Zeit vorübergehend an, dass nicht nur das wellenförmige Licht zu seiner Ausbreitung ein Medium nämlich den Lichtäther benötige, was 1887 definitiv widerlegt wurde. Auch Boltzmann hing der Äthertheorie an.

Andererseits, ebenfalls basierend auf mechanischen Analogien und den damals vorhandenen Kenntnissen, formulierte der Mathematiker Maxwell 1859 die Geschwindigkeitsverteilung von Gasmolekülen in einem Raum, eine wesentliche Erkenntnis der damals bereits in Anfängen etablierten kinetischen Gastheorie. Boltzmann führte diese Arbeit weiter, verbesserte sie, und die später auch experimentell bewiesene Maxwell-Boltzmann'sche Theorie erlangte wesentliche Bedeutung für die Thermodynamik als bevorzugtes Gebiet des Boltzmann'schen Interesses. Und nochmals: Boltzmann bewies auch hier seinen Weg, das mechanistische Denken auf alle Zweige der Physik, hier insbesondere auf die Wärmephänomene, erfolgreich anzuwenden. Der Physiker Stephen G. Brush hat in einem Großteil des vorhergehenden Kapitels Boltzmanns Thermodynamik dargestellt.[4] Weiter unten

---

2 Siehe u.a. Lexikon der Naturwissenschaftler (1996) Spektrum Akademischer Verlag, Heidelberg Berlin Oxford.

3 Mehrere spätere Neudrucke des Originals, u.a. Oxford Classics Texts in the Physical Sciences (1998). Clarendon Press, Oxford, 3rd ed. Deutsche Übersetzung u.a.: Lehrbuch der Electricität und des Magnetismus von J. C. Maxwell, übersetzt von Dr. B. Weinstein (1883). Springer, Berlin.

4 Siehe auch Brush's Einleitung (in deutscher Übersetzung von R. U. Sexl) zu L. Boltzmann, Vorlesungen über Gastheorie, Bd. 1 von R. U. Sexl (Hrsg.) (1981) Ludwig Boltzmann Gesamtausgabe. Vieweg, Braunschweig.

wird, wie auch in den anderen Teilen dieses Buchs, eine einfachst mögliche Darstellung versucht.

Neben den beiden genannten Gebieten seines hauptsächlichen Interesses leistete Maxwell Besonderes auch in den Bereichen der Mathematik, Optik und Farbenlehre.

Zu seiner Zeit waren drehzahl-geregelte Dampfmaschinen weit verbreitet und „so nebenbei" stellte Maxwell in seinem, in Kreisen der Ingenieure des Fachs Regelungstechnik berühmten Aufsatz mit dem bemerkenswert kurzen Titel *On Governors* erstmals Überlegungen an hinsichtlich mathematischer Stabilitätsbedingungen für rückgekoppelte Relegungssysteme.

Maxwell verstand vermutlich Deutsch; er hatte aber doch Schwierigkeiten, Boltzmanns korrekte aber meist sehr weitschweifige Ausdrucksweise zu verstehen. Beide sind sich nie begegnet; auch ein Briefwechsel ist nicht (mehr) vorhanden.

Elektrodynamik

Josef Stefan (1835–1893) aus Klagenfurt war neun Jahre älter als Boltzmann. Nach seinem Studium in Wien hatte er sich bereits im Alter von 23 Jahren für mathematische Physik habilitiert und leitete schon bald, 28 Jahre alt, das 1850 gegründete Physikalische Institut der Universität Wien; 1866 wurde er dessen Direktor. Im gleichen Jahr stellte er den eben promovierten Ludwig Boltzmann als seinen Assistenten ein. Stefan arbeitete in vielen Bereichen wie Optik, Schall, Gastheorie und Wärmestrahlung (später entstand das Stefan-Boltzmann'sche Strahlungsgesetz). Und er war ein Enthusiast der damals völlig neuen Maxwell'schen Elektrizitätslehre, die er bereits in seinen Vorlesungen eingehend behandelte. Boltzmann war offensichtlich dadurch zu seiner ersten Veröffentlichung *Über die Bewegung der Elektrizität in krummen Flächen* (1865)[5] angeregt worden. Darin weist der gerade eben erst Einundzwanzigjährige auch mehrere Fehler nach, die er in einer zum ähnlichen Thema etwa gleichzeitig erschienenen Arbeit eines etablierten Kollegen gefunden hatte.

Später sagte Boltzmann, dass Stefan einer der wenigen war, welche die Bedeutung der Maxwell'schen Lehre sofort erkannt hätten und er dankte ihm für seine Hinweise. Weiterhin sehr gefördert durch Stefan arbeitete er, nun als dessen Assistent, intensiv an den Maxwell'schen Theorien. Es ist aus heutiger Sicht erstaunlich, wie rasch damals wissenschaftliche Arbeiten Verbreitung fanden.

Im vorhergehenden Kapitel hat Stephen G. Brush die Elektrodynamik vergleichsweise nur ganz kurz erwähnt. Deshalb hier nun etwas ausführlicher, im wesentlichen basierend auf Boltzmanns späteren Münchener Vor-

---

5 Werkeverzeichnis Nr. 1.

lesungen, mit denen er nach mehreren früheren Arbeiten[6] Maxwell's Theorien interpretierend zusammenfasste.

Zur Definition von Elektrizität und Magnetismus gingen Maxwell und vor allem auch Boltzmann zunächst von hydrodynamischen Gesetzen[7] und jenen der mechanischen Wärmetheorie aus und erklärten damit und mittels der damaligen Äthertheorie die elektrische und magnetische Induktion. „Wir sagen, in dem Drahte fließe ein elektrischer Strom; ein Ausdruck, der aber selbstverständlich rein bildlich zu nehmen ist, da wir nicht an ein wirkliches Fortströmen von etwas Materiellem denken wollen. Nur...irgendeine Bewegung, von der wir annehmen, dass sie den allgemeinen Gleichungen der Mechanik gehorcht, kann theilweise im Inneren des stromführenden Drahtes seinen Sitz haben, theilweise muss sie sich auch auf das umgebende Medium erstrecken...“[8]. Die Elektrizität sei also kein Fluidum sondern ein Bewegungszustand, der vom elektrischen Körper auf ein eigentümliches, diesen umgebendes Medium, nämlich den Äther (bzw. Lichtäther), übergehe. Ähnliches für den Magnetismus: Im Magnet bewegen sich die Moleküle (wie die Moleküle eines Gases in einem abgeschlossenen Volumen) und verursachen eine Bewegung der den Magnet anhaftenden Ätherteilchen. Diese wiederum benehmen sich „wie sehr viele, sehr kleine Magnetchen" mit allen möglichen Richtungen im Raum (eine Parallele zur Gastheorie!). In diese Umgebung ein anderer Magnet hinein gebracht beeinflusst diese „magnetisierten" Ätherteilchen und lässt sie in eine geordnete Richtung strömen.

Natürlich ist diese eben nur angedeutete mechanistische Anschauungsweise schon lange nicht mehr relevant. Doch war früher Maxwell und, vielleicht angeregt durch diesen, vor allem Boltzmann ein Verfechter der mechanistischen Erklärungen nicht-mechanischer Phänomene. Allerdings hat Maxwell später davon Abstand genommen und nur mehr phänomenologische Darstellungen verwendet. Ebenso hatte er etwa ab 1864 sein früheres Äthermodell verworfen.

Es ist bezeichnend für Boltzmann, dass er den ersten, 1891 erschienenen Band seiner viel gerühmten *Vorlesungen über Maxwells Theorie* der *Elektrizität und des Lichtes*[9] zunächst sehr ausführlich mit mechanischen Analogien, ja sogar mit jener zum zweiten Hauptsatz der Wärmelehre, sowie mit zyklischen Vorgängen beginnt. Nach und nach stellt er erst später den Zusammenhang mit der Elektrodynamik her. Er erinnert zunächst an die rein mechanischen Bewegungsgesetze, um dann in der zweiten Vorlesung eine einfache gedankliche Vorrichtung zu untersuchen. Diese besteht

---

6 Siehe auch Brush's Einleitung...(s. obige Fußnote 4), sowie Werkeverzeichnis u.a. Nr. 1, 8, 26 bis 31, 67.

7 *Populäre Schriften*: *Über Maxwells Elektrizitätstheorie*. Werkeverzeichnis Nr. 26.

8 Zitiert (so wie die folgenden kursiv gedruckten Textstellen) aus Boltzmanns Buch *Vorlesungen über Maxwells Theorie der Electrizität und des Lichtes*; im folgenden kurz *Vorlesungen* genannt. Siehe Werkeverzeichnis Nr. 105.

9 Siehe vorhergehende Fußnote 8.

aus einem durch eine Kurbel zu drehenden vertikalen Rohr; dies erfordert Energie. Senkrecht zum Rohr ist daran eine Stange angebracht, auf der ein kleines Gewicht verschiebbar ist; auf diese Masse wirkt die Fliehkraft. „Von dieser Masse führe eine Schnur [ins Innere des Rohres (Anm. Hrsg.)] nach der Achse, und dann über eine Rolle mit der Achse zusammenfallend nach einer Schale, auf die ein Gewicht aufgelegt werden kann." Boltzmann zeigt einleuchtend, dass zwischen den geometrischen Daten, der mittels Kurbel in das System eingebrachten Energie, der Fliehkraft und dem aufgebrachten Gewicht formelmäßig genau dieselben Beziehungen herrschen wie zwischen zugeführter Wärme, Volumen, Druck und Temperatur eines Gases.

In der dritten Vorlesung erklärt Boltzmann sodann zyklische Vorgänge. „Wir sagen, in dem Drahte fließe ein elektrischer Strom ... Es muss also die Bewegung, die wir uns als Ursache dieser Bewegung denken, eine vollkommen stationäre sein, dergestalt, dass jedes Mal, sobald ein Theilchen seinen Ort verlässt, immer nach verschwindend kurzer Zeit wieder ein genau gleich beschaffenes, mit derselben Geschwindigkeit nach derselben Richtung bewegtes Theilchen an dessen Stelle tritt, so dass trotz der fortwährenden Bewegung an keinem Punkte eine Veränderung wahrnehmbar ist. ...Eine solche Bewegung nennt Helmholtz eine cyklische." Ein System, in dem cyklische Bewegungen stattfinden, ist ein cyklisches oder kurz ein Cykel. Und Boltzmann beschreibt sodann die mechanischen Bewegungsgesetze eines solchen Cykels.

Verhält sich in einem System, das durch eine Anzahl von Koordinaten beschrieben ist, nur eine einzige davon cyklisch, dann handelt es sich um ein Monocykel. „Eine derartige monocyklische Bewegung, deren Intensität durch die Ableitung einer einzigen Variablen nach der zeit vollkommen bestimmt ist, ist nach Maxwell ein in einem Drahte cirkulierender elektrischer Strom."!

Der Strom ist also ein Monocykel. Und nun erklärt Boltzmann den Strom natürlich wieder zunächst auf mechanistische Weise: Er erklärt ein mechanisches Monocykel ähnlich – und darauf aufbauend – wie vorher den zweiten Hauptsatz mittels einer ähnlichen, jedoch nun etwas komplizierteren gedanklichen Vorrichtung, dessen Funktion hier aber nicht mehr beschrieben werde. Das nachfolgende Bild zeigt einen Ausschnitt aus einem der vielen hinterlassenen Notizbücher Boltzmanns gemeinsam mit der entsprechenden Abbildung aus den *Vorlesungen*.

Boltzmann geht aber noch weiter: In der vierten und fünften Vorlesung beschreibt er schließlich sogenannte Bicyklen, also Systeme mit zwei cyklischen Variablen. Nach der Herleitung der mechanischen Bewegungsgleichungen für ein solches System heißt es: „...Dasselbe gilt auch von zwei [sich beeinflussenden (Anm. Hrsg.)] elektrischen Strömen". Und es wird, immer wieder noch auf die mechanischen Analogien verweisend, die Messung der elektrischen Ströme beschrieben.

Die sechste Vorlesung ist dem von Boltzmann entworfenen mechanischen Modell eines bicyklischen Systems gewidmet. Das Modell und die

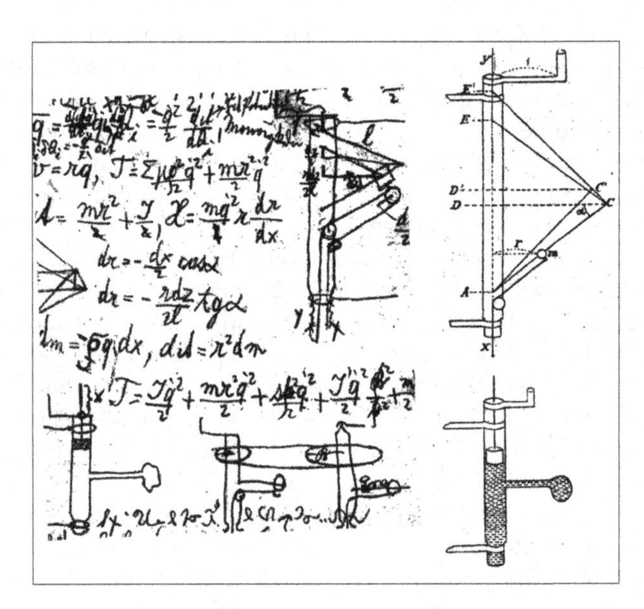

Mechanisches Monocykel aus Boltzmanns Vorlesung.
Dazu eine Stelle aus seiner stenographischen Vorbereitung

damit möglichen Experimente zur Veranschaulichung u.a. der Induktion werden in den Vorlesungen ausführlich beschrieben. („Dieser Apparat wurde von dem Mechaniker Herrn von Gasteiger in vorzüglicher Weise ausgeführt und die Experimente an demselben gelingen vollständig…") Das berühmte Bicykel ist im folgenden Bild zu sehen. Es ist als Nachbau an der Universität Graz immer noch vorhanden[10].

In weiterer Folge der beiden Bände wird sodann der gesamte damalige Wissensstand vermittelt. Es ist weniger Boltzmanns Verdienst, die damalige Elektrizitätstheorie um eigene grundsätzliche Erkenntnisse bereichert zu haben. Es ist vielmehr sein Verdienst, Maxwells Theorien in den knapp 300 Seiten der Vorlesungen gedanklich neu zu fassen und gut verständlich zu verbreiten.

10 Kabinett physikalischer Kostbarkeiten – ein Sammlungsaufbau aus Grazer Beständen. Institut für Experimentalphysik, AG für Physikgeschichte, Karl-Franzens-Universität Graz.

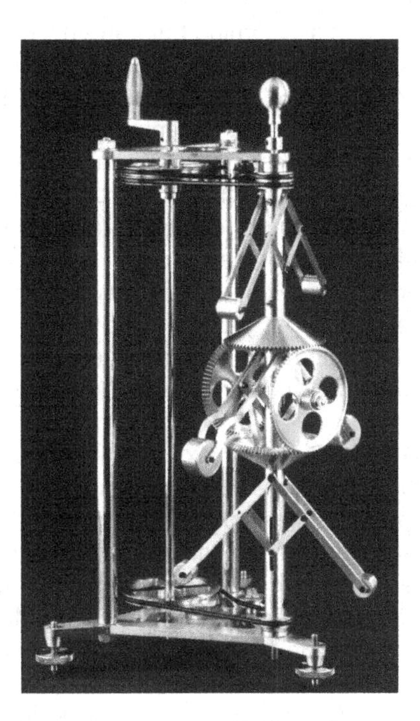

Boltzmanns mechanisches Bicykel in Graz

Gastheorie und Thermodynamik

Im Jahre 1738 entwickelte Daniel Bernoulli (1700–1782) einen theoretischen Zusammenhang zwischen dem Druck eines Gases und der „Vibrationsbewegung" der Atome, aus denen nach Annahme Bernoullis das Gas bestand. Es war dies das erste „moderne" Modell eines Gases; es blieb unbeachtet und wurde rasch vergessen.

Etwa 80 Jahre später hatte ein britischer Amateur-Wissenschaftler namens John Herapath der Royal Society eine Notiz zur Veröffentlichung vorgelegt, in der er sehr ausführlich im wesentlichen das selbe wie Bernoulli darstellte, jedoch nun den Zusammenhang zwischen Temperatur und Molekularbewegung (allerdings nicht richtig) berechnete. Die Society lehnte die Veröffentlichung ab, Herapath fand aber einen anderen Weg der Veröffentlichung.

Auch dies wurde völlig vergessen, möglicherweise aber nicht von einem gewissen John James Waterston, Lehrer an der Seekadettenschule der Britischen Ost-Indien-Companie in Bombay. Dieser legte im Dezember 1845 der Royal Society einen ausführlichen Aufsatz vor mit sinngemäß folgender Aussage: Jedes Gas bestehe aus unzählbaren kleinsten, umherschwirrenden Molekülen, die permanent kollidieren. Er behauptete, dass die Bewegungsenergie der Moleküle die Temperatur des Gases bestimme. Die Herren der

Society bezeichneten dies als „nothing but nonsens" und Waterston erhielt nicht einmal eine Antwort.[11]

Erst 1857, Maxwell war 26 Jahre und Boltzmann erst 13 Jahre alt, nahm Rudolf Clausius (1822–1888)[12] diese Gedanken auf und erwies sich dadurch nach und neben einigen Zeitgenossen, als Gründer der mechanischen Wärmetheorie; Wärme habe einen mechanischen Ursprung (*Die Art Bewegung die man Wärme nennt*): Druck und Temperatur eines Gases hängen zusammen mit dem Quadrat der mittleren Geschwindigkeit der Atome bzw. Moleküle (d.h. mit der mittleren kinetischen Energie der Atome). Über eine Geschwindigkeitsverteilung hat jedoch Clausius nicht gesprochen. 1865 prägte er den Begriff der Entropie, deren spätere Formulierung auf Boltzmanns Grabstein steht, und statuierte erstmals den zweiten Hauptsatz der Thermodynamik.

1860 und später 1867 baute Maxwell auf Clausius' Theorie auf, doch ging er weiter: Er formulierte, dass sich in einem idealen Gas nicht alle Gasmoleküle mit gleicher Geschwindigkeit sondern, statistisch verteilt, mit unterschiedlichen Geschwindigkeiten und Richtungen bewegen. Er definierte die mathematische Funktion der Geschwindigkeitsverteilung, d.h. er berechnete den statistischen Zusammenhang zwischen Molekülgeschwindigkeit und fiktiver Anzahl der Moleküle. Einfach ausgedrückt: Wieviel Moleküle bewegen sich jeweils, in welcher Richtung auch immer, mit einer bestimmten Geschwindigkeit in Abhängigkeit von der jeweiligen Eigenschaft des Gases. – Und das war die sog. Maxwell'sche Geschwindigkeitsverteilung[13] – und das war auch etwa der Zeitpunkt, zu dem Boltzmann von Josef Stefan darauf hingewiesen wurde.

Stefan hatte Boltzmann nämlich dazu angeregt, sich gleich ihm auch mit Gastheorie und Thermodynamik näher zu befassen. Und er hatte damit das Tor aufgestoßen zu dem nahezu wichtigsten Arbeitsfeld Boltzmanns, das er dann vor allem in Graz weiter bearbeitete. Und Boltzmann befasste sich zunächst sofort mit der Maxwell'schen Verteilung. Er verifizierte sie nicht nur, sondern verallgemeinerte das Gesetz auch insofern, als er den Energiegehalt der Atome bzw. Moleküle sowie äußere Einwirkungen einbezog. Er verallgemeinerte das Verteilungsgesetz zur Maxwell-Boltzmann'schen Verteilung auch insofern, als er es auch für reale Gase erweiterte. Zu dieser Zeit war er bereits Professor in Graz.

Kurz zurück zur früher betonten Vorliebe für mechanistische Analogien. Schon etwa ein halbes Jahr nach seiner oben zitierten ersten elektrody-

---

11 Über Herapath und Waterston siehe J. Blackmore (Ed.) (1995) Ludwig Boltzmann: His Later Life and Philosophy 1900–1906. Kluwer Academic Publishers, Dordrecht Boston London, sowie auch D. Lindley (2001) Boltzmann's Atom. The Free Press, New York und E. Segrè (2002) Die großen Physiker und ihre Entdeckungen. Piper, München Zürich, 2. Aufl.

12 Zu Clausius s. Kap. 1, S. 11, Fußnote 29.

13 Im vorhergehenden Kap. 2 hat St. G. Brush im Teil über Statistical Theory of Molecular Motions die Maxwell'sche Verteilung näher erklärt.

namischen Veröffentlichung schrieb Boltzmann 1866 seinen recht umfangreichen Aufsatz *Über die mechanische Bedeutung des zweiten Hauptsatzes der Wärmetheorie*[14]. Von Clausius, der diese Arbeit des noch kaum bekannten Autors nicht kannte und dem ein Plagiat gewiss fern lag, erschien 1871 ein Aufsatz zum gleichen Thema und mit ganz ähnlichem Titel[15]. Boltzmann reagierte prompt[16], bewies seine Priorität und schloss: „... und kann schließlich nur meine Freude darüber aussprechen, wenn eine Autorität vom Rufe eines Herrn Clausius zur Verbreitung meiner Arbeiten...beiträgt." Dieser Satz wird noch heute vielerorts gerne zitiert. Man mag diese Ausdrucksweise Boltzmanns seinen damaligen noch jungen Jahren zugute halten.

Die bedeutendste Veröffentlichung Boltzmanns, 1872 während seiner ersten Professur in Graz, betraf weiterhin die Gastheorie; wiederum basierend auf mechanistischer Analogie und in Weiterführung der vielfach zitierten Maxwell'schen sowie seiner eigenen Arbeiten. Es sind *Weitere Studien über das Wärmegleichgewicht unter Gasmolekülen*[17]. In dieser 86 Seiten umfassenden Arbeit führt er die bisherigen Ergebnisse zu einem ersten Abschluss, indem er durch die Betrachtung der Stöße zwischen zwei kollidierenden Molekülen schließlich zu der nach ihm benannten Transportgleichung kommt. Und Boltzmann zeigt, dass aus einer beliebigen Anfangsverteilung endlich stets die Gleichgewichtsverteilung wird.

Mit dieser Arbeit war es gelungen, eine Entropie für Nichtgleichgewichtszustände mechanistisch zu erklären und damit das Irreversibilitätsproblem zu beherrschen. Boltzmann habe gezeigt, „dass für Gase mit einatomigen und mehr-atomigen Molekülen, auf welche keine äußeren Kräfte wirken, das für erstere von Maxwell, für letztere von mir gefundene Wahrscheinlichkeitsgesetz der verschiedenen Positionen, Geschwindigkeiten und Geschwindigkeitsrichtungen der Atome...das einzig Mögliche ist."

Die Transportgleichung, genannt *Boltzmann-Gleichung*, führte schließlich zum Zusammenhang zwischen der thermodynamischen Wahrscheinlichkeit (nach Broda[18] die „Einseitigkeit der Mikrowelt") und der Entropie (der „Einseitigkeit der Makrowelt"), die stets nur zunehmen kann[19]. Wir kennen diesen Zusammenhang durch die Formulierung auf Boltzmann's Grabmonument:

$$S = k. \log W.$$

14 Werkeverzeichnis Nr. 2.

15 Clausius, R. (1871) Über die Zurückführung des zweiten Hauptsatzes der mechanischen Wärmetheorie auf allgemeine mechanische Prinzipien. Poggendorfs Annalen 142: 433–461.

16 Werkeverzeichnis Nr. 17.

17 Werkeverzeichnis Nr. 23.

18 Broda, E. (1955) Ludwig Boltzmann. Mensch, Physiker, Philosoph. Deuticke, Wien, S. 71.

19 Zu diesen Absätzen siehe ausführlicher auch in Höflechner: *Leben*, S. I 28– I 30.

Damit schließt sich der fruchtbare Kreis Clausius – Maxwell – Boltzmann – und schließlich auch Max Planck, von dem die obige Formulierung der Erkenntnis Boltzmanns stammt.[20]

In der im Kap. 1 beschriebenen Festschrift zu Boltzmanns 60. Geburtstag (siehe Bibliographie) schreibt Max Planck in seinem Beitrag *Über die mechanische Bedeutung der Temperatur und der Entropie* unter anderem: „...Clausius und Maxwell scheinen noch nicht den Versuch einer direkten allgemeinen mechanischen Definition der Entropie gemacht zu haben. Diesen Schritt zu tun, war erst L. Boltzmann vorbehalten, welcher, ausgehend von der kinetischen Theorie der Gase, die Entropie allgemein und eindeutig durch den Logarithmus der Wahrscheinlichkeit des mechanischen Zustandes definiert hat... "

---

20 Zu einfacher Darstellung von Maxwell-Verteilung, Entropie, etc. siehe E. Segrè *Die großen Physiker und ihre Entdeckungen* (s. Bibliographie), dort Anhang 10 ff.

4 Mach, Ostwald und Boltzmann

Karl Heinz Fasol

> Von dem Neuen, von dem Ungewöhnlichen, von dem Unverstandenen geht aller Reiz zur Forschung aus. Das Gewöhnliche, dem wir angepasst sind, geht fast spurlos an uns vorbei; nur das Neue reizt uns stärker, und erregt unsere Aufmerksamkeit. Der Sinn für das Wunderbare ist auch für die Entwicklung der Wissenschaft von größter Bedeutung.[1]
>
> *Ernst Mach*

Ernst Mach

Ernst Mach wurde am 18. Februar 1838 in Turas bei Brünn geboren. Im Jahr 1854 begann er das Studium der Physik, Mathematik und Physiologie an der Universität Wien und schloss es 1860 mit der Promotion ab. Bereits ein Jahr danach habilitierte er sich für das Fach Physik und wurde 1864 an der Universität Graz zunächst zum ordentlichen Professor für Mathematik und dann 1866 zum Ordinarius für Physik ernannt. 1867 wurde er ordentlicher Professor für Experimentalphysik an der Deutschen Universität in Prag. Nicht zuletzt durch Boltzmanns Bemühen kam Mach 1895 nach Wien zurück und wurde, inzwischen auch der Naturphilosophie zugewandt, zum ordentlichen Professor für „Philosopie, insbesondere für Geschichte und Theorie der induktiven Wissenschaften" ernannt. In dieser Position war er Vorgänger von Boltzmann, der 1903 zusätzlich zu seinen physikalischen Vorlesungen auch jene über Naturphilosophie als ergänzenden Lehrauftrag übernahm[2]. Mach hatte nämlich schon im Juli 1898 während einer Bahnfahrt einen Schlaganfall mit rechtsseitiger schwerer Lähmung erlitten. Diese hatte sich später nur sehr langsam gemildert. Deshalb hatte er schließlich 1901 um seine frühzeitige Pensionierung angesucht. Mach starb am 19. Februar 1916 in Vaterstetten bei München.

---

1 In E. Mach (1896) *Die Prinzpien der Wärmelehre.* J. A. Barth, Leipzig.

2 Fasol-Boltzmann, I. M. (Hrsg.) (1990) *Prinzipien der Naturfilosofi.* Springer, Berlin; im folgenden zitiert als „Fasol-Boltzmann: *Naturfilosofi*".

Ernst Machs Interessen waren vielseitig, ebenso wie jene Ostwalds. Er trug wesentlich zur Wärmelehre bei, er erkannte die durch den Dopplereffekt hervorgerufene Linienverschiebung in den Spektren von Sternen, was von großer Bedeutung für die damalige Astronomie war und er arbeitete im Bereich der Optik und Akustik und war in späteren Jahren vorübergehend auch an Sinnesphysiologie interessiert. Von großer Bedeutung sind seine Beiträge zur Strömungslehre und zur Gasdynamik, wobei er sich insbesondere mit Vorgängen bei Überschallgeschwindigkeiten befasste. Hier ist die Mach-Zahl als Verhältnis der Geschwindigkeit eines Objekts zur Schallgeschwindigkeit allgemein bekannt.

Als Philosoph bzw. Naturphilosoph bestand Mach hartnäckig auf seiner Ablehnung „metaphysikalisch" ermittelter Gesetze. Die einzige Grundlage für Naturgesetze seien Beobachtungen bzw. Empfindungen. Dies seien Wahrnehmungen von optischen Eindrücken, von Tönen, Temperaturen (Wärme), Druck, usw. Jede Aussage müsse sich auf die gegenseitigen Beziehungen von Beobachtungen bzw. Empfindungen zurückführen lassen. Das Ziel der Wissenschaft müsse demnach sein, die mathematischen Zusammenhänge zwischen den beobachtbaren Fakten zu ermitteln. Physikalische Gesetze, bei denen dies nicht möglich ist, sollte man als „sinnleere metaphysikalische Spekulationen" verwerfen.

Demnach sah Mach das methodische Ziel der Naturwissenschaften in einer makroskopischen, d.h. phänomenologischen Beschreibung der Natur und er glaubte auch intensiv an eine durchwegs kontinuierliche Struktur der Materie. Bezüglich der Atomistik lässt sich Mach's Ansicht daher leicht formulieren: Die Annahme von Atomen und Molekülen ist in seinem Sinne zu verwerfen, das heißt schlicht, Atome könne es nicht geben, weil man sie nicht sehen kann. „Haben's denn schon einmal ein's g'sehn?" fragte er Boltzmann vor versammelter Akademie der Wissenschaften. Am Rande der Polemik entgegnete später einmal Boltzmann dazu, dass es nach dieser, eben Mach's Auffassung, im gesamten Weltall nie Lebewesen gleich welcher Art geben könne, weil man sie von der Erde aus nie werde sehen können.

Da Boltzmanns statistische Mechanik, die Maxwell-Boltzmann'sche Geschwindigkeitsverteilung, die thermodynamischen Gesetze, die kinetische Gastheorie, allesamt auf mikroskopischen, also atomistischen Denkvorstellungen beruhten, wurden sie von Mach generell abgelehnt. Zum Beispiel sei Wärme, weil fühlbar, ein beobachtbares Phänomen. Wärme durch atomare Bewegung zu erklären konnte er nicht akzeptieren. Man weiß, dass diese Mach'sche Erkenntnistheorie, die damals auch von einigen anderen Wissenschaftlern übernommen worden war, Boltzmann seelisch außerordentlich zusetzte. Er fühlte sich einfach nicht verstanden und litt darunter schwer. Bald zeigte jedoch die spätere, Boltzmann bestätigende Entwicklung (die er aber nicht mehr erleben konnte), dass Mach hierin geirrt und die wissenschaftliche Entwicklung dadurch gebremst hatte. Im einleitenden Kapitel über Boltzmanns Leben wurde schon Mach zitiert, der sich auch noch 1910 mit der mittlerweile allgemein außer Zweifel gestellten Atomistik nicht abfinden wollte („...Denkfreiheit ist mir lieber").

Mach und Boltzmann begegneten einander mit größter kollegialer Hochachtung, korrespondierten und unterstützten sich auch jeweilig. So hatte sich, wie schon früher erwähnt, Boltzmann 1895 um Mach's Berufung nach Wien sehr bemüht. Sie bezeichneten sich gegenseitig als hervorragende Experimentatoren und Boltzmann nannte Mach sogar seinen Freund. Auf fachlichem Gebiet waren sie aber erbitterte Gegner. Drei Tage nach Boltzmanns Tod erschien aus Machs Feder ein bewegender Nachruf: „Die ganze Welt hat Ursache zu trauern"[3].

Friedrich Wilhelm Ostwald

Friedrich Wilhelm Ostwald wurde am 2. September 1853 in einer deutschen Familie in Riga geboren. Im Jahr 1872 begann er sein Studium der Physik und Chemie an der Universität von Dorpat; heute heißt die Stadt Tartu. 1878 promovierte er und kurz danach wurde er habilitiert. Sehr bald nach Abschluss seiner akademischen Ausbildung, nämlich 1881, wurde er Professor für Chemie am Polytechnikum in Riga. Schon 1885 erschien der erste Band seines Buches über allgemeine Chemie. Darin wurde bereits auch die Physikalische Chemie eingehend behandelt. Es war damals das ausführlichste chemische Lehrbuch. Im Jahr 1887 wurde Ostwald im Alter von 34 Jahren an die Universität Leipzig berufen. Den Leipziger Lehrstuhl behielt er dann bis 1905, gab in diesem Jahr seine Universitätslaufbahn auf und zog sich auf sein inzwischen erworbenes Landgut in Großbothen bei Leipzig zurück. Dort arbeitete er für die ihm verbleibenden noch vielen Jahre seines Lebens als freier Wissenschaftler. Wilhelm Ostwald starb am 4. April 1932 in Großbothen.

Ebenso wie Mach war auch Ostwald außerordentlich vielseitig. Er wendete sich sehr bald auch intensiv der Physik zu, befasste sich mit der Thermodynamik und wurde ein wesentlicher Mitbegründer der Physikalischen Chemie. Wie erwähnt war diese schon in seinem Lehrbuch eingehend behandelt worden. Mehrere Verfahren und Gesetze wurden später nach Ostwald benannt, die auch gewisse Bedeutung in der Industrie erlangten. Etwa in den letzten 15 Jahren seines Lebens befasste er sich auch eingehend mit Farbenlehre, veröffentlichte auf diesem Gebiet einiges, fand aber damit

3 Siehe gegen Ende von Kap. 1.

keine bedeutende Anerkennung; auch malte er sehr schöne Landschaftsbilder. Ostwald gründete 1887 eine einschlägige Fachzeitschrift, 1894 eine Gesellschaft für Elektrochemie, 1889 die Schriftenreihe *Klassiker der exakten Wissenschaften* und er ist natürlich Autor vieler Aufsätze und Lehrbücher. Um 1900 entstand in Leipzig durch seine fortschrittlichen Untersuchungs- und Lehrmethoden ein Zentrum der physikalisch-chemischen Forschung. Im Jahr 1909 erhielt er schließlich den Nobelpreis für Chemie für seine Arbeiten über Katalyse, chemische Gleichgewichte und Reaktionsgeschwindigkeiten.

In der letzten Dekade des 19. Jahrhunderts begann auch die Naturphilosophie eine Rolle in Ostwald's Arbeiten zu spielen und damit legte er die Basis für seinen wissenschaftlichen Streit mit Boltzmann. Dabei wurde seine Energetik nicht nur von Boltzmann allein, aber doch am heftigsten von diesem angegriffen. Ostwald seinerseits hatte, ebenso wie Mach bzw. beeinflusst durch diesen, Boltzmanns Atomistik und die darauf fundierte statistische Mechanik und Thermodynamik strikt abgelehnt. Allerdings hatte er, nachdem der Grundgedanke der Atomistik später auch experimentell erwiesen worden war, im Gegensatz zu Mach die Größe, seinen Irrtum zu deklarieren: „Ich habe...nicht unterlassen, öffentlich zu erklären, dass...die Zweckmäßigkeit der Atomlehre...vermöge ihrer sachlichen Erfolge keinem Zweifel mehr unterliegt."[4]

Was besagte also, kurz zusammengefasst, Ostwald's Energetik[5]: Sie versuchte, die Naturvorgänge, insbesondere die Grundgesetze der Mechanik, ausschließlich mit Hilfe des Energiebegriffs zu erklären. Ostwald versuchte damit, alle bekannten Gesetze der Physik aus Regeln der Energieumwandlung herzuleiten. Die Energie als solche war für ihn die allgemeinst mögliche „Substanz", die reale „Weltsubstanz", die in Raum und Zeit vorhanden ist. Die Energie ist masselos; sie ist messbar und bei quantitativer Beständigkeit qualitativ wandelbar. Jede Energieform kann nach Ostwald in einen Intensitätsfaktor (z.B. Druck, Temperatur, usw.) und einen Quantitäts- oder Kapazitätsfaktor zerlegt werden. Keiner der Begriffe wie Materie, Bewegung, Kraft, usw. hätte die allgemeine und gleichzeitig jedoch exakte Beschaffenheit wie die Energie. Alle Vorgänge der Natur würden durch Unterschiede in den Intensitätsgrößen verursacht. Auch Prozesse des Bewusstseins wie Denken, Freude, Glück, usw. seien energetische Prozesse[6]; sie könnten sogar formelmäßig beschrieben werden.

Ostwald unterschied zwei Arten von Energie: Die eine Art lässt sich in andere Energieformen umwandeln wie z.B. Arbeit; sie wird als nutzbare oder freie Energie bezeichnet. Die andere Art von Energie, die nicht umwandelbare, ist z.B. die Umgebungsenergie. Später bezeichnete Ostwald die nutzbare, umwandelbare Energie als „Exergie E" und die nicht umwandelbare als

---

4 *Lebenslinien*. Ostwalds Autobiographie, Bd 2. Klasing, Berlin 1927, S.179–188.

5 Siehe auch noch im Kap. 5 über Boltzmanns Philosophie.

6 Nach Stiller: *Boltzmann, Altmeister*.

„Anergie A". Damit lautete der erste Hauptsatz der Thermodynamik: (E + A) = konstant. Der zweite Hauptsatz lautete: E kann nur in A, nicht aber kann umgekehrt A in E umgewandelt werden. Im Widerspruch dazu sagte Ostwald aber auch, dass gegenüber der Umgebung in einem geschlossenen System bei entsprechender Gestaltung des Energie- und Stoffaustauschs auch eine Entropieabnahme erreicht werden kann. Das stieß natürlich auf Boltzmanns Ablehnung.

Ostwald hatte Boltzmann 1892 in München besucht und ihm ein Manuskript über die Grundsätze seiner Energetik übergeben. Boltzmann kam der Bitte um sein Urteil sehr indifferent nach.

Im ersten Kapitel dieses Buchs wurde bereits die auf der Naturforscherversammlung in Lübeck, 1895, stattgefundene heftige Auseinandersetzung der Energetik mit der Atomistik erwähnt, die im wesentlichen durch G. H. Helm's Vortrag *Über den derzeitigen Zustand der Energetik* ausgelöst worden war. Eine ähnliche, Wissenschaftsgeschichte machende öffentliche Diskussion ohne zeitlich festgelegtes Ende ist angesichts der heutigen Kongress-Kultur mit strikt einzuhaltenden Rede- und Diskussionszeiten in unzähligen Parallelsitzungen (leider) nicht mehr vorstellbar. Im Gegensatz zur Atomistik hat allerdings Ostwald, trotz der wissenschaftlichen Niederlage in Lübeck, seiner Energetik niemals abgeschworen; im Gegenteil: Er hat sie bis an sein Lebensende intensiv vertreten. Sein Anwesen in Großbothen trägt auch heute noch in großen, nicht übersehbaren Lettern den Namen „Villa Energie". Gleichzeitig mit der Anerkennung der Atomistik schreibt er in seinen eben zitierten *Lebenslinien*: „Die Energetik,...da sie die allgemeinere Begriffsbildung ist, besteht...unabhängig davon, ob es Atome gibt oder nicht."

Wie schon im ersten Kapitel erwähnt, wurde Boltzmann in Lübeck durch den Mathematiker Felix Klein[7] unterstützt, mit dem er eine gute persönliche Bekanntschaft pflegte. Ostwalds Mitstreiter als Vertreter der Energetik war der Mathematiker und Physiker Georg Helm[8], der sich in den Bereichen der Mathematik, Physik und Physikgeschichte große Verdienste erworben hatte, in Lübeck allerdings gemeinsam mit Ostwald eine Niederlage erlitt und dem Boltzmann später in Fachzeitschriften auch Fehler nachweisen konnte. Nach dem Lübecker „Sieg" hat Boltzmann seine Überzeugung in mehreren Aufsätzen in den Populären Schriften mit rund 80 Druckseiten, u.a. in *Ein Wort der Mathematik an die Energetik*[9] sowie auch in *Über die Entwicklung der Metho-*

---

7 Siehe Kap. 1, Fußnote 45.

8 Georg Helm (1851–1923) studierte in Dresden, Leipzig und Berlin Mathematik und Thermodynamik. Er promovierte 1881 in Leipzig, war bis 1888 Lehrer und sodann bis 1906 a.o. Professor und ab 1892 o.Professor für analytische Geometrie, Mechanik und mathematische Physik an der TH Dresden; später dort bis 1919 o. Professor für angewandte Mathematik. 1887 hatte Helm ein wenig bekannt gewordenes Buch über *Die Theorie der Energie* geschrieben.

9 Werkeverzeichnis Nr. 133 sowie auch 138, 142, 143, 145, 146. In 133 werden auch Fehler Helms nachgewiesen.

den der theoretischen Physik in neuerer Zeit[10] zusammengefasst. Im letzteren Aufsatz schließt er: „Alle diese Leistungen und zahlreiche frühere Errungenschaften der Atomlehre können durch die Phänomenologie oder Energetik absolut nicht gewonnen werden, und ich behaupte, dass eine Theorie, welche Selbständiges, in anderer Weise nicht Gewinnbares leistet, für welche obendrein so viele andere physikalische, chemische und kristallographische Tatsachen sprechen, nicht zu bekämpfen, sondern fortzupflegen ist."

Boltzmann hätte einen engen Partner im Verfechten der kinetischen Theorie verdient. Dies hätte der fünf Jahre ältere J. W. Gibbs[11] aus Connecticut sein können, der ihm in wissenschaftlicher Hinsicht außerordentlich nahe stand, obwohl er die atomistischen Vorstellungen zwar nicht leugnete (denn er hat mehrfach den molekularen Aufbau der Körper angedeutet[12]), diesen gegenüber jedoch eine gewisse Zurückhaltung übte. Und dies kam Ostwald und den Energetikern entgegen. Ostwald hatte nämlich Aufsätze von Gibbs ins Deutsche übersetzt und in seinen autobiographischen *Lebenslinien* erinnerte er sich: „...obwohl er es nicht besonders betont, befasst sich Gibbs fast ausschließlich mit Energie und hält sich fern von allen kinetischen Hypothesen...[13]. Vielleicht war dies ein Wunschdenken oder eine Interpretation Ostwalds, denn Gibbs interessierte sich weder für die Energetik noch für Mach's phänomenologische Philosophie. Hingegen war er ein Pionier im statistischen Denken und dies resultierte in seinen bahnbrechenden Arbeiten zur Thermodynamik und vor allem in seinem 1902 erschienenen Werk *Elementary Principles in Statistical Mechanics*, das dann auch 1905 in Deutscher Übersetzung erschien. Boltzmann pries diese Arbeit und wendete sich u.a. in seiner kurzen Notiz *Zur Energetik*[14] gegen die „Vereinnahmung" von Gibbs durch die Energetiker. Gibbs bezeichnet in seinem Buch Boltzmann als Begründer der statistischen Mechanik und umgekehrt setzte ihm Boltzmann ein Denkmal in seinem in St. Louis gehaltenen Vortrag *Über statistische Mechanik*[15]. Die beiden großen Zeitgenossen sind sich

---

10 Werkeverzeichnis Nr. 170

11 Josiah Willard Gibbs wurde am 11. 02.1839 in New Haven, Conn. geboren und starb dort am 28. 04. 1903. Ab 1854 studierte er Mathematik und ‚Naturwissenschaften' (Physik) an der Yale Universität und promovierte 1863 (es war die erste Promotion mit einem ingenieurwissenschaftlichen Thema in den U.S.A.) Von 1866 bis 1869 studierte er in Paris, Berlin und Heidelberg u.a. bei Kirchhoff und Helmholtz. 1871 wurde er Professor für Mathematik und Physik an der Yale Universität. Er arbeitete über Vektoranalysis, befasste sich mit Lichttheorie und kurz mit Astronomie. Eindeutig wurde er auch ein Mitbegründer der physikalischen Chemie. In die enge fachliche Nähe zu Boltzmann brachte ihn jedoch seine intensive Beschäftigung mit der Thermodynamik und vor allem mit statistischer Mechanik.

12 Stiller: *Boltzmann, Altmeister*.

13 Ostwalds Feststellung ist nicht zutreffend, wie aus Gibbs' Veröffentlichungen hervorgeht. Siehe auch D. Lindley (2001) *Boltzmann's Atom*. The Free Press, New York (s. Bibliographie).

14 Werkeverzeichnis Nr.142.

15 Werkeverzeichnis Nr. 181.

nie begegnet und hatten auch so gut wie keinen brieflichen Gedankenaustausch. Dies ist nicht erklärbar und rückblickend ist es sehr bedauerlich.

Max Planck hatte stets gegen die Energetik jedoch zunächst auch gegen Boltzmanns kinetische Theorie argumentiert. In seiner Autobiographie erinnert er sich allerdings, dass es unmöglich war, gegen Autoritäten wie Ostwald, Helm und Mach gehört zu werden. Erst 1897 erachtete Planck die Atomistik als „versprechender" und wurde bekanntlich bald danach ein Verfechter von Boltzmanns Theorien, was in seiner berühmten Formel für die Entropie, S = k. log W, gipfelte.[16]

Das Verhältnis von Boltzmann zu Ostwald entspricht etwa jenem zwischen Boltzmann und Mach, war aber doch deutlich freundschaftlicher als jenes. Abgesehen vom „Kampf" gegen die Energetik erwies Boltzmann seinem diesbezüglichen Gegner höchste fachliche Achtung. Sie waren seit Ostwalds Aufenthalt in Graz 1887 persönliche Freunde und pflegten regen Briefwechsel. Ostwalds fachliche Niederlage in Lübeck tat der persönlichen Beziehung der beiden großen Männer keinen Abbruch. Im März 1900 initiierte Ostwald die Berufung Boltzmanns nach Leipzig und er schrieb über ihn an das dortige Ministerium u.a.: „...Mein persönliches Verhältnis zu ihm ist das wissenschaftlicher Gegnerschaft bei höchster persönlicher Wertschätzung."[17] Auch in seiner Autobiographie zollte er Boltzmann ausführlich ein ehrendes Angedenken.

---

16 Unter anderem Lindley, D.: *Boltzmann's Atom*. The Free Press, New York, S. 174 f.

17 Stiller: *Boltzmann, Altmeister*, S. 90.

5 Boltzmanns Philosophie

Ilse Maria Fasol-Boltzmann

> Ich ehre die Philosophie,
> ich hasse die Philosophen.
>
> Erst hab' ich die Motto aus Goethe gewählt,
> dann selber mir eines zusammengestellt.
> Nun las ich die Dichtung Heines,
> doch Motto fand ich darin keines.
>
> *Ludwig Boltzmann*

Im Jahr 1900 erschien Boltzmanns kurzer Aufsatz *Über das Grenzgebiet der Physik und Philosophie*[1]. Doch nicht erst damit und nicht nur in diesen seinen letzten Lebensjahren, dort allerdings auch angeregt durch seinen Lehrauftrag über Naturphilosophie, hatte er sich zur Philosophie gewandt, oder besser gesagt, zu „seiner" Philosophie. Diese hatte ihn stets beherrscht und war sein Leitfaden. Die Philosophen selbst, lehnte er jedoch erst viel später ab.

So hatte er schon früh die theoretischen Schwierigkeiten erkannt, irreversible makroskopische Vorgänge mit reversiblen mikroskopischen Prozessen zu verbinden, und hatte sie mit der Entwicklung der statistischen Denkweise gelöst. Dabei hatte er konsequent am Atomismus festgehalten und war nicht dem philosophischen Trugschluss gefolgt, Determinismus und Statistik als einander ausschließende Gegensätze zu behandeln. Mit seinen Beiträgen zur statistischen Denkweise hatte er den theoretischen Zusammenhang zwischen der Wahrscheinlichkeitsverteilung der Elementpartikel in einem System und dem Verhalten des Systems insgesamt hergestellt.[2]

Boltzmanns Interesse für Philosophie hatte sich u.a. im Gedankenaustausch mit Helmholtz und der Auseinandersetzung mit den Arbeiten Machs entwickelt. „Eine von den Tatsachen abgekehrte Philosophie hat nie etwas Brauchbares hervorgebracht und kann es nicht hervorbringen. Von unmittelbar greifbarem Nutzen ist vor allem, unsere Kenntnis der Tatsachen durch Experimente zu erweitern und auch unsere wissenschaftliche Naturkenntnis wird zunächst und am ausgiebigsten in dieser Weise gefördert."

Für seine philosophischen Anschauungen zog Boltzmann allgemeine Schlüsse aus seinen Erfahrungen und Ergebnissen als Physiker. Er befasste sich mit dem Wesen der Theorien und sagt selbst: „...die Idee, welche mein Sinnen und Wirken erfüllt, den Ausbau der Theorie. Ihr zum Preise ist mir kein Opfer zu groß, sie, die den Inhalt meines ganzen Lebens ausmacht."[3]

---

1 Werkeverzeichnis Nr. 174.

2 Hörz und Laaß, *Berlin*.

3 Populäre Schriften, *Über die Bedeutung von Theorien*, Werkeverzeichnis Nr. 189; einzelne Beiträge in den Populären Schriften ab Werkeverzeichnis Nr. 26.

Die Entwicklung der Theorien und Ideen stellte er auf die Grundlage der Evolutionsgedanken Darwins. Boltzmann betrachtete dessen Denkmethode als Ausgangspunkt für das Verstehen von Falschheit und Richtigkeit der wissenschaftlichen Theorien.

„Ich wäre kein echter Theoretiker, wenn ich nicht zuerst fragen würde: Was ist Theorie? Dem Laien fällt daran zunächst auf, dass sie schwer verständlich, mit einem Wust von Formeln umgeben ist, die für den Uneingeweihten keine Sprache haben. Allein diese sind nicht ihr Wesen; der wahre Theoretiker spart damit so viel er kann; was sich in Worten sagen lässt, drückt er in Worten aus, während gerade in den Büchern der Praktiker Formeln zum bloßen Schmucke nur allzu häufig figurieren. Ich bin der Meinung, dass die Aufgabe der Theorie in der Konstruktion eines rein in uns existierenden Abbildes der Außenwelt besteht, das uns in allen unseren Gedanken und Experimenten als Leitstern zu dienen hat, also gewissermaßen in der Vollendung des Denkprozesses, der Ausführung dessen im Großen, was sich bei Bildung jeder Vorstellung im Kleinen in uns vollzieht. Es ist ein eigentümlicher Trieb des menschlichen Geistes, sich ein solches Abbild zu schaffen und es der Außenwelt immer mehr und mehr anzupassen.

Die stete Vervollkommnung dieses Abbildes ist nun die Hauptaufgabe der Theorie. Die Phantasie ist immer ihre Wiege, der beobachtende Verstand ihr Erzieher. Wie kindlich waren die ersten Theorien des Universums. Kein Wunder, dass diese Theorien zum Gespött der Empiriker und Praktiker wurden, und doch enthielten sie bereits die Keime aller späteren Theorien."[4]

Auch in einer mathematisch formulierten physikalischen Theorie ist daher nicht das Wesentliche die Formel, sondern die interne Repräsentation der realen Außenwelt. „Der wahre Theoretiker"[5], sagt Boltzmann, „...spart mit Formeln und drückt vielmehr in Worten aus, was sich in Worten sagen lässt. Das bloße Wohlgefallen am Formalen ist in der Naturwissenschaft genauso gefährlich für den Fortschritt wie in der Mathematik, in der Logik und in der Erkenntnistheorie. Denn auch dort bedeutet diese Haltung nichts anderes, als die Mathematik vor lauter algebraischen Formeln, die wahre Logik vor lauter anscheinend schulgerecht gebauten Syllogismen, die wahre Philosophie vor lauter philosophisch sich herausputzendem Krimskrams, kurz: den Wald vor lauter Bäumen nicht sehen zu wollen."[6]

Boltzmann hatte sich früh auch schon Maxwell und Faraday angeschlossen, „...da diese ebenfalls auf die Erkenntnis eines den Erscheinungen zugrunde liegenden Mechanismus verzichteten und in den von ihnen ersonnenen Mechanismen nicht diejenigen der Natur erblickten, sondern bloße Bilder oder Analogien. ...Die Natur schien gewissermaßen die ver-

---

4 Populäre Schriften, *Über die Bedeutung der Theorien.*

5 E. Oeser, *Boltzmann als Erkenntnistheoretiker.* In Flamm: *Briefwechsel.* Im folgenden vereinfacht zitiert als *„Oeser"*.

6 Populäre Schriften, *Entgegnung auf einen von Prof. Ostwald über das Glück gehaltenen Vortrag.*

schiedensten Dinge genau nach demselben Plan gebaut zu haben,...dieselben Differentialgleichungen gelten für die verschiedensten Phänomene... jetzt schadeten einzelne Nichtübereinstimmungen nicht mehr, denn einer bloßen Analogie kann man es nicht übel nehmen, wenn sie in einzelnen Punkten hinkt."[7]

Große Aufmerksamkeit richtete Boltzmann auf Probleme der Erkenntnistheorie und dem Zusammenhang von Existenz und Bewusstsein. So entging er der Energetik.[8] Boltzmann schreibt: „Ostwald drückt die Größe des Glücks durch die algebraische Formel $E^2 - W^2 = (E + W)(E - W)$ aus, wobei E die mit Absicht und Erfolg, W die mit Widerwillen aufgewandte Energie bedeutet. Dazu möchte ich noch bemerken, dass der echte Mathematiker bestimmte Potenzexponenten nur [dann] in eine Formel aufnimmt, wenn durch genaue Messungen konstatiert ist, dass nur gerade diese Potenzexponenten und keine anderen zur Übereinstimmung mit der Erfahrung erforderlich sind. ...Ostwald sagt selbst einmal, dass es nicht auf den wirklichen Widerstand, sondern bloß auf unser psychisches Gefühl eines Widerstandes ankommt, und letzteres hat meiner Ansicht nach sonst mit der Energie gar nichts zu schaffen, als dass es mit physikalisch-chemischen Vorgängen im Gehirn und in der Außenwelt verknüpft ist und diese nicht ohne Energieumsatz möglich sind; aber von einer Proportionalität des Gefühles mit dem Energieumsatze, von einer Messbarkeit des einen durch das andere ist gar keine Spur vorhanden."[9] Boltzmann bemerkt über die Energetik: „...durch Einführung unklarer Begriffe und unverständlicher Formeln Sätze von erkünstelter Abrundung oder Allgemeinheit gewinnen zu wollen...da sie die Phänomene ohne jede Rücksicht auf die ihnen zugrunde liegenden Ursachen zu beschreiben strebt, die Phänomenologie."

Im Gegensatz zu Mach bestand Boltzmann auf der Annahme der existierenden realen Außenwelt außer man wollte sich den Solipsismus[10] zu eigen machen. Zuerst sah Boltzmann seine philosophische Betrachtungsweise als realistisch, später neigte er dem Materialismus zu und kritisierte den subjektiven Idealismus: „Der Name Berkeley ist ja der eines hoch angesehenen englischen Philosophen, dem man sogar nachrühmt, der Erfinder der größten Narrheit zu sein, die je ein Menschenhirn ausgebrütet hat, des philosophischen Idealismus, der die Existenz der materiellen Welt leugnet, also Idealismus in einem anderen Sinne, als ich das Wort gebrauche."[11] Und

---

7 Populäre Schriften, *Methoden der theoretischen Physik.*

8 Hörz und Laaß, *Berlin.*

9 Populäre Schriften, *Entgegnung auf einen von Prof. Ostwald über das Glück gehaltenen Vortrag.*

10 Die Lehre des philosophischen Solipsismus besagt u.a., dass die Gesamtheit der wahrgenommenen Außenwelt eine bloße Vorstellung sei.

11 Populäre Schriften, *Reise eines deutschen Professors ins Eldorado.* Bei der Beschreibung der Berkeley-Universität meint Boltzmann, über der Universität liege wegen ihres Namens ein „gewisser philosophischer Hauch".

er verteidigte den philosophischen Materialismus: „Der Idealist vergleicht die Behauptung, dass die Materie ebenso wie unsere Empfindungen existiere mit der Meinung des Kindes, dass der geschlagene Stein Schmerz empfinde; der Realist die, dass man sich nie vorstellen könne, wie Psychisches durch Materielles oder gar durch ein Spiel von Atomen dargestellt werden könne, mit der eines Ungebildeten, welcher behauptet, die Sonne könne nicht 20 Millionen Meilen von der Erde entfernt sein, denn das könne er sich nicht vorstellen. Wie die Ideologie (der Idealismus) nur ein Weltbild für einen Menschen, nicht für die Menschheit ist, so scheint mir, wenn wir auch die Tiere, ja das Universum einbegreifen wollen, die Ausdrucksweise des Realismus zweckmäßiger als die des Idealismus." Boltzmann sagt 1905 vor der Philosophischen Gesellschaft: „Der Idealismus behauptet nur die Existenz des Ich, die Existenz der verschiedenen Vorstellungen, und sucht daraus die Materie zu erklären. Der Materialismus geht von der Existenz der Materie aus und sucht daraus die Empfindungen zu erklären."

Die Denkgesetze erklärte Boltzmann als angeboren, aber sah sie nicht als unfehlbar an, sondern sie erforderten eine Übereinstimmung beziehungsweise Überprüfung mit der Erfahrung. „Wie wird es jetzt um das stehen, was man in der Logik Denkgesetze nennt? Nun, diese Denkgesetze werden im Sinne Darwins nichts anderes sein als ererbte Denkgewohnheiten. Die Menschen haben sich allmählich gewöhnt, die Worte, mit denen sie sich verständigen und die sie beim Denken still vor sich hinsagen, deren Gedächtnisbilder, und alles, was an inneren Vorstellungen zur Bezeichnung der Dinge verwendet wird, so festzustellen und zu verbinden, dass sie dadurch befähigt wurden, jedes Mal in die Erscheinungswelt in der beabsichtigten Weise einzugreifen, d.h. sich mit ihnen zu verständigen. ...Einfache Erfahrungen vererbten sich auf die höher organisierten Wesen fort...darin synthetische Urteile vorkommen, welche von unseren Ahnen erworben, für uns angeboren, also aprioristisch sind. Es folgt daraus ihre zwingende Gewalt, aber nicht ihre Unfehlbarkeit." Die Ethik und Ästethik musste zu den gefühlsmäßigen Konzeptionen passen. Boltzmann sagt: „Die Ethik hat daher zu fragen, wann der Einzelne seinen Willen behaupten darf, wann er ihn dem der anderen unterordnen muss, damit die Existenz der Familie, des Volksstamms, der ganzen Menschheit und dadurch die aller Einzelnen zusammen möglichst gefördert werden. ...Wenn irgend eine Ethik bewirken würde, dass der ihr anhängende Volksstamm herabkommt, ist sie dadurch widerlegt. Nicht die Logik, nicht die Philosophie, nicht die Metaphysik entscheidet in letzter Instanz, ob etwas wahr oder falsch ist, sondern die Tat."[12] Der scheinbare Gegensatz zwischen der ordnenden Tendenz des Lebens und der wachsenden Unordnung bei den irreversiblen Prozessen ist zu einer Quelle fruchtbarer theoretischer Überlegungen geworden.

Boltzmann war immer auf der Suche nach einem widerspruchsfreien

---

12 Populäre Schriften, *Über eine These Schopenhauers.*

Weltbild. Seine meist recht temperamentvoll vorgebrachten Ansichten brachten ihn jedoch immer mehr in die philosophische Isolation.

Boltzmann beginnt in der ersten Vorlesung seiner Naturphilosophie: „Ich habe bisher in meinem Leben nur eine einzige Abhandlung philosophischen Inhalts geschrieben, welche den Titel hat: *Über die objektive Existenz der Gegenstände der unbelebten Natur.*[13] Die Entstehungsgeschichte ist einfach: Ich hatte mich in einer lebhaften Kontroverse, welche unter Physikern ausbrach und welche eigentlich nur eine Fortsetzung der eher widrigen Streitigkeiten war, die schon die alten griechischen Philosophen über das Wesen der Materie geführt hatten, nur lebhaft für die atomistische Theorie eingesetzt." ...Bei dieser Debatte über die Atomistik sagte Mach plötzlich lakonisch: „Ich glaube nicht, dass die Atome existieren".

Damit leitet Boltzmann seine Ausführungen über die Vorstellung, den Existenzbegriff, den philosophischen Materialismus ein. „Ist es da nicht das einzig Richtige, sich klar zu werden, was man mit der Frage nach der Existenz dieser Dinge überhaupt für einen Begriff verbindet?" Und weiter:

...„und habe nicht bloß bei der Verfassung meiner einzigen Abhandlung, auch sonst gegrübelt, einen Blick habe ich doch hie und da schon auf das enorme Gebiet Philosophie geworfen. Unendlich ist es und meine Kraft schwach. ...Übrigens, ein wenig habe ich schon in philosophische Schriften hineingeblickt, aber das machte die Sache schlimmer statt besser. Bin ich nur mit Zögern (Zagen) dem Ruf gefolgt, mich in die Philosophie hineinzumischen, so mischen dagegen desto öfter unlieb die Philosophen sich in die Naturwissenschaften hinein. Bald kamen sie auch mir ins Gehege; ich verstand nicht einmal was sie meinten. Ich wollte mich besser informieren; um gleich aus den tiefsten Tiefen zu schöpfen, griff ich zu Hegel. Welch Gegensatz zwischen dem seichten, oberflächlichen Redeschwulst, den ich da fand, und den klaren Wissenschaften."[14]

In der zweiten Vorlesung seiner „Naturfilosofi" schreibt er: „Einen Gewinn wollen wir aus der gestrigen Vorlesung doch ziehen: Einmal, dass es nicht gut ist, einfach zu fragen: Was ist Chemie? Was ist Philosophie? Dass es vielmehr besser ist zu fragen: Was hat diese Frage für einen Sinn; was wollen wir unter dieser Frage verstehen?"

Dem Begriff der Denkgesetze wendete Boltzmann intensive Aufmerksamkeit zu. Auf seine Erfahrung als Naturwissenschaftler innerhalb der Erkenntnistheorie bauend sowie als Evolutionist schreibt er: „Nach meiner Überzeugung sind die Denkgesetze dadurch entstanden, dass sich die Verknüpfung der inneren Ideen, die wir von den Gegenständen entwerfen,

---

13 Werkverzeichnis Nr. 144. Der korrekte Titel lautet *Über die Frage nach der objektiven Existenz der Vorgänge in der unbelebten Natur.*

14 Nach den vorhandenen Unterlagen hat Boltzmann die Arbeiten folgender Wissenschaftler studiert: Kant, Wundt, Avenarius, Schmitz, Du Mont, Stallo, Poincaré, Ostwald, Schopenhauer. Die dabei entstandenen umfangreichen stenographischen Notizen („Bald zu benützende Notizen für Naturfilosofi") wurden von mir vollständig in Langschrift transkribiert.

immer mehr der Verknüpfung der Gegenstände anpasste. Alle Verknüpfungsregeln, welche auf Widersprüche mit der Erfahrung führten, wurden verworfen, und dagegen die allzeit auf Richtiges führenden mit Energie festgehalten; und dieses Festhalten vererbte sich so konsequent fort auf die Nachkommen, dass wir in solchen Regeln schließlich Axiome oder angeborene Denknotwendigkeiten sahen. Aber auch hier, selbst in der Logik, ist ein Über-das-Ziel-Hinausschießen nicht ausgeschlossen. ...Ich sehe darin den Ursprung jener Widersprüche, welche bei Kant als Antinomien, in neuerer Zeit als Welträtsel bezeichnet werden."[15]

An anderer Stelle der Populären Schriften schreibt er 1899:

„Hertz (stellt) als erste Forderung die auf, dass die Bilder, welche wir konstruieren, den Denkgesetzen entsprechen müssen. Gegen diese Forderung möchte ich gewisse Bedenken erheben oder wenigstens sie etwas näher erläutern. Gewiss müssen wir einen reichen Schatz von Denkgesetzen mitbringen. Ohne sie wäre die Erfahrung vollkommen nutzlos; wir können sie gar nicht durch innere Bilder fixieren. Diese Denkgesetze sind uns fast ausnahmslos angeboren, aber sie erleiden doch durch Erziehung, Belehrung und eigene Erfahrung Modifikationen. Gewiss gibt es Denkgesetze, welche sich ausnahmslos bewährt haben, dass wir ihnen unbedingt vertrauen, sie für aprioristische unabänderliche Denkprinzipien halten. Aber ich glaube doch, dass sie sich erst langsam entwickelten. Ihre erste Quelle waren primitive Erfahrungen der Menschheit im Urzustand, allmählich erstarkten sie, und verdeutlichten sich durch komplizierte Erfahrungen, bis sie endlich ihre jetzige scharfe Formulierung annahmen; aber als unbedingt oberste Richter möchte ich die Denkgesetze nicht anerkennen. ...Ich möchte daher die Hertz'sche Forderung dahin modifizieren, dass insoweit wir Denkgesetze besitzen, welche wir durch stete Bewahrheitung in der Erfahrung als zweifellos richtig erkannt haben, die Zweckmäßigkeit der Bilder in dem Umstande liegt, dass sie die Erfahrung möglichst einfach und durchaus treffend darstellen und dass gerade hierin wieder die Probe für die Richtigkeit der Denkgesetze liegt."[16]

Aus diesen philosophisch relevanten Gegebenheiten schließt Boltzmann für die naturwissenschaftliche Theorie:[17] „Daraus folgt, dass es nicht unsere Aufgabe sein kann, eine absolut richtige Theorie, sondern vielmehr ein möglichst einfaches, die Erscheinung möglichst gut darstellendes Abbild zu finden. Es ist sogar die Möglichkeit zweier verschiedener Theorien denkbar, die beide gleich einfach sind und mit den Erscheinungen gleich gut übereinstimmen, die also, obwohl total verschieden, beide gleich richtig sind. Die Behauptung, eine Theorie sei die einzig richtige, kann nur der Aus-

15 Populäre Schriften, *Die Prinzipien der Mechanik.*

16 Populäre Schriften, *Über die Grundprinzipien und Grundgleichung der Mechanik.*

17 Nach Stiller: *Boltzmann, Altmeister.*

druck unserer subjektiven Überzeugung sein, dass es kein anderes, gleich einfaches und gleich gut stimmendes Bild geben könne."

Weiter schreibt Boltzmann in den Populären Schriften: „Man wird, ohne die Übersicht aufzugeben, nichts von der Sicherheit verlieren, wenn man die Phänomenologie der möglichst sicher gestellten Resultate strenge von den zur Zusammenfassung dienenden Hypothesen der Atomistik trennt und beide als gleich unentbehrlich mit gleichem Eifer fortentwickelt, aber nicht unter bloßer einseitiger Betrachtung der Vorzüge der Phänomenologie behauptet, dass diese jedenfalls einmal die heutige Atomistik verdrängen werde."

Boltzmanns Philosophie wurde natürlich von zahlreichen Philosophen kritisch betrachtet. Popper allerdings vermutet in Boltzmann einen guten Philosophen, weil er mit ihm übereinstimmt. Er schreibt: „Boltzmann führte eine subjektivistische Theorie des Zeitpfeils ein und gleichzeitig eine Theorie, die den Entropiesatz auf eine Tautologie reduziert. ...Das Opfer, das er seiner realistischen Philosophie brachte, um sein Theorem zu retten, war also vergeblich."[18] Oeser schreibt dazu: „Sieht man von diesem sicherlich unzutreffenden Vorwurf Poppers ab, so fragt sich, worauf nun diese realistische Philosophie Boltzmanns gegründet ist und worin diese Übereinstimmung mit Poppers Auffassung besteht. Die keineswegs unproblematische Antwort lautet: Sie besteht in der sogenannten „evolutionären Erkenntnistheorie."[19]

Helmholtz und Boltzmann hatten beide die gesunde Skepsis der Naturwissenschaftler gegenüber der Schulphilosophie. Helmholtz stellte fest: „Ich glaube, dass der Philosophie nur wieder aufzuhelfen ist, wenn sie sich mit Ernst und Eifer der Untersuchung der Erkenntnisprozesse und der wissenschaftlichen Methoden zuwendet. Wissenschaftliche Philosophie kann sich tatsächlich ohne Analyse naturwissenschaftlicher Erkenntnisse nicht entwickeln."

Ein Philosoph verfiel der scharfen Kritik sowohl durch Helmholtz als auch durch Boltzmann, nämlich Schopenhauer. Helmholtz betonte, dass Schopenhauer die Ergebnisse der Naturwissenschaften einfach nicht zur Kenntnis genommen habe. Er verwies zum Beispiel auf die Haltlosigkeit von Auffassungen Schopenhauers zu Raum, Zeit und Materie. Helmholtz seinerseits wurde von Schopenhauer des Plagiats bezichtigt, weil er in einem Vortrag *Über das Sehen des Menschen* dieses als durch die apriorische Tätigkeit des Verstandes bedingt erklärt und dadurch etwa dieselbe Auffassung vertreten habe wie Schopenhauer. Der Philosoph Schopenhauer fühlte sich ja dem Naturwissenschaftler Helmholtz völlig überlegen. Er stellte fest: „Sagen, er und ich stünden auf demselben Boden, ist wie sagen, der Montblanc und

---

18 K. Popper (1984) *Ausgangspunkte – meine intellektuelle Entwicklung*, 3. Aufl. Hoffmann und Campe, Hamburg, S. 228.

19 *Oeser.*

ein Maulwurfhaufen neben ihm ständen auf dem selben Boden." (Natürlich verglich Schopenhauer sich selbst mit dem Montblanc). Selbstverständlich waren Schopenhauers Vorwürfe gegenüber Helmholtz nicht berechtigt.[20] Schopenhauer war eben im Umgang mit anderen Wissenschaftlern nicht gerade stilvoll und zwischen Philosophie und Naturwissenschaft bestand eben eine gegenseitige Missachtung.

Boltzmann revanchierte sich als Naturwissenschaftler und hielt am 21. Januar 1905 seinen viel diskutierten Vortrag vor der philosophischen Gesellschaft in Wien: *Über eine These Schopenhauers.* In seinen Populären Schriften schreibt er dazu, er wollte ja nicht über eine These Schopenhauers sondern über sein ganzes System vortragen. Aber beileibe keine komplette Kritik, sondern nur abgerissene Gedanken darüber.

Er habe für den Vortrag, wie bekannt geworden, den Titel gewählt: *Beweis, dass Schopenhauer ein geistloser, unwissender, Unsinn schmierender, die Köpfe durch hohlen Wortkram von Grund aus und auf immer degenerierender Philosophaster sei.* Und Boltzmann erklärt dazu: „Diese Worte sind ad verbum der vierfachen Wurzel...[21] entnommen, nur beziehen sie sich dort auf einen anderen Philosophen." Schopenhauer schrieb nämlich tatsächlich an der betreffenden Stelle: „Will dich Verzagtheit anwandeln, so denke nur immer daran, dass wir in Deutschland sind, wo man gekonnt hat, was nirgend anderswo möglich gewesen wäre, nämlich einen geistlosen, unwissenden, Unsinn schmierenden, die Köpfe, durch beispiellos hohlen Wortkram, von Grund aus und auf immer desorganisierenden Philosophaster, ich meine unsern theuern Hegel, als einen großen Geist und tiefen Denker ausschreien..."

In diesem Vortrag, bezeichnet Boltzmann die Gedanken vieler Philosophen zunächst als unhaltbar, schreibt jedoch dann: „War die Arbeit dieser großen Geister wirklich eine vergebene? Diese Frage muss ich verneinen, denn diese Philosophen haben noch viel naiveren Anschauungen ein Ende gemacht. Sie haben dadurch Nützliches geleistet, dass sie schlechte Ansichten wegräumten, deren Fehler aufdeckten und so einen Übergang zu klareren Ansichten verbreiteten."[22]

Eine weitere philosophische Gemeinsamkeit zwischen Helmholtz und Boltzmann war deren positive Haltung zu den Ideen der Darwin'schen Evolutionstheorie und beide würdigen die bahnbrechenden Leistungen Darwins.

Mit der Theorie von Darwin war es gelungen, die biotische Evolution einer natürlichen Erklärung zuzuführen. Das entsprach der Suche von Helmholtz und Boltzmann nach den Prinzipien der materiellen Bewegung, nach einem naturwissenschaftlich fundierten Weltbild, das keine immateriellen

---

20 Hörz und Laaß, *Berlin.*

21 A. Schopenhauer (1977) *Über die vierfache Wurzel des Satzes vom zureichenden Grunde.* Diogenes, Zürich.

22 Populäre Schriften, *Über eine These Schopenhauers.*

Faktoren zur Erklärung der Welt braucht. Boltzmann stand prinzipiell kritisch zu den Arbeiten von Kant. Boltzmann schuf Voraussetzungen für die Durchsetzung der statistischen Denkweise, was den Ansichten Kants entgegengesetzt war.[23]

Das Fundament Boltzmanns erkenntnistheoretischer Auffassung erklärt er in seinen Populären Schriften: „Nach meiner Ansicht ist alles Heil für die Philosophie zu erwarten von der Lehre Darwins." Er bezeichnet diese als den „...neuen pythagoräischen Lehrsatz. ...Wir haben noch der wunderbarsten mechanischen Theorie auf dem Gebiet der biologischen Wissenschaften zu gedenken, der Lehre Darwins. Diese unternimmt es, aus dem rein mechanischen Prinzipe der Vererbung, welches an sich freilich, wie alle mechanischen Urprinzipe, dunkel ist, die ganze Mannigfaltigkeit der Pflanzen- und Tierwelt zu erklären."

Boltzmanns gesamte erkenntnistheoretische Position, die für ihn der Leitstern bei der Entwicklung und Ausarbeitung seiner physikalischen Theorien war, stellte er auf die Grundlage der Darwin'schen Evolutionstheorie. Boltzmann ist, wie kaum ein anderer, in der Geschichte der Naturwissenschaften nach Darwin ein evolutionärer Erkenntnistheoretiker. Dies wurde schon von Broda[24] erkannt, der auch Konrad Lorenz davon überzeugen konnte, ihn als Vorläufer seiner Ideen zu sehen. Boltzmann schreibt: „Wir dürfen nicht die Natur aus unseren Begriffen ableiten wollen, sondern müssen die letzteren der ersteren anpassen."

Max von Laue,[25] ein Schüler Plancks, schreibt: „Boltzmann war Physiker, und zwar trotz einiger ganz bedeutsamer experimenteller Arbeiten nach Neigung und Wirksamkeit Theoretiker mit stark philosophischem Einschlag. ...Boltzmanns Forschung wurzelte, wie bei allen Physikern seiner Zeit in der Newton'schen Mechanik, die er mit sichtlich hoher Verehrung in seinen Werken darstellte und in seinen Arbeiten meisterhaft anwandte. Aber er erlebt das Eindringen der neuen Ideen Faradays und Maxwells in die Physik, und zwar mit tiefem Verständnis und schließlich mit höchster Bewunderung. In bezug auf die Maxwell'schen Gleichungen zitierte er einmal aus Goethes Faust: „War es ein Gott, der diese Zeichen schrieb,..." Und doch liegt Boltzmanns eigentliche Bedeutung auf keinem dieser Gebiete, sondern bei der Thermodynamik und der ihr verwandten Statistik. Sein Ideal war sichtlich Zusammenfassung aller physikalischen Theorien zu einem Weltbild."

Die Entwicklung der Physik in Berlin war mit philosophischen Diskussionen gekoppelt. Helmholtz hatte noch bei seiner Begründung der Erhaltung der Energie den Vorwurf einstecken müssen, zu philosophisch zu sein. Seine Begründung des Energieerhaltungs-Satzes von 1847 „...fand keineswegs sogleich allgemeine Zustimmung; die älteren seiner Zeitgenossen befürchteten darin ein Wiederaufleben der Phantasien der Hegel'schen Natur-

---

23 Hörz und Laaß: *Berlin*.

24 E. Broda (1955) *Ludwig Boltzmann, Mensch, Physiker, Philosoph*. Deuticke, Wien.

25 Max von Laue (1879–1960): Stiller, *Boltzmann, Altmeister*.

philosophie, gegen welche sie schon lange hatten kämpfen müssen."[26]

Aus heutiger Sicht, der die Zusammenhänge von Raum, Zeit und Materie selbstverständlich geworden sind, ist deren Behandlung in Boltzmann's Vorlesung über Naturphilosophie erwähnenswert. Bis zum Vorliegen der 1990 erschienenen Transkription[27] seiner verschollenen Vorlesung war diese nicht bekannt. Boltzmann schreibt dort: „...So haben wir uns das Rüstzeug zurechtgelegt zur Behandlung der großen Continua Raum, Zeit und Materie. ...es ist enorm, welche Arbeit, welcher Scharfsinn auf Erschöpfung des wahren Wesens dieses Begriffes, auf Lösung dieses großen Rätsels, Fragen der Menschheit, aufgewendet worden ist. Vor Kant, von Kant, nach Kant. Manche schätzbaren Errungenschaften sind ja erzielt worden. ...Im wesentlichen sind alle auf unseren Gegenstand bezüglichen Fragen noch unbeantwortet.

Das Zagen, das Gefühl von Ehrfurcht und heiliger Scheu,...ergreift mich wieder, wenn ich an die Diskussion des Problems von Raum und Zeit gehen muss. Ist mir zu Mute, als ob ich das Innere eines gotischen Domes betrete; alles ist ehrwürdige Furcht und Grauen einflößend, erhaben und doch alles dunkel, unbestimmt, ins Unbestimmte, Unermessliche. Möglich, sich alles zu denken, was man sieht und noch mehr, was man nicht sieht, nur im dunklen Hintergrund ahnt.

Von diesen drei Continua: Raum, Zeit und Materie, bilden wieder die beiden Raum und Zeit einen scharfen Gegensatz zum dritten: der Materie. Raum und Zeit sind bloß etwas gedachtes, ideales transzendentales, intelligibles oder wie man sich noch ausdrückt. Die Materie ist das wirklich reell Existierende. In den beiden ersten Gebieten herrscht das Kausalgesetz noch immer als Erkenntnisgrund und folgt im Gebiet des Materiellen als Ursache und Wirkung...

Die nicht-euklidische Geometrie ist in sich konsequent, widerspruchslos. Nur der Erfahrung widerspreche sie in gewisser Weise. Sie könnten sich ganz gut vorstellen, dass es Welten gibt, wo die Dinge sich in einem nicht-euklidischen Raum bewegen. Es ist doch nicht möglich, dass bei den meisten Menschen der Raum durch innere Anschauung entsteht, bei einigen nicht. Aber auch die Widersprüche mit der Erfahrung bedürfen Erläuterung. Es gibt nur einen euklidischen, aber unendlich viele nicht-euklidische Räume... Zwei continuierliche Variable, aber selbst, wenn zwei gegeben sind noch eine dritte. Drei Variable. Man braucht drei voneinander unabhängige Variable, um die Verhältnisse der Elemente gegeneinander darzustellen: Drei Dimensionen...Jeder Punkt durch drei Zahlen bestimmt; brauchen wir die algebraisch irrationalen auch die transzendent irrationalen, ist die Punktmenge abzählbar. Wir wollen auch den Krümmungsumfang auftragen können, daher nicht abzählbar."[28]

---

26 M. v. Laue (1950) *Geschichte der Physik*. Bonn.
27 Fasol-Boltzmann, *Naturfilosofi*.
28 Fasol-Boltzmann, *Naturfilosofi* S. 97.

Boltzmann wollte das Wesen der Theorien klar darlegen. In seinem Vortrag im Jahr 1897 sagt er: „Das Gehirn betrachten wir als den Apparat, das Organ zur Herstellung der Weltbilder, welches sich wegen der großen Nützlichkeit dieser Weltbilder für die Erhaltung der Art entsprechend der Darwin'schen Theorie beim Menschen geradeso zur besonderen Vollkommenheit herausbildet, wie bei der Giraffe der Hals, beim Storch der Schnabel, zu ungewöhnlicher Länge."[29]

Und in seinen *Vorlesungen über Maxwells Theorie der Elektrizität und des Lichtes*:[30] „Die Theorien beanspruchen keineswegs von Hypothesen auszugehen, welche sich mit der wahren Beschaffenheit der die Natur aufbauenden Urelemente und Urkräfte vollkommen decken, sondern bloß von Mechanismen, deren Wirkung mit dem Spiele der Naturerscheinungen in der einen oder anderen Beziehung eine große Analogie haben. Je umfassender und schlagender diese Analogie, desto brauchbarer natürlich auch der betreffende Mechanismus. ...Die Mechanismen werden in späteren Zeiten wohl durch brauchbarere ersetzt werden, aber das durch sie zur Anschauung gebrachte Allgemeine, ihnen und den Naturvorgängen Gemeinsame, wird auch in jeder späteren Theorie bestehen bleiben."

Die Molekulartheorie ist eine Theorie in des Wortes wahrer Bedeutung. Nach jahrelanger Forscherarbeit auf dem Gebiet der Hypothese bleibt als letzter Prüfstein die Erfahrung. Vollkommen ausgeschlossen ist es freilich nicht, dass die Gesetze der anorganischen Natur auch durch eine andere Theorie, die von anderen Hypothesen ausgeht, erklärt werden können. So sagt Boltzmann selbst mehrmals, dass er in der Molekulartheorie nichts anderes sehe, als eine „dynamische Illustration", also eine Analogie, also in gewissem Sinne wieder nichts anderes als eine Beschreibung. Doch Boltzmann wollte sicher das Wesen der Natur ergründen.[31]

Boltzmann strebte eine Theorie der Fortentwicklung, Evolution, der wissenschaftlichen Methode an, die für ihn, wie er sagt „das Skelett ist, das den wissenschaftlichen Fortschritt trägt." Er meint mit dem Gleichnis den unabweisbaren metaphysischen Drang nach der Erkenntnis der letzten Ursachen.[32] In seinen Aufzeichnungen zur Naturfilosofi[33] schreibt er: „Ein Hund ist gewohnt, einen besonderes großen Bissen heimlich in einen Winkel zu tragen und dort zu verzehren, oder vor dem Schlafengehen sich ein Loch zu graben. Auch auf glattem Boden kratzt er erst längere Zeit, bevor

29 Populäre Schriften, *Über die Frage nach der objektiven Existenz der Vorgänge in der unbelebten Natur.*

30 Werkeverzeichnis Nr. 105.

31 Einige Sätze entnommen dem Bericht Hasenöhrls über die Enthüllung der Büste Boltzmann's im Arkadenhof der Universität Wien, 1913 (nach Stiller: *Boltzmann, Altmeister*). F. Hasenöhrl (1874–1915) war Nachfolger Boltzmanns in Wien (siehe Kap. 1).

32 *Oeser.*

33 Fasol-Boltzmann: *Naturfilosofi*

er einschläft; es ist ihm angeboren. Graben wir nicht auch nach Wahrheit, wo fremder Boden ist? So könnte uns gewissermaßen das Wühlen in den Erkenntnisgrund angeboren sein. Wir wühlen immer, bis wir die Wahrheit finden. Eben in den Fällen, wo wir durch unsere Anstrengungen wirklich etwas zutage fördern, aber auch wo nichts zu finden ist, haben wir das Streben fortzuwühlen. ...Welch große Zeit, wenn die Gespenster verschwinden würden." Die Gespenster, die er meint, sind die Kant'schen Antinomien, die für ihn, in der heutigen Terminologie der Ethologie[34] ausgedrückt, auf einen angeborenen endogen ausgelösten Leerlauf unserer komplexen Maschinerie des Menschenhirns beruhen, der zu keinem Ergebnis führen kann.[35]

Er meint seine eigentlich auf die Physik bezogene Erkenntnistheorie, die auf der Idee der Freiheit des menschlichen Denkens beruht, die auch unsere angeborenen Beschränkungen überwinden kann und zu der Veränderung oder Umgestaltung der angeborenen Denkgewohnheiten führen kann.

Boltzmann hat die Verbindung mit systematisch-philosophischer Erkenntnistheorie angestrebt, wenn er 1904 in einem Vortrag über statistische Mechanik sagt: „Ich bin hier philosophischen Fragen nicht aus dem Weg gegangen in der festen Hoffnung, dass ein einmütiges Zusammenwirken der Philosophie und Naturwissenschaft jeder dieser Wissenschaften neue Nahrung zuführen wird, ja dass man nur auf diesem Wege zu einem wahrhaft konsequenten Gedankenausdruck gelangen kann." Wie wahr; doch dem widerspricht seine erklärte Gegnerschaft zu den Philosophen, wenn er in seiner *Naturfilosofi* als Aphorismus schreibt: „Ich ehre die Philosophie, ich hasse die Philosophen."

Boltzmann war weit entfernt, seine hypothetischen Modelle unabhängig von der Mathematik zu sehen. Vielmehr war ihm die Mathematik selbst – sowohl die Zahlentheorie als auch die Geometrie – eine Quelle der streng geregelten menschlichen Intuition, insbesondere für die physikalischen Grundhypothesen über Raum und Zeit, wie vor allem seine bis 1990 unbekannt gebliebenen naturphilosophischen Vorlesungen im Wintersemester 1903/04 zeigen, die fast zur Gänze diesem Themen gewidmet waren.[36]

Boltzmann erweitert und verallgemeinert seine Bildkonzeption der physikalischen Theorie, indem er sie auf die Philosophie und Wissenschaftstheorie überträgt und dort metaphysisch-gleichnishaft anwendet. Die Philosophie erschien ihm – in den stenographischen Notizen zur Naturfilosofi – wie das Innere eines großen gotischen Domes:[37] „Es ist das alles ehrwürdig, alles erhaben, alles großartig, aber auch alles finster und voll von Dunkelheit, die Gegenstände scheinen sich alle bis ins Endlose zu erweitern und zu

---

34 Vergleichende Verhaltensforschung.

35 *Oeser.*

36 *Oeser.*

37 *Oeser.*

vergrößern, die Gegenstände, welche man sieht, und noch mehr die, welche man nicht sieht, welche man in den dunklen Winkeln zu ahnen glaubt."

Oeser schreibt: „Er selbst will in das Innere des Gebäudes hinein – er selbst, der Naturwissenschaftler – in das Gebäude, dessen äußere Fassade von den Naturwissenschaften aufgebaut ist": „Ich will in ein Gebäude, gehe nur (her)um und zeichne die Fassade."

Nicht das Wesen der Dinge ist das Ziel, nicht die naturwissenschaftliche Forschung, noch die der Philosophie, sondern das „Bild" oder das Modell der Realität ist das alleinige Ziel: „Wenn wir Engelköpfe mit Flügeln ohne Leib wären, könnten wir nicht in das Gebäude hinein, durch den Leib wurzelt das Subjekt selbst in der Welt, ist Teil der Welt, der Objekte selbst. Das innere Wesen der anderen Erscheinungen erkennen wir nicht, aber Handlungen des Leibes."[38]

Boltzmann schreibt 1899: „Fürwahr, wenn ich auf alle diese Entwicklungen und Umwälzungen zurückschaue, so erscheine ich mir wie ein Greis an Erlebnissen auf wissenschaftlichem Gebiet! Ja, ich möchte sagen, ich bin allein übrig geblieben von denen, die das Alte noch mit voller Seele umfassten, wenigstens bin ich der einzige, der noch dafür, soweit er es vermag, kämpft. Ich betrachte es als meine Lebensaufgabe, durch möglichst klare, logisch geordnete Ausarbeitung der Resultate der alten klassischen Theorie, soweit es in meinen Kräften steht, dazu beizutragen, dass das viele Gute und für immer Brauchbare, das meiner Überzeugung nach darin enthalten ist, nicht einst zum zweiten Male entdeckt werden muss."[39]

Und Oeser schreibt: „Boltzmann meint, es sei die ständige Abänderungsmöglichkeit und Entwicklungsfähigkeit unserer wissenschaftlichen Theorien über diese Welt, die damit eine endlose Kette von einander ablösenden Bildern oder Modellen der Realität hervorbringt, die einen ständigen und echten Fortschritt in das von uns noch nicht definierbare Unbekannte darstellen."[40]

---

38 Fasol-Boltzmann: *Naturfilosofi.*

39 Siehe Boltzmanns Vortrag Werkeverzeichnis Nr. 170; darauf hat auch Lorentz in seinem Gedenken nach Boltzmanns Tod Bezug genommen.

40 Damit beendet Oeser seine Betrachtungen der Boltzmann'schen Erkenntnistheorie in Flamm: *Briefwechsel.*

6 Die persönliche Kurzschrift

Ilse Maria Fasol-Boltzmann

Boltzmanns wissenschaftlicher Nachlass besteht u.a. in einer größeren Anzahl von Notizbüchern, wie sie im 19. Jh. gerne verwendet wurden. Sie sind meist in harte Deckel gebunden und haben unterschiedliches Format, in der Regel zwischen den heutigen Formaten DIN A6 und DIN A5. Die Mehrzahl dieser Bücher ist gut erhalten, manche sind jedoch stark beschädigt oder unvollständig. Es gibt aber auch einzelne Bögen unterschiedlichen Formats. Boltzmann war aber auch sehr „erfinderisch" in seiner Sparsamkeit: So verwendete er z.B. postalisch gelaufene Briefumschläge, schnitt sie auf und erhielt so deren Innenseiten als Papier für Aufzeichnungen.

Alle Notizen, Entwürfe von Vorlesungen, Vorträge und Bearbeitungen von Büchern etc. schrieb er in seiner persönlichen Kurzschrift. Diese ging offenbar hervor aus einer speziellen Variante der alten Gabelsberger Kurzschrift, der sogenannten Debattenschrift, der am stärksten kürzenden Form vor deren erster Reform des Jahres 1867.

Zu Beginn der vor 1980 begonnenen Arbeiten zur Transkription der schriftlichen Hinterlassenschaft meines Großvaters war ich versucht, Experten zu finden, die seine Kurzschrift einigermaßen lesen konnten. Sehr bald wurde aber von der zuständigen Fachorganisation versichert, dass diese Kurzschrift auch für Sachverständige absolut unleserlich sei. So war ich gezwungen, nach einem alten Lehrbuch[1] vorzugehen, um zunächst einmal die Grundbegriffe der alten Gabelsberger Stenographie zu erlernen. Deren flüssiges Lesen und Schreiben war bald möglich.

Das erste gravierende Problem bestand sodann aber darin, die Zeichen in Boltzmanns Notizbüchern richtig deuten zu können; vorerst waren nämlich keinerlei Ähnlichkeiten mit der inzwischen erlernten Kurzschrift erkennbar. Hinzu kam noch die Schwierigkeit, dass Boltzmann manchmal relativ „schöne" Seiten schrieb, nur diese wurden zunächst zum Erlernen der Schrift herangezogen, sich jedoch andere Seiten als „chaotisch" darstellten. Zwei Beispiele sind am Ende dieses Kapitels gezeigt.

Es erforderte mehrere Jahre intensiver Vertiefung, um von einigen wahrscheinlichen Deutungen auf zunächst noch unverständliche Satzfragmente zu gelangen. Bei diesen ersten Überarbeitungen wurde keineswegs versucht, den Sinn der Texte zu ergründen, sondern es wurde nur auf die Zeichendeutung geachtet, um ja nicht zu eigenen irrigen Deutungen zu kommen.

---

1 K. Faulmann (1878) *Stenographische Unterrichtsbriefe für das Selbststudium*. A. Hartleben, Wien Pest Leipzig.

Eine sehr wesentliche Hilfe leistete in diesem Stadium Boltzmanns vorbereitender stenographischer Text zu seinen Vorlesungen als Grundlage des am 26. Oktober 1903 in Wien gehaltenen *Antrittsvortrag für Naturphilosophie*[2]. Erst nach oftmaligem Überarbeiten konnte der zunächst lückenhafte Text der Transkription mit der im Druck vorliegenden abweichenden Version verglichen werden. Die stenographischen Aufzeichnungen der ersten beiden Vorlesungen konnten somit ergänzt und einzelne Teile gesichert werden. Schwieriger wurde es jedoch später, auch in anderen Texten, bei fachspezifischen Wörtern, die Boltzmann extrem kürzte, weil sie ihm selbstverständlich waren (z.B. Koeffizient, Koordinate, Temperatur, Interferenz, Materie, Kontinuum etc.; ganz zu schweigen von Bezeichnungen für Geräte und Versuchseinrichtungen). Nach und nach konnte, gewissermaßen als Wörterbuch, nach allen möglichen Suchkriterien geordnet, eine Kartei mit mehreren hundert Zeichen, Kürzeln, Wort- und Satzbeispielen, angelegt werden.

Das weitgehend vollständige Lesen der Texte war mir erst nach mehreren Jahren möglich, so dass das Buch *Naturfilosofi* [3] entstehen konnte. Der größte Teil des stenographischen Nachlasses Boltzmanns wurde sodann transkribiert und katalogisiert.

Einiges zur Stenographie: In alten Lehrbüchern der Gabelsberger Kurzschrift wird ausdrücklich zu eigenständigen Wort- und Satzkürzungen aufgefordert. An Beispielen wird dort gezeigt, wie Anlaut und Auslaut sowie Vor- und Nachsilben gekürzt oder auch ganze Silben und Wortstämme ausgelassen werden sollten; statt dessen werden Kürzel und sogenannte Siegel verwendet. Somit wurde angeregt, durch eigene Initiative des Anwenders die ohnedies schon vorhandene Mehrdeutigkeit der damaligen Kurzschrift noch wesentlich zu erhöhen. Dadurch wurde großes Chaos provoziert, man konnte nur seine eigene Schrift lesen, und eben dies war der Grund für die späteren Reformen, die schließlich nach Jahrzehnten zur Deutschen Einheitskurzschrift führten.

Zur Illustration der Vieldeutigkeit der ursprünglichen Gabelsberger Stenographie und noch mehr jener Boltzmanns sollen einige Beispiele dienen.

Ein hochgestelltes w sieht so aus C und kann als „Wirt, Wirkung, wirken, wirkt, wird, wirst, wider, wieder" usw. gelesen werden. Boltzmann verwendet aber das hochgestellte w meist auch für Worte, die mit we- beginnen wie „Wert, werde, werden" usw.

Ein tief gestelltes Zeichen für g, nämlich ɿ kann die Worte „Gulden, Gut, gut, Gunst" usw. bedeuten.

2 Der 1903 als Antrittsvortrag veröffentlichte Text ist eine von Boltzmann überarbeitete Zusammenfassung der beiden ersten Vorlesungen zur Naturphilosophie; Werkeverzeichnis Nr. 179; siehe auch Kap. 1, Fußnote 109

3 Siehe Kap. 1, Fußnote 109.

Weitere Beispiele: „erwiderte" oder „erwidert" werden als „er-dert" stenographiert; Anhaltspunkt als „An-punkt", wobei die Silbe „punkt" nur mit einem p geschrieben wird. Dieses stenographierte Wort könnte dann ebenso gut z.B. auch als „Angriffspunkt" gelesen werden.

Bei gemischten Kürzungen wird die Nachsilbe unter die Vorsilbe gesetzt (d.h. tiefer gestellt). Dies bedeutet, dass z.B. das Wort „Befugnis" als „B-gnis" (gn ist ein einziges Zeichen, hier tiefer gestellt), oder das Wort „Erlaubnis" als „r-nis" stenographiert wird.[4]

Alle diese Empfehlungen der Lehrbücher seiner Zeit wurden von Boltzmann offensichtlich nicht nur befolgt, sondern sogar um vieles erweitert. Es ist auch nicht zu verwundern, dass er ganz eigenwillige, persönliche Kürzungsformen erfunden hat. Dazu einige wenige Beispiele:

Stand, Herz, Gestalt, gestalten, Stärke, stark, stehen,...

Entfernung, Entfernungen, entfernen, ent-, unter, unter- ,...

Bild, Bilder, bilden,...

Gesetz, Gesetze, Satz, setzen, setzt, gesetzt,...

Aufgabe, Aufgaben, aufweisen, aufgeben, aufheben,...

Behauptung, Behauptungen, behaupten, behufs, bildhaft, lebhaft,...

Schlag, schlagen, schlecht, schlicht, Schlauch,...

Vorwand, Verwendung, verwenden,...

Gebrauch, gebrauchen, genug, genau, ...

Viele Wörter werden von Boltzmann sogar nur durch schräge oder horizontale Striche verschiedener Länge stenographiert. Ein Strich, wie ____ , kann bei ihm „weise", „eine" aber auch „Ebene", „eben" bedeuten. Ebenso wie Boltzmann einem Zeichen verschiedene Bedeutungen zuordnet, schreibt er häufig ein und dasselbe Wort auf völlig verschiedene Art; zum Beispiel seine

4 Eine etwas ausführlichere Darstellung findet sich in Fasol-Boltzmann, Ilse M. und Höflechner, W. (Hrsg.) Ludwig Boltzmann, *Vorlesungen über Experimentalphysik in Graz.* Publikationen aus dem Archiv der Universität Graz Bd 36, Ludwig Boltzmann Gesamtausgabe Bd 10, Veröffentlichungen der Historischen Landeskommission für Steiermark, Quellenpublikationen Bd 39 (insg. 606 Seiten). Akademische Druck- und Verlagsanstalt, Graz 1997. Siehe auch Bibliographie.

beiden Schreibweisen für das Wort „offen": 

Schon die alten Formen der Gabelsberger Stenographie sowie alle späteren Kurzschriften, wie vor allem die Deutsche Einheitskurzschrift, verwendeten die Strichverstärkung zur Verdeutlichung der Vokale. Im Gegensatz dazu verwendete Boltzmann niemals Verstärkungen. Meine Transkriptionen wurden zusätzlich auch noch dadurch erschwert, dass Boltzmann in seinen Stenogrammen sehr häufig in Satzfragmenten schreibt und zur Trennung der Sätze bzw. deren Fragmente grundsätzlich keine Interpunktion verwendet. Hinzu kommt weiterhin, dass das Stenogramm sprachlich und grammatikalisch oft nicht korrekt formuliert ist, auch dort, wo vollständige Sätze geschrieben wurden.

Boltzmanns Notizbücher und andere stenographierten Texte waren ja keinesfalls zur Veröffentlichung gedacht, sondern dienten ausschließlich als seine eigenen Skizzen und Gedächtnisstützen, Vorbereitung für Vorlesungen; nur er selbst musste seine „Geheimschrift" lesen können.

Zur Illustration werden abschließend zwei verschiedene Notizbuchseiten sowie eines der Notizbücher gezeigt.

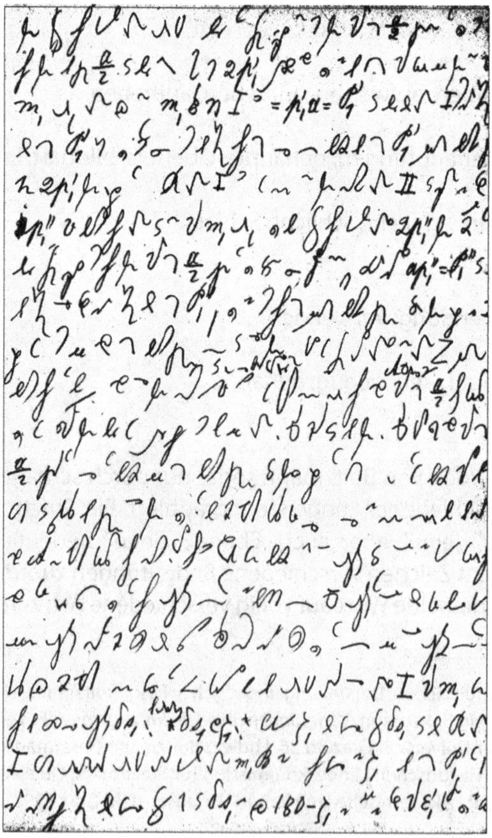

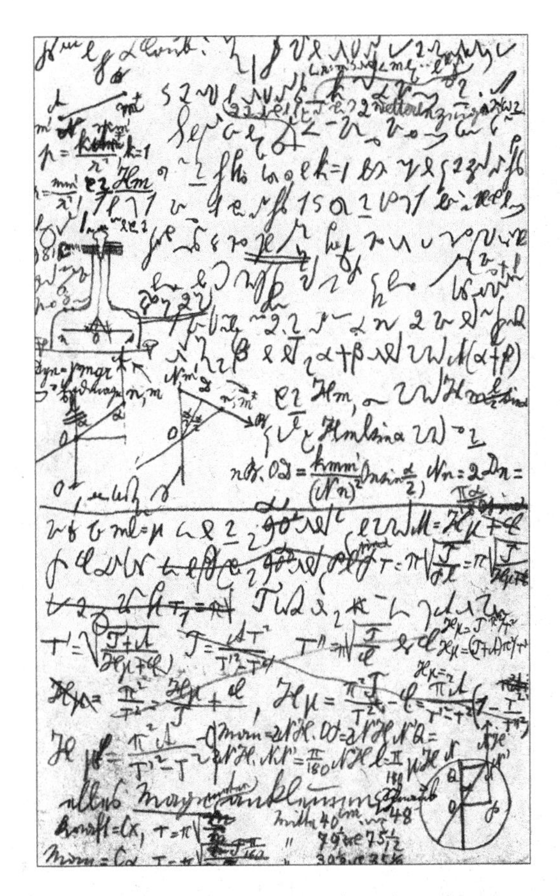

Notizbuchseite aus dem Manuskript der Vorlesung über Experimentalphysik in Graz. Siehe I. M. Fasol-Boltzmann und W. Höflechner: Ludwig Boltzmann, Vorlesungen über Experimentalphysik in Graz, S. 3.12 (siehe Bibliographie). Dort sind auf den Seiten 3.1 bis 3.318 alle Seiten des Notizbuchs samt kommentierter Transkription gegeben

---

Abbildung S. 116

Notizbuchseite aus dem Manusript der Vorlesung über Analytische Mechanik in Graz, WS 1870/71. In dieser frühen Zeit hat Boltzmann noch relativ „schön" und deutlich stenographiert.

Eines der vielen hinterlassenen Kurzschrift-Notizbücher

7 Notizen aus den letzten Lebensjahren

In eines seiner vielen hinterlassenen Notizbücher (siehe vorhergehende Abbildung) hat Boltzmann in seinen letzten Jahren verschiedene Aufzeichnungen in seiner eben diskutierten persönlichen Kurzschrift eingetragen. Diese Eintragungen wurden von ihm klassifiziert und zum größten Teil innerhalb der einzelnen „Kapitel" nummeriert. Viele der Sätze können als Aphorismen bezeichnet werden oder auch als meist nicht zusammenhängende Gedanken, die er des Festhaltens für notwendig befand. Es sind darunter Themen für eventuelle Vorträge sowie einige Hinweise auf Publikationen anderer Wissenschaftler; einerseits auch Stichworte zur Erinnerung an vielleicht gelegentlich zu verwendende „wissenschaftliche" Pointen aber andererseits wiederum auch tiefgreifende wissenschaftliche Hinweise. Gelegentlich fällt einerseits ein trockener, sarkastischer Humor auf, andererseits – und das erscheint als das Wesentlichste dieser Aufzeichnungen – seine tiefe und zum Teil äußerst kritische Philosophie. Schließlich enthält das Buch einen kurzen Abriss des Solipsismus' sowie Erinnerungen an Gespräche mit Franz Brentano.

An einigen Stellen zeigt sich Boltzmanns „großzügiger" Umgang mit der Sprache. Zum Beispiel: „In was alles für Zeichen steht ...", „... wenn man sich auf etwas nicht erinnert", „... insofern, dass ...", „Die Natur denkt auf alles ...".

Zur Datierung der Aufzeichnungen lässt sich feststellen, dass – wie in fast allen seinen Schriftstücken – keine unmittelbaren Datumsangaben gemacht wurden, aber durch mehrere Literaturzitate Anhaltspunkte gegeben sind, wenn z.B. wie folgt zitiert wird:

„Verworn, Seite103, Göttingen, 1903", „Schreber, Dinglers J[ournal][1], 22. Oct. 1904, Einheit des Gewichts in Masse", „Manch[ester] 1903, vol. 47, IV, Wilde lect.", „Nasini, mem. lincei 1905".

Im übrigen sind die Eintragungen vermutlich aus anderen Unterlagen ohne wesentliche Korrekturen und Streichungen übertragen worden. Sie sind, fast einheitlich mit Tinte und mit ziemlich gleichbleibendem Schriftbild relativ „sauber" geschrieben, machen also den Eindruck einer „Reinschrift". Mit einigen Ausnahmen waren die Texte dadurch relativ gut zu transkribieren.

Nachfolgend wird der Text widergegeben, wobei allerdings auf wesentlich Erscheinendes stark reduziert wurde[2].

---

1 In eckige Klammern gesetzt sind Ergänzungen der Herausgeberin.

2 Vollständiger Text in I. M. Fasol-Boltzmann, K. H. Fasol, W. Höflechner (1998) *Ludwig Boltzmann, Notizen und Gedanken aus seinen letzten Lebensjahren*. Mitt. Österr. Ges. f. Wissenschaftsgesch., Jg. 18, S. 87–124. Die erklärenden Fußnoten sind von K. H. Fasol.

Transkription

Mechanik

Wir verstehen unsere Tugend, unsere Laster. Eigensinn des Kindes, Knechtschaft und Freiheitsliebe; beide notwendig, beide können ausarten; Eigennutz und Mitgefühl, Scham und Begierde. Wir begreifen durch Mechanik die Poesien Heines und Schillers; warum sie uns gefallen, warum wir sie verurteilen, warum Schiller schön und nicht rührend ist.
Ich werde Ihnen [einem Auditorium] manches geben; heute wenig, aber alles mich selbst; ich werde manches verlangen: Aufmerksamkeit, Fleiß, jetzt Ihre Liebe, Sie selbst.[3]
Wie die Begriffe Wahrheit und Schönheit in uns entstehen, kann man nur mechanisch begreifen. Wir begreifen, was wir Wahrheit nennen und was wir träumen; wie [ist es] begreiflich, warum Schmerz und Lust, warum solche Verrücktheiten wie Solipsismus, wie und warum wir selbst wurden.
Mechanik die zum Zank treibt. Mechanik der Psych[e], der friedli[chen] Lenkungsweise [des] Willens, der Politik.
Der Gott, von dessen Gnaden er König ist, sind die Gesetze der Mechanik[4].
Wir sind krank, unfrei, leidenschaftlich; wir können nicht helfen; unsere eigenen Leidenschaften bleiben, aber wir lernen sie begreifen und ertragen (das jedesmal wiederholen).
Verstand = Werkzeug, das uns am öftesten im Stich lässt, wenn wir vergessen. Es entsteht die sonderbare Meinung, dass unser Verstand von uns beherrscht wird, dass wir denken können was wir wollen.
Hertz[5] nimmt stets allgemeine Kräfte = Bewegungsgesetz nur speziell an, die in sehr kl[einer] Distanz schon sehr stark anwachsen.

Mittel zur Naturerklärung

§1. Atome (Individ.) notw[endig]. Vom logischen Standpunkt dü[rfte] man ihnen nicht dieselben Eigenschaften beilegen (Ausdehnung, Stoß, Kraft), aber vom praktischen [Standpunkt schon,] da man die wahre Natur nicht kennt (reine Kraftzentra treten wenig zu).
2. Meine Ordnung der Separata [ist] wie fortschreitende chemische Verbindung; aus der Ferne nur Farbunterschiede.

---

3 Dieser Satz, der eigentlich nicht unter „Mechanik" einzuordnen wäre, findet sich in ähnlicher Form am Ende des „Antrittsvortrags" zur Naturphilosophie (s. Werkeverz. Nr. 179, Fußnote 109 in Kap. 1). Dort verweist Boltzmann auf den Schluss seiner „ersten Vorlesung in Wien".

4 Diese Formulierung hat Boltzmann bereits in seiner Leipziger Antrittsvorlesung *Über die Prinzipien der Mechanik* verwendet. Vgl. *Populäre Schriften*, Nr. 17, S. 317.

5 Heinrich R. Hertz (1857–1894). Boltzmann dürfte sich hier wohl auf dessen Arbeiten zur Elastizitätstheorie beziehen.

Allgemein [später hinzugefügt:] **Naturwiss[en]schaftlich**

§1. Experimentalphysik[er] = umgekehrt [ist ein] Taschenspieler; der eine zeigt die Naturgesetze, der andere das Gegenteil mit den gleichen Mitteln.
2. Zusammenwirken von Wissenschaft und Technik wird angestrebt. Chemie, Fabr[ik], Nutzung der El[ektro]technik für die Wissenschaft: Nernst[6], Bell's Patente[7].
4. Nicht die Natur ist einfach, unsere Formeln machen wir möglichst einfach.
6. Die Ideen sammeln und ordnen sich auch, wenn man nicht denkt, sondern ruht.
7. Die X-Strahlen[8] durchleuchten den Körper nur allmählich, während die Röhre sich mit der Zeit ändert. (Jeder Schluss geht über die Erfahrung hinaus.)
8. Ein Maschinist fand die Vorschriften besser als die Theorie des Mechanismus; so fand die Phänomenologie die gleichen [Vorschriften] allein besser.
9. Ganz logisch scheint heute nichts als sich streng an die Ausdrucksform [zu] halten, die immer zu richtiger Konsequenz geführt hatte.
10. Die Differenz [ist] gleichgültig, vielleicht nur für Durchschnittswerte; Wahrscheinlichkeitsbetrachtungen wären dann die ersten Naturgesetze. Nur keine Dogmatik, alles gültig lassen.
11. Gleich wichtig ist die Kunst des Genießens und leichten Entbehrens.
12. Die neuen Entdeckungen werden immer eigenartiger (Gas, el[ektrische] Beleuchtungen, Dampf, El[ektro]motor).
13. In was alles für Zeichen steht unser Jahrhundert: Verkehr, Eisen[bahn?], Dampf, El[ektrizität], Naturwissenschaft, Empirie.
14. Es ist nicht bloß die relative Lageänderung für die Einfachheit der Beschreibung maßgebend = der Raum exist[iert].
15. Beim el[ektrischen] Licht ist nicht die Energie das, was zu bezahlen ist; man kann sagen, es entsteht nur teilweise Licht daraus[9].
16. Schön, dass die neuen Einheit[en] nach lauter Gelehrten, Ohm [und] anderen benannt worden sind.

---

6 Walter Nernst (1864–1941), Professor für Physik in Göttingen und Berlin, der in jungen Jahren an Boltzmanns Institut in Graz gearbeitet hatte. Boltzmann bezieht sich hier wohl auf die 1897 von Nernst erfundene Lampe („Nernstlampe", „Nernstbrenner").

7 Alexander Graham Bell (1847–1922) war der Erfinder des ersten praktisch verwendbaren Telefons.

8 Wilhelm C. Röntgen (1845–1923) bezeichnete so die von ihm 1895 entdeckten Strahlen; im Englischen auch heute noch X-rays genannt.

9 Verrechnet wird bekanntlich die in einer Zeitspanne in Anspruch genommene Leistung (Arbeit in kWh). Boltzmann spricht hier den Wirkungsgrad an.

17. Was im Menschen [das] Gehirn, ist in der Wissenschaft die Mathematik.
18. Die Mathematik verdankt viel der Physik. Feldmessung und Sternkunde der Äg[ypter]. Wieviel Silber in der Krone, ihre Wechselwirkung bleibt erhalten[10].
19. Mehr tut keiner als er kann; ist oft nicht viel, aber [es ist] da.
20. Nicht dogmatisch, nicht Gedu[ld] und Glaube[, sondern] die Erfahrung lehrt, dass Analogieschlüsse aus der Geschichte trügen.
21. Groß ist die Welt; das Größte [ist] der denkende (sich bezwingende) mensch[liche] Geist.
22. Schreibkreide = größter physikalisch[er] Apparat, nicht Waage, Fernrohr.
23. Das Sein ist Subjekt an sich. 1866 hätte man die Zündnadel weg definieren sollen[11]. Eine Hand fühle in heißem, andere in kaltem Wasser; so [er]hält man integrale [aber] nicht reelle Misch[ung] für unsere Vorstellung.
24. Pois[son][12] Begründer der Wärmeleitungsdef[inition]; gleich schwerfällig, aber doch exakter als [...][13]methode.
25. Wichtigkeit des Messens. Gauß: Vater des el[ektro]magnet[ischen] Messen[s].
26. Mathematik, von uns geschaffen, wuchs über uns hinaus wie Galathea[14].
27. [Die] Geschichte der Optik [ist] so reich der Hyp[othesen]. Genius Newt[on][15], Huyg[hens][16], Weber's Hammerschläge[17], Farad[ay's] Testament[18].

---

10 Die „Krone" war seit 1894 die Österreichische Währungseinheit.

11 Boltzmann bezieht sich auf die für Österreich angeblich infolge der preußischen Zündnadelgewehre verlorene Schlacht bei Königgrätz.

12 Siméon D. Poisson (1781–1840) war französischer Mathematiker und Physiker. Boltzmann bezieht sich hier auf dessen Veröffentlichung zur Wärmeleitung 1835.

13 Die Vorsilbe kann eindeutig nur als „Dachziegel-" gelesen werden, was aber in diesem Zusammenhang nicht sinnvoll erscheint (Dachziegelmethode?).

14 Es gibt zwei griechische Mythen, in deren Mittelpunkt eine Galatea steht. Einmal die Nereide Galatea, die von Polyphem umworben wird und diesen bei einigen Dichtern erhört, bei anderen wieder verschmäht, und andererseits die Kreterin Galatea, die ihre Tochter gegen die Weisung ihres Mannes (der die Tötung einer etwaigen Tochter gefordert hatte) als Jungen aufzieht und in ihrer Verzweiflung von der Göttin Leto erreicht, dass diese das heranwachsende Mädchen schließlich in einen Knaben verwandelt.

15 Newton's Emanationstheorie zur Erklärung des Lichts (Korpuskulartheorie).

16 Huyghens' Wellenlehre zur Erklärung des Lichts (Undulationstheorie).

17 Es könnte Heinrich F. Weber (1842–1913), u.a. Professor für theoretische Physik in Zürich gemeint sein. Er veröffentlichte u.a. über Lichtemission glühender fester Körper. Das Wort Hammerschläge ist eindeutig lesbar aber nur schwer erklärbar (Funkensprühen beim Hämmern auf Eisen?).

18 Das Wort Testament ist eindeutig lesbar. Faraday sprach zunächst den Gedanken aus, dass das Licht auf Störungen innerhalb des Lichtäthers zurückgehe. Dies führte zu Maxwell's elektro-magnetischer Lichttheorie (s. O. D. Chwolson (1904) Lehrbuch der Physik. Braunschweig 2. Bd, S. 179).

28. Listig [Lustig]: mathematische Physik: $\frac{d^2u}{dt^2} = a^2 \frac{d^2u}{dx^2}$, weil $(\frac{dx}{dt})^2 = a^2$; noch logischer.
29. Es sei eine Ebene; so kommt es nicht vor, dass das Höcker hat. Mathematik schafft sich ihr Objekt selbst, hat es leicht; aber Physik muss die widerspenstige Materie mit den überall reißenden Spinnweben fassen.
30. Ableitung[19] wichtig, [die aber] nichts sicherer macht als es ist; bewusst bleibt, wie viel sich ändern kann. Aber auch nicht zu skeptisch.
31. Analogien: Wirbelfaden und el[ektrischer] Strom. Gasreibung und el[ektrischer] Strom nach Helmholtz[20]. Torsion und Bewegung starrer Körper. Kelvin's Fäden und Wirbelschwärme von Bjerknes[21]. Elast[izitäts]gleich[ung] und Gleich[ung] der el[ektrischen] Bewegung, Potential. Wärme und el[ektrische] Leitung. Kraft auf [Magnet]pol [und] natürliche Geschwindigkeit, die ein Wirbelfaden bedingt[22].
32. Man findet immer begreiflich, was man oft erfährt. Direkte Wahrnehmung von oben und unten, Osten und Westen.
33. Bewegung der Gegenstände bei Kopfbewegung ohne Augengläser; roter Fleck auf Pflaster wie Reflex eines Feuers.[23]
34. Gerade ein Geist, der immer Geschwindigkeit ⊥ [= senkrecht][zur?] Bahn erzeugt, beweist, dass Energie nicht alles ist.[24]
35. Zu viele ungelesene Bücher üben einen Druck [aus], der die Arbeit beschleunigt.
36. Die Atomistik ist nicht eine schlechte Weltanschauung, sondern der Begriff von Weltanschauung ist schlecht, der Energetik heißt. Man soll sich nicht an bestimmte Weltanschauungen binden[25].

---

19 Vermutlich ist der Differentialquotient gemeint.

20 Hermann L. F. von Helmholtz (1821–1894). Boltzmann bezieht sich hier wohl auf dessen umfassende Elektrizitätstheorie.

21 Sir William Thomson, später Lord Kelvin (1824–1907) befasste sich u.a. auch mit der „Vortex Theory", Theorie der Wirbel in Strömungen (Wirbelfäden); Vilhelm Bjerknes (1862–1951) war norwegischer Physiker und Meteorologe; auch er arbeitete und publizierte u.a. im Bereich der Wirbelbildung.

22 Das Biot-Savart'sche Wirbelgesetz definiert den Zusammenhang zwischen einem Wirbelfaden und dem durch ihn erzeugten Geschwindigkeitsfeld. Nach Helmholtz's Wirbelsätzen bewirkt ein Wirbelfaden die Geschwindigkeit eines Flüssigkeitsteilchens außerhalb desselben derart, dass diese Geschwindigkeit nach Größe und Richtung (vektoriell) einer Kraft gleich ist, mit der ein elektrischer Strom auf einen Magnetpol wirkt. Siehe u.a. O. D. Chwolson (1904) Lehrbuch der Physik. Braunschweig 1. Bd, S. 662).

23 Bezieht sich Boltzmann hier auf seine extremen Sehstörungen?

24 Vermutlich bezieht sich Boltzmann auf die Coriolisbeschleunigung bzw. -kraft: Auf einen, in einem rotierenden Bezugssystem (der Erdoberfläche) sich mit der Geschwindigkeit v bewegenden Körper der Masse m wirkt eine von der Winkelgeschwindigkeit ω des Bezugsystems abhängende Beschleunigung $a_c = 2v\omega$ (die Coriolisbeschleunigung). Diese steht senkrecht auf die Ebene, die durch Drehachse des Bezugssystems und die Bahnrichtung des Körpers gebildet wird. Gaspard G. Coriolis (1792–1843) war französischer Physiker.

25 Boltzmann polemisiert hier gegen Ostwald's Energetik. Siehe Kap. 4.

37. Der Casus: Wer vom Kont[inuum] ausgeht, muss doch Volumelemente einführen, die sich wie materielle Punkte verhalten; diese leisten alles. Man geht vom geistigen Bild [aus], dass nur Grenzfälle, wenn sie von n zu sehr viel führen, übergehen, [das ist] klar. Klarer: Es sind wirklich nur sehr viele Kont[inua] vom Sinneindruck aus.
38. Die Mol[ekular]theorie, da [sie] bloß [von] heuristisch[em] Wert, wäre als [ob] ein Maschinist sagt, die innere Einrichtung der Maschine hätte bloß geistig[en] Wert.

Allgemein philosophisch

§1. Welche Lust muss der Weltgeist empfinden, der alles denkt; ist bloß ein unerlaubtes Über's-Ziel-hinaus-Schießen.
2. Keine Idee ist wahr, keine falsch. Sie vervollkomm[nen] sich à la Darw[in].
5. Der Mensch ist geboren ideal. Beethoven könnte der größte Mensch sein, nicht Watt.
6. Für einiges muss man [sich] wild mühen; für's Höchste das Leben opfern. Lilienth[al und] Columb[us waren] Märtyrer. Setztest du nicht das Leben ein, nie wird dir das Leben gewonnen sein[26].
7. Der Mensch gleicht dem Wagenpferd, das unter Last fällt, einen Augenblick starr ruht, dann wieder gleichmäßig arbeitet, wenn es aufgepeitscht worden ist.
8. Die Schönheit beruht oft auf Gewohnheit; Atroph[ie]. Petrol[eum]gefäß unter dem aus der [dem?] Brenner el[ektrisches] Licht auftritt; im Gasofen falsches Holz, Pfeiler an Bogenbrücken, Säulen wo sie nicht tragen, Ofen im Zimmer mit Zentralheizung, Vorhang wo nur Vögel hinein sehen.
10. Liebe und Mitleid zu ganz Fernstehenden, ja seine Konkurrenten und Feinde, hat erst der Mensch erfunden.
11. Auf eine gute Idee, einen Ausweg aus [einem] Fehlschluss muss man warten, wie wenn man sich auf etwas nicht erinnert.
14. Zeitsinn nicht immer Ermüdung, auch Hunger.
15. Wenn Gulden vom Reichen zum Armen kommen, wird die Summe der Quadrate des Glücks größer[27].

---

26 Frei nach dem Schlusschor (11. Aufritt) in Schillers „Wallensteins Lager". Dort heißt es: „Und setzet ihr nicht das Leben ein, nie wird euch…". In seiner Reise eines deutschen Professors ins Eldorado weist Boltzmann im Zusammenhang mit seiner Überfahrt nach Amerika ebenfalls auf Columbus hin und unterstellt diesem, „dass das Leben der Güter höchstes nicht ist". Dann: „und setzest du nicht das Leben ein, nie kann dir das Höchste gewonnen sein".

27 Dies bezieht sich auf Wilhelm Ostwalds mathematische Definition des Glücks in seiner Theorie des Glücks (*Annalen der Naturphilosophie* Jg. 6 (1905), S. 459-74), in welcher er (S. 461) Glück als die Differenz zwischen dem Quadrat der willensmäßig beanspruchten Energiemenge E und der widerwillig betätigten Energiemenge W ausdrückte: $G = (E + W)(E - W) = E^2 - W^2$. Da Boltzmann bei Ostwalds Vortrag über dieses Thema in Wien im November 1904 anwesend war, dürfte dieser Text wohl auch erst danach entstanden sein (s. auch Kap. 4 u. 5).

16. Meine Philosophie ist, dass ich möglichst alle Philosophen vermeide. Über dies kann man schon ruhig philosophieren. Gott schuf die Welt aus nichts.
17. Experimentierst du mit der Seele, so experimentierst du schon, ach, mit der Seele nicht mehr.
18. Der wahre Wohltäter der Menschheit ist die Lüge. Ihre Feindin ist die Wahrheit.
19. Fragen stellen sich unabweisbar ein, wo man weiß, dass sie sinnlos sind.
20. Raumsinn erwacht erst, wenn wir Geometrie treiben.
22. Erfahrung lässt die Seele gegenwirken, wenn sie auf den Körper wirkt.
23. Licht [ist] Bewegung im Auge, Eindruck in der Seele klar (?); Physiologie dunkel.
24. Ähnlich heißt: es sind gleiche Elemente darin.
25. Einmal gilt: rerum cognoscere causas als Ziel cur spirent[28].
26. Die Seele wirkt wie Maxwell's Dämon[29]. Ist Wirk[ung] = Gegenwirkung gewährt bei Wirken von Seele auf Leib (22).
27. Hume[30] hat die Kausalität ganz geleugnet, aber gesagt: Wille und Leibesbewegung wären verschieden, nach Menschenart sind sie eins.
28. Wenn ich nicht auf den Partner acht gebe, kann ich in Gedanken den Takt beim vierhändig Spielen [am Piano] zählen; sonst an den Fingern.
29. Dass wir empfinden ist hinzugedacht; gegeben sind uns bloß Erinnerungen; wenn wir uns erinnern, wissen wir oft nicht, ob wir es empfunden [haben]. Täuschung irrt. Uhr aufziehen, als sie nicht mehr schlug.
30. Contin[ua] können nur definiert werden als sehr viele einzelne Wesen, die dieselben oder passende Eigenschaften haben.
31. Eine vollkommene Intelligenz ist Unsinn, nur eine etwas vollkommenere.
32. Wörter lassen sich leicht machen; Zahlen von wirklichen oder gedachten Dingen oder anderen Objekten.
33. Idealismus ist Rückkehr zur ganz naiven Ansicht.
34. Idealismus heißt schon etwas anderes. Der Materialist kann Idealist sein; im Gegeteil, wer nur sich für existent hält, ist materiell gesinnt.
35. Ich predige Philosophie der Toleranz.
36. Ich kann nicht leiden, wenn etwas nicht stimmt. Wir verachten die Liederlichkeit, verehren Goethe als ersten Menschen. Alles gehörige Gräueltäter. Ein gewisser Grad Liederlichkeit ist gut, aber es ist Gefahr, dass

---

28 *rerum cognoscere causas*: die Ursachen der Erscheinungen erkennen; *cur spirent:* warum leben (atmen) sie?

29 Von J. C. Maxwell als Gedankenexperiment gedachte fiktive Kreatur, die in molekulare Abläufe ordnend eingreifen und dadurch dem Zufall entgegenwirken kann; dieses Gedankenexperiment diente z.B. der Veranschaulichung einer möglichen Verletzung des 2. Hauptsatzes der Thermodynamik. Boltzmann schreibt Dämonen.

30 David Hume (1711–1776) war englischer Philosoph und Hauptvertreter des Empirismus.

[sie] zuviel wird; gar keine wäre schlechter als zuviel. Man darf das nicht sagen, sonst würde [es] zuviel. Wir haben nicht Moral, sondern Wahrheit zum Zweck.

37. Es ist ängstlich, wenn wir an anderen sehen, dass strenge Übung der Denkgesetze durch kleine Gehirnfehler aufhört; noch schlimmer, wenn wir es an uns sehen.
38. Wegen Ungesundheit des Wassers bauten solche Römer, die Traubensaft liebten [Wein an]; das schoss über's Ziel hinaus.
41. Geometrie der Ebene = Darstellung der analytischen Beziehung eines Systems zweier Variablen.
42. Der Raum hat drei Dimensionen, weil sonst die Neuronen sich nicht entwickeln könnten.
43. Ich verachte das Experiment [ebensowenig] wie der Banquier das Kleingeld.
44. Warum ist mir's schrecklich mit Deim[os] und Phob[os][31], [mit] Venus lieblich. Die Kometen diri[32] ebenso Molltonart schwarz, traurig. Venus mit jokus[33] und cupido[34].
45. Schön sind weiche Linien am Schreibtisch, dass man nicht anstößt. Ecken schön zu finden [ist] Verirrung. Solchen Irrungen ist man nirgends mehr ausgesetzt.
46. Psychologie erfüllt ihren Zweck nicht. Althoff[35], Klein[36], Bismarck haben nicht Psychologie studiert.
47. Pedant[erie] notwendige Angewohnheit, um richtig zu handeln; Hunger notwendig, dass Magen nicht zu lange leer.
48. Schon Pythagor[as] sagt: Alles ist Zahl. Ich betrachte es [als] Bild der Welt, einen Inbegriff materieller Punkte, diese als Zahlen tarnen.

---

31 Deimos und Phobos sind in der griechischen Mythologie die Söhne des Kriegsgottes Ares; sie stehen für die Personifikation von Furcht und Schrecken. Dementsprechend sind die beiden Monde des Mars nach ihnen benannt.

32 Lat. *dirus*, unheilverkündend, schrecklich, etc. Den Kometen wurde unheilverkündende Wirkung zugeschrieben.

33 Es könnte *iocus*, lat. Scherz, gemeint sein. Nach Stowasser, Schulwörterbuch, dort unter Bezug auf Ovid auch *apta verba ioco* Liebeständelei. Dies könnte hier einen Sinn ergeben.

34 Lat. Begierde, Lust. In der griechischen Mythodologie ursprünglich nicht der mit Amor idente Gott der Begierde.

35 Friedrich Althoff (1839–1908) war der außerordentlich durchsetzungsmächtige und einflussreiche – und damit für Boltzmann in Preußen der in der Anwendung der praktischen Psychologie erfahrene – „allgewaltige Ministerialdirektor" in Sachen Wissenschaft. Boltzmann begegnete ihm zu Beginn des Jahres 1888, als er bezüglich seiner Berufung nach Berlin mit ihm verhandelte.

36 Felix Klein (1849–1925) war Mathematiker in Göttingen und neben Althoff als Wissenschaftsorganisator einflussreich. Boltzmann kannte und schätzte ihn als Organisator der Enzyklopädie der mathematischen Wissenschaften, an der Boltzmann selbst mitarbeitete. Siehe Kap. 1.

49. Was wir Willensenergie nennen, braucht nicht mehr pysikalische Energie als der Schein der [...][37].
50. Schopenhauer schreibt [einen] ganzen Abschnitt [in] Welt als Wille, I, §71 über das Nichts; auch Plato.
51. Beweis, dass unser Trieb auf Instinkt beruht: Goethe beobachtet selbst, wie sein Zorn über Wagner[38] aufhör[te], als ihn dies als Ausdruck des Schmerzes tief erregte.
52. Atomistik ist nicht nüchtern; freilich will sie nicht träumen, [sie ist] nicht erbarmungslos, nur gegen Irrtümer. Die Irrenden fühlen völlig ihre Erbarmungslosigkeit.
53. Willenskraft ist sicher vorausbestimmbar, im zweifelhaften Fall: Kapri[zierte] verwöhnte Kinder sind Eltern gegenüber willensstark, Fremden gegenüber feig.
54. Der Mensch hat unbezwingliche Bedürfnisse nach Philosophie, aber auch nach Anregung der Phantasie; leeres Wortgeklingel, Formen wo nichts dahinter.
55. Wissenschaft wie Kochbuch; enthält [nicht] Speisen, aber Regeln.
56. Verschiedene Gattungen von Nichts: Schopenhauer fand etwas, was noch nichtser[39] als gar nichts ist: Ozean von Pinselhaftigkeit, gar was Großes!
59. Falsche Ansicht a pr[iori]; Erde, Ebene, Eucl[idischer] Raum von drei Dimensionen, alles a pr[iori] muss richtig sein.
60. Drama der Philosophie = Brechreiz bei Migräne, der etwas auswürgen will, wo nichts ist. I[40] [Es ist] Aufgabe der Philosophie, die Menschheit von dieser Migräne zu heilen[41].
63. Die Theorie von Vernunft und Wille, die bei dem Nestbau unbewusst wir[kt], gibt uns kein Mitleid für Eigensinn, Unvernunft, Phobien, den Leidenschaften der Menschen.
64. Schönheit [ist eine] viel größere Macht als wir glauben. Kleidung, Wohnung, selbst was wir essen und wie wir essen. Lüge [ist der] Wohltäter der Menschheit, sie hält mich auf[recht].

---

37 Zwei Worte nicht sinnvoll lesbar. Es handelt sich hier wohl einmal mehr um eine Auseinandersetzung mit der Ostwald'schen Energetik. Ostwald nahm auch für Denkvorgänge bzw. Willensentscheidungen die Investierung psychischer Energie in Anspruch, was für Boltzmann inakzeptabel war.

38 Goethe erwähnt in *Dichtung und Wahrheit,* 15. Buch, eine ihm großen Ärger bereitende anonyme Schrift im Zusammenhang mit seinem Prometheus. Er erkannte Wagner als dessen Verfasser, der sein Vertrauen missbraucht habe. Es muss sich um den Dramatiker Heinrich L. Wagner (1747–1779) handeln, einem Jugendfreund aus Goethes Straßburger Zeit, den er später als Plagiator seiner Gretchen-Tragödie im Ur-Faust betrachtete.

39 nichtser als „Komparativ" von „nichts".

40 Hier und im folgenden betont Boltzmann offenbar die ihm sehr wichtig erscheinenden Stellen durch ein vorangestelltes, im Gegensatz zur sonstigen Schrift ziemlich großes I.

41 Diese Formulierung findet sich in abgewandelter Form in Boltzmanns Brief an den Philosophen Franz Brentano, 1905 I.4 Wien (s. Höflechner, *Leben und Briefe*, I S. 255 bzw. II S. 384).

65. Schopenhauer's Metaphysik [ist] nicht unnütz; dessen Mitleid hat zu Tristan geführt. Mitleid folgt auch aus Darw[in]; was ist Wahrheit, was Dichtung. Auch aus Darw[in] hätte Wagner[42] Begeisterung schöpf[en] können, wenn richtig dargestellt. Den Geist Naturwissenschaft kann Schopenhauer nicht brauchen.
67. Wichtig[ste] Bildung ist [die] Kunst, auf [die] Dauer der Genüsse kein Gewicht zu legen; wir meinen, das ganze Leben dauert zu kurz.
68. Alles exist[iert] nur, weil ich es denke; wenn ich das Unbewusste als exist[ent] definiere, was ich denke, wie wenn Ludwig[43] die Augen zumacht. Analyse des geheimnisvollen Exist[enz]begriffs. Was heißt, ein Mol[ekül] exist[iert] wirklich. Diese Frage kann nicht schwierig sein, ich will nicht stolpern. (Ich muss über Metaphysik schreiben.)
71. Die ewige Sehnsucht nach Metaphysik [ist] wie Tischrücken. Spiritismus ist ein liebenswürdiger Zug der Menschheit, auch Religion. Im Gesicht kündet es laut sich an, zu [et]was besserem sind wir geboren.
72. Wer im Kugelregen vordringt, muss sich gefasst machen, selbst getroffen zu werden. Er weiß nicht, ob er siegt, aber dass seine Sache siegen wird[44].
73. Das Kausalgesetz ist hyp[othetisch]. Wenn zwei Körper mit dieser Geschwindigkeit zusammenstoßen, müssen diese Deformationen eintreten. Alles ist Ursache, alles Wirkung.
76. Der philosoph[ische] Material[ismus] hat ausgespielt[45]. Man kann nicht sinnlich Wahrnehmbares aus sinnlich Wahrnehmbarem erklären. Verworn[46], Seite 103, Göttingen, 1903. Wo Naturforscher Philosophen [sind], hängen ihnen wieder diese ererbten Vorurteile an. Verworn, Seite 105, Haeckel[47].

---

42 Zweifellos ist Richard Wagner (1813–1883) gemeint.

43 An anderer Stelle (Prinzipien der Naturfilosofi 1903–1906; s. Kap. 1, Fußnote 2) schreibt Boltzmann in ähnlichem Zusammenhang: „Ludwig sagt: Wenn ich die Augen zumache, siehst du nichts [...siehst du mich nicht]". Der Kinderglaube, dass, wenn sie selbst nicht schauen, sie nicht gesehen würden. Es handelt sich um Boltzmanns ältesten Sohn Ludwig Hugo (1878–1889).

44 Dieses Bild gebrauchte Boltzmann auch in seinem Brief an den Philosophen Franz Brentano 1905 III.6 Wien (s. Höflechner, *Leben und Briefe*, II S. 390).

45 Es handelt sich um eine Paraphrase eines Zitats aus Verworn (s. die folgende Fußnote), wo es wörtlich heißt: „Der philosophische Materialismus hat seine historische Rolle ausgespielt."

46 Max R. K. Verworn (1863–1921) war deutscher Physiologe, Zoologe und Mediziner. Als Professor in Jena und Göttingen begründete er die allgemeine Physiologie auf philosophischem Weg; er gilt als Begründer der experimentellen Zellularphysiologie sowie der Weltanschauung des Psychomonismus, die besagt, dass alles Seiende seelischer Art sei. Boltzmann bezieht sich hier auf Verworn, *Naturwissenschaft und Weltanschauung* (Nachrichten von der Königl. Gesellsch. der Wissenschaften zu Göttingen 1903, S. 100–15, hier S. 103).

47 Ernst H. Ph. A. Haeckel (1834–1919) war deutscher Mediziner, Zoologe und Naturphilosoph. Verworn verweist auf Haeckel, der sich Atome mit psychischen Fähigkeiten („primitiven, unbewussten Seelen") vorstellt. Boltzmann schreibt Häckel.

77. Kurd Lasswitz's Gehirnspiegel[48]. Verworn Seite 108.
78. Die Dummheit des Verworn [und des] Ostwaldsch[en] Sta[ndpunk]tes[49], Seite 109, recht drastisch darstellen.
79. Schilderung wie Seelenwanderungslehre entstand. Verworn Seite 111. Schopenhauer's Lehre ist ein Ausfluss der Seelenwanderung.
80. Verworn schildert den Psychomonismus[50], Seite 112; er glaubt, dadurch sei alles erklärt.
81. Das Edle wirkt erst edel, wenn wir wissen, warum wir edel sind; nicht bloß im Himmel, nicht durch Imper[ativ], nicht a pr[iori], nicht wegen der Schönheit.
86. Als Beispiel, dass Taten nicht Logik beweisen: Planck's Satz, dass die Energien verdünnter Lösungen sich addieren, [die kinetischen Energien] $mv^2/2$ nicht.
87. Es ist kein Vorwurf zu sagen, die ganze Induktion beruht auf einem Zirkelschluss; das kann nicht anders sein. [„]Dieser Magnet bewegt sich, weil er sich bewegt["] ist ein Zirkel[schluss], aber nicht [„]Welt ist, weil sie ist nicht["].
88. Große stolpern über's eig[ene] Gewand. Die jetzige Welt muss von der vorigen verschieden sein, weil sie anders ist. [Sie] könnte [zur vorigen Welt] in keiner Beziehung stehen, wenn sie total anders wäre; was heißt teilweise anders.
89. Epikur führt den Satz vom Widerspruch ad abs[urdum], indem er zeigt, dass es dann keine Fledermäuse geben könnte[51].
90. Kriterium der Richtigkeit des Gedächtnisses ist das Maß der in der Schublade des richtigen Denkens, das Ruhen der Traumwelt.
91. Den Römern war das Einmaleins praktisch, weil sie es in Raststunden zur Erholung lernten.

48 Kurd C. Th. V. Lasswitz (1848–1910), Gymnasiallehrer in Ratibor war Philosoph, u.a. Autor einer Geschichte der Atomistik und ein Klassiker des technisch-utopischen Romans. Der Gehirnspiegel sollte wie ein Röntgenbild die Wahrnehmung der geistigen Vorgänge ermöglichen.

49 Verworn schließt sich hier der Ostwald'schen Annahme einer „psychischen Energie" an. Diese aus der Natur unbekannte Energieform werde bei psychischen Vorgängen in eine andere Energieform, z.B. in Wärme, umgeformt. Dies bezeichnet Boltzmann als Dummheit.

50 Verworn bestreitet hier den Dualismus von Leib und Seele; dieser sei eine Täuschung.

51 Von Zenon von Elea (um 490–430 v. Chr.) stammt u.a. das Paradoxon vom Wettlauf des Achilles mit der Schildkröte und der Satz vom Widerspruch, der in der klassischen Philosophie als Prinzip der Logik und Erkenntnistheorie gilt (eine Aussage kann nicht gleichzeitig wahr und falsch sein). Die Philosophie des Epikur (341–271 v. Chr.) gründet sich u.a. auf Schlüsse, Beweise, Erkenntnisse und Sinneswahrnehmungen; sicher stand er in manchem im Gegensatz zu Zenon. Es wurden etwa 25 Bücher über Logik, griechische Philosophie, u.a. auch speziell über Epikur durchgesehen. Es konnte (leider) kein Hinweis auf dessen Widerlegung des Satzes vom Widerspruch und einen von Boltzmann angesprochenen „Fledermausbeweis" gefunden werden.

Solipsismus[52]

Ich kann nicht durch unmittelbare Wahrnehmung wissen, was exist[ent] ist. Ich wüsste auch was rot ist, wenn alles rot wäre. Ich weiß bloß, was es heißt, die eigenen Vorstellungen entsprech[enden] Dinge exist[ieren]. Die anderen entsprech[enden] exist[ieren] nicht. Es hat einen Sinn zu fragen, ob das diesen oder jenen Vorstellungen entsprech[ende] Ding exist[iert]. Daraus schließt man mit Unrecht, dass es auch einen Sinn hat zu fragen, ob überhaupt bloß die Vorstellungen exist[ieren] und alle ihnen entsprech[enden] Dinge nicht exist[ieren]. Die Vorstellungen können wieder als die anderen Vorstellungen entsprech[enden] Dinge aufgefasst werden. Wenn ich sage, bloß für diejenigen Vorstellungen exist[ieren] die entsprech[enden] Dinge, für welche diese entsprech[enden] Dinge wieder Vorstellungen sind, so ist das ein unzweckmäßiger Ausdruck. Sonst kann man mit dem Worte Existenz gar keinen Begriff verbinden. Sind uns fremde Vorstellungen nicht doch fremder als die eigenen. Was hat es für Sinn zu behaupten, die fremden Vorstellungen exist[ieren] nicht, nur die eigenen? Was hat die Behauptung für Sinn, dass meine eigenen Vorstellungen exist[ieren]?

Ich selbst exist[iere] auch nur in meiner Vorstellung, die anderen auch nur; sie exist[ieren] also ebenso gut wie ich. Mir kam es einmal unwahrscheinlich, ja unmöglich vor, dass überhaupt etwas exist[iert]. Das ist nur ein Zeichen unberechtigter Verallgemeinerungen. Haben die Worte „eine von meinem Gedanken völlig unabhängige Existenz" einen Sinn? Ist die Annahme, dass andere Psychen exist[ieren] eine Annahme, die eine große Wahrscheinlichkeit hat oder empfiehlt sie sich bloß, weil sie das Denken erleichtert. Kann von Wahrscheinlichkeit die Rede sein, wo es keine gleichmöglichen Fälle gibt?

Bei der Frage, ob ich mir bewusst bin, ob andere sich bewusst sind, ob die Bank sich bewusst ist, kann ich mir gar nichts denken. Es heißt, dass wir Maschinen sind, die etwas lebhaft anwenden und reden können; solche Maschinen werden immer sagen: Sie sind sich bewusst. Würde die Welt auch exist[ieren], wenn kein Bewusstsein exist[iert], das sie wahrnimmt?

Dass meine Vorstellungen gesetzmäßig sind, dass ich regelmäßig wahrnehme, ist ebenso wahrscheinlich als dass ihnen Dinge zugrunde liegen und deren Gesetze gleichmäßig sind. Natürlich gibt es Vorstellungen, die sich mit Zwängen aufdrängen und nur wenige hängen von meiner Willkür ab. Wenn ich behaupte, weil Gedichte exist[ieren], die ich nicht gemacht habe und nicht gemacht haben zu können weiß, weil ich andere machen kann, so müssen die Menschen exist[iert] haben, die sie dichteten. So ist das gerade so, als ob ich sagte, weil ich einiges malen kann, muss ein Gott die Welt gemalt haben. Weil ich Tonfiguren machen kann, muss Gott den

52 Die Lehre des Solipsismus besagt u.a., dass die Gesamtheit der wahrgenommenen Außenwelt bloße Vorstellung sei.

Adam aus Lehm gemacht haben. War die Welt vor mir, überdauert sie mich. Einem ist es schauerlich, zu späteren Zeiten nicht mehr zu exist[ieren], dem anderen kurios; das erklärt sich alles aus der Denkmaschine. Ich weiß was es heißt, einige Worte entsprech[en] Empfindungen, die exist[iert] haben, andere nicht. Ferner, Träume werden nicht von exist[ierenden] Gegenständen erzeugt. Was es aber heißt, ob überall alle Gegenstände nicht exist[ieren], weiß ich nicht. Ich weiß: Die Vorstellungen, die [meinen Empfindungen nach] nicht exist[ieren] und [jene,] die meinen Empfindungen entsprech[en], unterscheiden sich vollständig von denen, die exist[ierenden] Empfindungen anderer entsprech[en] und nicht exist[ierenden] Empfindungen anderer. Das Leben ist Scherz, ist Spiel, ist rätselhaft, sind lauter unberechtigte Verallgemeinerungen.

Allgemein Nichtwissensch[aftliches]

26. Ein großer Gedanke: An der Spitze von 100.000 Kameraden würde [man] Millionen vernünftige Taten für die Nachwelt vollbringen. Nur eines größer: Heil Pytagoras! Sein Satz [ist] wichtiger als alle Griechen. Was machte Miltiades[53] so groß, dass er für das Griechentum kämpfte.
36. Lockyer's[54] Rede: Chemie hat Deutschland mehr eingetragen als alle Universitäten konnten.
38. Die ägypt[ischen] Könige haben wirklich nicht ihren Leib, aber ihr Ka-Denken unsterblich gemacht.
40. Das wird wenig Erfolg haben, denn es ist vernünftig.
42. Wenn Schopenhauer sagt, die Solips[isten] kann man nicht widerlegen, sie gehören ins Narrenhaus, beweist er, dass seine Methode zu schließen nicht richtig ist, weil als richtige Methode definiert wird, die alles Dumme widerlegen kann.

Wissenschaftliche Pointen (verwenden für Vorträge)

2. Diffic[ile] est, sich nicht zu begeistern[55].
4. Die Atome haben den Charakter der Fabrikswaren; alle auf's Haar gleich, wie gegossener Schrot.

---

53 Griechischer Staatsmann, der u.a. 490 v. Chr. entscheidend zum Sieg bei Marathon über die Perser beitrug.

54 Sir Joseph N. Lockyer (1836–1920) war englischer Astronom und Pionier der Astrophysik, Gründer und Herausgeber der Zeitschrift „Nature". Er war 1903 zum Präsidenten der British Association for the Advancement of Science gewählt worden und hatte aus diesem Anlass eine bedeutende Rede *The Influence of Brain Power on History* gehalten. Die erwähnte Aussage gibt eine damals allgemein verbreitete und auch heute nicht als unrichtig zu bewertende Auffassung wieder.

55 In Anlehnung an den berühmten Satz *Difficile est satiram non scribere*, es ist schwer, keine Satire zu schreiben, des Decimus Iunius Iuvenalis (Juvenal, 50…70–127 oder später).

8. Eripuit coelo fulmen[56]; nicht ganz, wer uns scelus[57] hinwegschafft [ist] größer als Franklin[58].
9. Weber erinnert sich an Ørsted's Entdeckung[59].
10. Ελεκ[τ]ρα[60] = [die] Bernstein Bewohnende, nicht die alles elektrisiert.
11. Das Licht ist das dunkelste[61].
12. Röntgen verdankte seine Entdeckung der Unordentlichkeit[62].
13. Αχλυν δ' αυ τοι απ' οφθαλγων ελον η πριν επηεν [63]
14. Stets nach Amerika möchte ich, dorthin wo hundert Sonnen beisammen sind[64].
16. Schreber[65], Dinglers J[ournal] 22. Oct. 1904, Einheit des Gewichts in Masse.
17. Klar wie deutsche Metaphysik. I Philosophien, die der Religion widersprechen [sind] notwendig und wahr oder doch nicht brauchbar.
19. Durch bloße Definition kann man bewirken, dass die Philosophie ihren Zweck außerordentlich gut erreicht. Sie hat selbst wieder zu zeigen, dass es unmöglich ist, den Turm aufzusetzen, solange am Fund[ament] gebaut wird.

---

56 Ein Blitz entriss sich dem Himmel.

57 Frevel, Untat, Verbrechen.

58 Benjamin Franklin (1706–1790), u.a. auch Erfinder des Blitzableiters.

59 Wilhelm E. Weber (1804–1891) war deutscher Physiker. Hans Ch. Ørsted (1777–1851) war dänischer Physiker. Boltzmann schreibt Oerstedt. Gemeint ist hier wohl, dass Ørsted den Zusammenhang zwischen Magnetismus und Elektrizität entdeckte und Weber sich u.a. damit ebenfalls befasste. Boltzmann hat verschiedentlich Ørsted's Entdeckung beschrieben.

60 Elektra.

61 Vermutlich meint Boltzmann, dass die Erklärung des Lichts im Dunkeln liege, was damals noch der Fall war.

62 Dazu siehe Albrecht Fölsing (1955) *Wilhelm Conrad Röntgen, Aufbruch ins Innere der Materie.* Carl Hanser Verlag, München Wien.

63 Und auch das Dunkel nahm ich dir von den Augen, das vorher darauf lag. Homer, Ilias, Buch 5, Vers 127.

64 Boltzmann, der häufig Schiller zitiert, könnte sich hier daran erinnern, dass Schiller die Begriffe „hundert Sonnen" oder auch „tausend Sonnen" öfters verwendet. So z.B. in Wallensteins Tod, 4. Aufzug, 12. Auftritt, Thekla: „Du standest an dem Eingang in die Welt,... Sie war von tausend Sonnen aufgehellt, ...". Boltzmnann war zu dem vermutlichen Zeitpunkt, als er dies schrieb, längst in den USA gewesen (1899, 1904, 1905)

65 Karl Schreber (1865– ?) war Professor für Physik in Greifswald und Aachen. In der hier angesprochenen Publikation in Dinglers Polytechnischem Journal, Berlin, unterscheidet er damals schon streng zwischen Kraft, Gewicht und Masse. Er wendet sich gegen das physikalische Maßsystem mit Masse als Fundamentalbegriff (Basiseinheit) und definiert eine eigene ortsunabhängige Einheit der Kraft auf Basis der Gravitation. Dieser Krafteinheit gibt er nach Isaak Newton die Bezeichnung Is. Im heutigen Maßsystem mit der kg-Masse als eine der Basiseinheiten ist die Einheit der Kraft 1 Newton; $1\ N = 1\ kg\ m\ s^{-2}$.

20. Nach Thomas von Aquin[66] existiert vor der Weltschöpfung die univers[itas] a[nte] r[em] im Geiste Gottes.
21. Dopplers Prinzip eruiert durch die Intervalle beim Pfiff [den] Weg, wenn man schnell reist.

Für populäre Vorträge

2. Großer Vortrag über Atomismus. Br[own'sche] Bewegung der kollo[i]d[alen] Teilchen nach Zsigmondy[67]. Clarke[68]. Daltons Atomtheorie[69], Manch[ester] 1903, vol. 47, IV, Wilde lect.[70] Maxwell: On Atoms in der Encyc[lopädie]. Die Atome gehen ineinander über, an gewissen Stellen.

Vortragsthemen

1. Was wird in der Gibbs Planck'schen Dissociationstheorie vorausgesetzt; warum wird doch versteckt Atomistik angenommen. Was setzt Ostwald bei der Rede gegen die Äq.[?] voraus (darüber Nasini [in] mem. lincei 1905[71]; in Besitz).
2. Ursache und Wirkung nach Philipp Frank[72].
3. Was ist Wahrheit; Pilatus; Sais[73]; Wer bin ich.

---

66 Der Dominikaner und Kirchenlehrer Thomas von Aquin (um 1225–1274) war in der Universalienfrage gemäßigter Realist im Aristoteles'schen Sinn: das Universale existiert als Gedanken Gottes vor der Erschaffung der Welt.

67 Richard A. Zsigmondy (1865–1929) war österreichischer Chemiker und Nobelpreisträger. Er erfand u.a. das sog. Ultramikroskop und untersuchte die Eigenschaften kolloidaler Lösungen. Boltzmann schreibt langschriftlich Zsigmandi.

68 Frank W. Clarke (1847–1931) war Professor für Chemie und Physik in Cincinatti, Professor für Mineralchemie in Washington D.C., dann Chefchemiker des US Geological Survey in Washington D.C. Er veröffentlichte 1903 in Litt. Phil. Soc. Mem., Manchester, vol. 47 eine 30-seitige Arbeit zur Atomtheorie.

69 John Dalton (1766–1844) war englischer Chemiker und Physiker. Boltzmann bezieht sich hier wahrscheinlich auf die Dalton'sche chemische Atomtheorie zur Unterscheidung der chemischen Elemente nach ihren Atomgewichten.

70 Henry Wilde (1833–1919) war Präsident der Manchester Litt. Phil. Society und hat u.a. über Atomgewichte publiziert. Boltzmann schreibt Wild.

71 Raffaello Nasini (1854–1931) war Professor für Chemie in Pisa und Padua. Die hier zitierte Publikation in Mem. Lincei, Roma, 1905 konnte bei Poggendorff nicht nachgewiesen werden.

72 Boltzmann bezieht sich hier auf seinen Schüler und nachmals sehr bedeutenden Physiker und Wissenschaftstheoretiker Phillip Frank (1884–1966), den Freund, Diskussionspartner und Nachfolger Albert Einsteins in Prag. Ihm galt Einsteins Satz „Gott würfelt nicht". Frank lehrte nach seiner Emigration an der Harvard University; er hat sich eingehend mit dem Problem der Kausalität auseinandergesetzt. Boltzmann schreibt langschriftlich Filip Frank.

73 Stadt im Nildelta, Zentrum des ägyptischen Priestertums. Vgl. Schillers Gedicht *Das verschleierte Bild zu Sais*. Die Enthüllung des Bildes in dem die Wahrheit dargestellt ist, hat für den Neugierigen schlimme Folgen.

5. Entropieprinzip und Theorie der Liebe aus der Wahrscheinlichkeitsrechnung[74]. Nicht ars quam nam spiritus[75].

Gespräche mit Brentano[76]

1. Ob drei oder trois ist doch derselbe Begriff (daher dieselbe Anweisung zu handeln). Die Äquivoka[77] teilen sich ein in je[weils] zufällige Größen.
2. Durch […] [78] der Mensch ist gesund, die Gesichtsfarbe, die Speise. Die Speise ist gesünder als der Mensch καϑ' εν και μιαν φνσιν[79] per attributum[80].
3. Per analogiam[81]. Helle Farbe, helle Töne.
4. Das Wort Mensch, der Laut Mensch, der Begriff Mensch, die Gattung Mensch. Lösung des ψενδοζ[82]. Wenn ich sage: Alles auf diesem Zettel ist falsch, [dann] sage ich zugleich aus, dass dies ein Zettel ist [und] dass darauf etwas steht. Das ist alles wahr, daher nicht alles falsch. Wenn ich behaupte: Jeder Satz enthält etwas falsches, so muss ich ihn so zerlegen: Es [Er] enthält nichts falsches, da jeder Satz etwas falsches enthält. Wenn das etwas falsches enthält, so ist unwahr, dass es nichts falsches enthält. Ich könnte den Satz auch so zerlegen: Die Behauptung ist wahr, dass alles auf dies[em] Zettel falsch ist; wenn das falsch ist, so ist der erste Teil der Behauptung in der Tat falsch. Man muss erst umstilisieren; *es soll doch von jeder Stilisierung gelten* „dies[er] Baum" ist doch keine wahre Behauptung. „Der Kreis ist eckig["] besteht doch nicht aus zwei falschen Urteilen, [sondern] einem wahr[en] und einem falschen Urteil; es ist wahr, dass es falsch ist, dass der Kreis [eckig ist]. Es ist wahr, dass alle Sätze falsch sind, ist nicht dasselbe, sondern ein neues Urteil, welches ein anderes Subjekt hat. Ich würde nicht behaupten: Das Urteil [„]der Kreis ist nicht

---

74 Boltzmann hielt am 28. Oktober 1905 in der Jahreshauptversammlung der Philosophischen Gesellschaft zu Wien einen Vortrag mit dem Titel Erklärung des Entropiesatzes und der Liebe aus den Prinzipien der Wahrscheinlichkeitsrechnung. Siehe Kap. 8. Diese Notiz dient ebenfalls zur angenäherten Datierung des Notizbuchs

75 Kunst wie denn geist[voll ?].

76 Boltzmann notiert hier offensichtlich u.a. Inhalte von Franz Brentano's Philosophie über Raum, Zeit, Kontinuum. Es handelt sich sehr wahrscheinlich um eine Aufzeichnung nach Boltzmanns mehrwöchigem Besuch bei Franz Brentano in Florenz im April 1905. Er sollte möglicherweise für weitere Vorlesungen über Naturphilosphie dienen. Der Text wurde deshalb bereits veröffentlicht im Anhang zu Fasol-Boltzmann, *Naturfilosofi*. Er wurde dort allerdings vom Verlag an einigen Stellen verändert. Zu Boltzmanns Besuch bei Brentano siehe auch bei Höflechner, *Leben und Briefe*, I S.250–I 254.

77 Gleichlaut, Gleichbedeutung. In Franz Brentano *Die Abkehr vom Nichtrealen* (siehe weiter unten) z.B. die Äquivokation des „ist" als „es gibt", „es besteht", „es existiert".

78 Ein Wort nicht sinnvoll lesbar.

79 Gemäß dem Einen und der einzigen Natur.

80 nach Zugeordnetem.

81 Nach Analogie bzw. nach analogem.

82 Lüge. ψενδ.

eckig["] besteht aus einem affirm[ativen] und einem negierenden Urteil. Man kommt vielleicht nicht zu einem materiellen, aber zu einem formalen Widerspruch.

Wenn ich behaupte: Alle Urteile sind falsch, [dann] behaupte ich nicht, alle nach der Logik inhaltlich gleichen Urteile sind falsch, sondern vielmehr die Logik ist formal unrichtig, bedürfe einer Ergänzung. Ich will sie gerade ad absurd[um] führen. Dass man nach ihrem Gesetz wieder richtig daraus finden kann, aber nicht immer finden muss, rettet sie nicht. Wenn man zeigen will, dass man nicht beiderseits durch Null dividieren dürfe, dürfe man auch das gleiche nach algebraisch[en] Regeln wieder richtig machen.

Brentano sagt: Es ist ganz natürlich mit dem Roten auch gegeben, dass eine rote Fläche kontin[uierlich] ist; da ein Punkt nicht rot sein kann daher auch eine endliche Zahl von Punkten.

Teleiose[83] = Diff[erenz der] Höhe = Gefälle = Gradient.

Plerose[84] = welcher Teil des Ufers eine Qualität hat.

[85]

Teleiose von A: ¼ schwarz ¾ weiß.

Raum und Zeit haben selbst die Teleiose Eins, weil sie wechseln muss. Beweis, dass man definieren kann, wie viele cm = 1 sec sind. I Zwischen 0 und 1 m sind alle Mischfarben von rot bis blau, zwischen 0 und 1 [einer] Stunde auch. Es sind in Raum und Zeit alle Teleiosen möglich; daher müssen an einer Stelle des Raumes die Teleiosen Eins vorhanden sein und auch an einer Stelle der Zeit. Dort ist df/ds [= 1], hier df/dt = 1. Man kann also definieren wo und wann ds/dt = 1.

Man nimmt nicht bloß das momentan Gegenwärtige, sondern auch das ein wenig Vergangene wahr und man nimmt dann auch den Grad der Vergangenheit direkt wahr. Was Qualität verschieden ist von der willkürlichen und erzwungenen Erinnerung an Vergangenes. Man könnte messen, wie

---

83 Der Begriff Teleiose wird von Brentano in seiner Lehre vom Kontinuum eingeführt und als Dehnungsmaß eines sekundär Kontinuierlichen definiert. Teleiose ist ein Variationsgrad, von Brentano auch als „Geschwindigkeit" angegeben. Boltzmann erklärt dies hier treffend als Gradient. Raum und Zeit sind primäre Kontinuen, sie haben eine konstante zeitliche Variation, sekundäre Kontinuen (z.B. Farben) haben keine konstante Variation.

84 Als Plerose bezeichnet Brentano die Vielseitigkeit der Grenze eines Punktes, der einem räumlichen oder zeitlichen Kontinuum angehört. Der Punkt kann Grenze nach einer oder mehreren Richtungen sein. Ein Punkt im Inneren einer Kugel kann Ausgangspunkt nach allen möglichen Richtungen sein: Er hat volle Plerose. Der Anfangs- oder Endpunkt eines zeitlichen Kontinuums hat die Plerose ½; ein Punkt innerhalb des zeitlichen Kontinuums hat volle Plerose.

85 Handskizze Boltzmanns.

distant zwei Töne erscheinen müssen, um als Triller wahrnehmbar zu werden. Man könnte bestimmen, in welcher Distanz zwei kleine Striche gleichzeitig als verschieden wahrnehmbar werden und wie schnell [sich] ein Strich bewegen muss, um als bewegt wahrnehmbar zu werden = Proterästesie[86].

Gegen Darwin

1. Wenn etwas sehr vollkommen ist, ist die Wahrscheinlichkeit, dass es noch vollkommener wird sehr gering gegen die, dass jede Änderung es verdirbt; dass selbst wenn Vollkommeneres mehr Existenzchancen hat, doch unendlich unwahrscheinlich ist, dass es besser wird. Gemälde [ein Portrait], das immer 100 fremde Maler kopierten, ohne die Person zu kennen, wird endlich ganz unähnlich werden, selbst wenn man jedesmal aus den 100 das ähnlichste auswählt; weil die Wahrscheinlichkeit, dass eine Stelle ähnlicher ist kleiner als 1/100 ist.
2. Die Hunde [und] Katzen mischen sich; es entsteht eine Mischrasse, keine Auslese; deshalb nimmt man die Migrationstheorie an. Die Zeitdauer der Erde ist zu kurz für soviel Auslese im Vergleich zu den geringen Änderungen durch die Züchtung, die wir wohl reiner machen können. Antwort: Die Natur hat es ganz anders gemacht; sie hat gewusst, dass man so nicht zum Ziel kommt; sie macht bei den niederen Wesen aus jedem Paare viele tausend, zwischen denen allen Auslese stattfindet. Dazu kommt die geschlechtliche Fortpflanzung, wodurch die guten Variationen bevorzugt werden. Bei den höheren Tieren die Liebe. Brentano gibt hier die mechanische Erklärung der Liebe. Es muss sich eine Tendenz zur Variation gerade dort entwickeln, wo eine Vervollkommnung möglich ist. Bleibt beim Menschen bei dem Gehirn bald mehr bald weniger Fasern.

Ursache und Wirkung

Schopenhauer sagt: Wir nehmen an uns direkt wahr, dass etwas bewirkt wird. 1. Der Schluss folgt direkt aus den Prämissen; er wird durch sie erzwungen. 2. Ich weiß, dass das der Willensentschluss bewirkt hat. Ich werde mir direkt bewusst. Es ist mir direkt gegeben, dass mein Wille von [durch] etwas bewirkt wird.

---

86 Als Proterästesie bezeichnet Brentano die Erscheinung, dass jede zunächst erweckte Empfindung eine andere Empfindung zur Folge hat. Diese ausgelöste Empfindung, nun gegenwärtig, zeigt die zunächst erweckte, auslösende, Empfindung als bereits vergangen. Definitionen und Diskussionen von Brentano's Begriffen Teleiose, Plerose und Proterästesie finden sich u.a. in F. Mayer-Hillebrand (Ed.)(1966) *Franz Brentano: Die Abkehr vom Nichtrealen, Abhandlungen aus dem Nachlass*. Franck Verlag, Bern.

Bei objektiv[en] Betrachtungen sind von vornherein zwei Möglichkeiten: 1. Sie folgen zufällig aufeinander. 2. Die eine [Möglichkeit] bewirkt die andere; bevor ich Erfahrung habe ist beides gleich wahrscheinlich. Meine fortwährenden Erfahrungen machen es unendlich unwahrscheinlich, dass alle beobachtete *Regelmäßigkeit* zufällig ist und unendlich wahrscheinlich, dass Wirkliches wirklich stattfindet.

Einheit des Selbstbewusstseins. Ich nehme direkt wahr; es ist mir gegeben, dass mein Selbstbewusstsein, dass jede Wahrnehmung (wie: ich sehe rot; ich bin mir bewusst, jemand überzeugen zu wollen) nicht wie Wärme, Schall, Licht ein sprachlicher Ausdruck für eine gewisse Art des Zusammenwirkens vieler, sondern etwas besonderes ist.

Postwesen in einem Staat könne nur dann als etwas einheitliches gedacht werden, wenn ein einzelnes Wesen es wahrnimmt und in seinem Geiste zusammenfasst. Oder ich bin mir direkt bewusst, es ist mir direkt gegeben, dass mein Wille einheitlicher ist als die Postversendung eines Landes.

Phänomenale[87] Räume. Wir nehmen 1. Qualität des Rot. 2. Noch die Stelle desselben im phän[omenalen] Raum. Art [von] Hose und Kappe als verschiedene Apperz[eptionen][88]. Der [...][89] [ist] eine Perz[eption][90], wenn so weit [entfernt], dass wir sie gerade nicht mehr sehen. Hyp[othese:] bei dunklem Rot perz[ipieren] wir in vielen Stellen des phän[omenalen] Raumes rot, an anderen nichts (schwarz). Sie sind so klein, dass ich sie nicht app[erzipiere]. Töne, die man mit beiden Ohren gleich hört, sind immer an sehr vielen, im Gehörraum gleichmäßig verteilten Stellen vorhanden und um so stärker, denn je mehr Töne, die man mit einem Ohr hört, an einigen Stellen mehr aber auch noch an allen, wenn auch verschieden stark.

Meine Zeittheori[e]

1. Die Anzahl der Zeitpunkte kann so groß gemacht werden, dass die Wahrscheinlichkeit groß wird, dass ein sehr unwahrscheinlicher Zustand der ganzen Welt vorkommt. 2. Das Naturgesetz muss so ausgesprochen werden, dass jeder Zustand durch zwei vorher gehende [Zustände] bestimmt ist. 3. Dies[es] Kraftgesetz muss zeitlich verschieden sein, je nachdem man in einem oder anderem Sinne in der Zeit fortschreitet.

Warum müssen der phän[omenale] Raum u[nd] d[ie] ph[änomenale] Zeit kont[inuierlich] sein? Wenn zwei ph[änomenale Räume] räumlich verschiedene Qual[itäten] haben, ebenso zeitlich, können sie nicht verschwim-

---

87 Phänomenal: Zur Welt der Erscheinungen gehörend. Brentano vertrat den Phänomenalismus der besagt, dass nicht die Dinge an sich, sondern nur ihre Erscheinungen erkennbar sind. Boltzmann schreibt immer fänomenale bzw. abgekürzt fän.

88 Apperzeption ist nach Leibnitz die bewusste Aufnahme eines Wahrnehmungs- oder Denkinhalts.

89 Zwei Worte nicht sinnvoll lesbar.

90 Perzeption ist im Gegensatz zur Apperzeption die unbewusste Aufnahme.

men; dagegen verschwimmen zwei verschiedene Farbenqual[itäten], wenn die eine sehr viel kleine Felder, die andere lauter dazwischen zerstreute zu gleicher Zeit einnimmt. Darum muss die räumliche und zeitliche Qual[ität] kont[inuierliche] Übergänge haben = prim[äre] Teleiose. In ihr kann erst die sek[undäre] Teleiose[91] zur Anschauung kommen.

Man wird mir einwerfen: Wenn das vergangene Ich ein ganz anderes war, steht es mit mir in keiner Beziehung, kann auf mich nicht wirken. Ich kann ewig nichts dazu erfahren. Es existiert gar nicht. Ich behaupte, es soll nur ein gutes Zeichen sein; die wirkliche Existenz möge eine andere sein. Kopern[ikus] behauptete, die wirkliche Erde möge stille stehen. Mein System dient nur zur leichteren Berechnung. Er glaubte es nicht aber behauptete es, damit man ihm gewisse Einwände nicht machte, die teilweise aus dogmatischen Vorurteilen, teilweise aber aus über's Ziel hinaus schießenden Denkgewohnheiten stammten, die wir uns jetzt abgewöhnt haben.

Der Darwinismus erklärt nach Schopenhauer auch nichts; würde ebenso erklären, dass alle Pflanzen gehfähig sind, weil sie dann besser gedeihen. Da gar keine gehfähig ist (wie?), der Deismus[92] erklärt alles besser.

Ich sage, der Darwinismus erklärt nicht alles, aber viel; dass die Raupen, Rehe zweckmäßige Einrichtungen sind; und auch die Funde erklärt er eben.

Er zeigt wenigstens die Möglichkeit, dass alles sich aus den Atombewegungen vorausberechnen lässt. Aus Gott aber geht es prinzipiell nicht. Ich müsste sagen: Der Wille ist wieder eindeutig durch etwas bestimmt, [denn] dann wäre es kein Wille.

Brentano meint, die A-Wesen und B-Wesen müssten Qualitäten haben, sonst würden sie sich nicht unterscheiden. Nur ein Wesen scheint die Qualität zu erforschen, müsste auch eine Wissenschaft sein. Gerade ihnen, ich meine uns, sind Lust und Schmerz analog. Vergangenh[eit] und Zukunft sind zwei besondere Qualitäten des Daseins. Ich nehme einen eben vergangenen Ton anders als einen gegenwärtigen wahr; darauf beruht die Zeit.

Ich wünsche genau nur in der Zukunft.

2 + 2 = 4 nicht gleich 5 sind Notwendigkeiten, weil immer die Wirkung auf die Ursache folgt. Ist unendlich wahrscheinlich, dass da auch eine notwendige Zeit ist. I Vielleicht besser: Dass a + b = b + a ist, ist eine Notwendigkeit. Schopenhauer behauptet: Schwarz ist eine positive Empfindung, keine negative. Prim[är] objektiv, dass ich mich des Rot bewusst werde; sek[undär], dass ich mich des Sehens bewusst werde. Die Empfindung, die ich gerade habe, ist wirklich = Qualität verschieden von denen, die ich erschließe; aber

---

91 Könnten primäre und sekundäre Teleiosen sich auf primäre und sekundäre Kontinuen beziehen?

92 Der Deismus als Anschauung der Aufklärung entstand in England durch Ch. Blount (1639–1693), der sich „Deist" nannte. Die Lehre besagt u.a., dass Gott nach der Schöpfung keinen Einfluss mehr auf die Welt nehme. (Beten hätte dann keinen Sinn.) Eine sehr eingehende Darstellung verschiedener Strömungen des Deismus findet sich in Encyclopedia Britannica.

alle anderen Empfindungen erschließe ich auch nach dem Schubladenprinzip.

Mill's possibility[93] muss angenommen werden, sonst ist es nicht möglich, Gesetze zu dem was wirklich existiert, zu formulieren. Man könnte sich meine zeitlich verschiedenen Weltfragen im Grunde genommen auch im Raum nebeneinander denken, wenn kein Punkt, der eine Ent[fernung] von einem Punkt der anderen hätte. Schopenhauer sagt: Die Wirklichkeit hat Qualitäten. Ich kann sie nicht durch bloß A und B darstellen, diese müssen dieselben Qualitäten haben. Das zeitliche, das charakteristisch räumliche, gerade das leugne ich; die Qualitäten sind bloße Einbildungen.

Prinz[ip] der Individualität: Hier sieht etwas blau [aus], dort auch; hier rot, dort in der selben Weise. Wenn alle Empfindungen gleich wären, wäre doch der eine Komplex vom anderen [nicht] verschieden. Es muss noch ein x dabei sein; die Individualität, die Persönlichkeit, das Ich und Du, welches sie [unter]scheid[et]; dass dies die Empfindungen des einen, die die eines anderen sind; diese Unterscheidung könnte das Gehirn sein. Würde ich aber finden, das Gehirn reicht nicht aus, so müsste ich eine Seele denken. Was die Persönlichkeiten unterscheidet kann ich nicht wahrnehmen, da ich die anderen nur durch Analogie denke, nicht mich hineinversetzen kann. Könnte ich das, so sähe ich genau den Unterschied. Die Persönlichkeiten unterscheiden die Empfindungskomplexe gerade so, wie die Örtlichkeit zwei sonst gleiche Dinge verschieden macht.

Wenn ich rot wahrnehme und blau wahrnehme und höre, muss das was rot, was blau aussieht, was [ich] höre und was [ich] vergleiche dasselbe sein; es könnte sonst nicht vergleich[bar sein]. Der Vergleich müsste gar nicht abhängen von der roten und blauen Wahrnehm[ung], die ja gar keine Beziehung hätte zum Vergleichenden. Daher muss das Wahrnehmende eine Einheit sein, die aus Teilen besteht. Beim kollektiven Begriff wird nicht bei Änderung jedes Teils das ganze affic[iert]. [Mit anderer Tinte wahrscheinlich später ergänzt:] Empedokles' Fledermausbeweis[94].

---

93 Ist hier der englische Philosoph und Nationalökonom John Stuart Mill (1806–1873) gemeint?

94 Siehe auch Fußnote 52. Es könnte sein, dass Boltzmann an dieser Stelle irrt und Epikur meint, zumal von Wahrnehmungen gesprochen wird. Auch im Zusammenhang mit Empedokles konnte ein „Fledermausbeweis" nicht nachgewiesen werden.

8 Der verschollene Vortrag: Erklärung des Entropiesatzes und der Liebe aus den Prinzipien der Wahrscheinlichkeitsrechnung

Am 28. Oktober 1905 hielt Ludwig Boltzmann diesen Vortrag auf der Jahreshauptversammlung der Philosophischen Gesellschaft zu Wien. Der Vortrag wurde nicht veröffentlicht, ist jedoch als Manuskript in der Handschrift eines Unbekannten im Familienbesitz erhalten geblieben. Der zu dieser Zeit bereits schwer sehbehinderte Boltzmann hat möglicherweise diktiert, den Vortrag dann aber ohne Manuskript gehalten. Es könnte aber auch sein, dass es sich um eine nach dem Vortrag ins Reine gebrachte Mitschrift handelt.[1]

---

1 Ein Aufsatz mit dem wörtlich verwendeten Boltzmann'schen Titel des Vortrags und der Verfasserangabe „Von Ludwig Boltzmann, Professor der Theoretischen Physik an der Universität Wien" erschien in den Physikalischen Blättern, Jg. 32 (8), 1976, S. 337–341.

Am Ende des Aufsatzes gibt sich Engelbert Broda in einer „Bemerkung des Herausgebers" als Autor des Textes zu erkennen mit dem Hinweis, er habe eine „Rekonstruktion des verschollenen Vortrags in Kurzform entworfen, d.h. erfunden". Am Ende dieser Bemerkungen schreibt er: „Mögen die Kollegen diesen Scherz...nicht nur vergeben, sondern als...Anstoß begrüßen, sich mit der grandiosen Gedankenwelt Boltzmanns zu beschäftigen".

Boltzmann hatte diesen Vortrag, wie er sagt, für physikalisch wenig sachkundige Zuhörer aus seiner Sicht allgemein verständlich und sehr ausführlich aufgebaut: Er definiert als mechanisch zu bezeichnende oder auf solche zurückzuführende, reversible und nicht reversible Vorgänge sowie die Grundlagen der (seiner) Wärmelehre. Sodann erklärt er anschaulich die Grundbegriffe der Wahrscheinlichkeitsrechnung, sogar mit einem kurzen Einblick in die Aussagenlogik, und kann damit schließlich den Begriff der Entropie gut erklären. Die im Titel versprochene, allerdings kurz ausfallende Erklärung der Liebe ist durch die Darwin'sche Auslese beeinflusst: Es ist nämlich wahrscheinlich (Wahrscheinlichkeitsrechnung!), dass sich nur jeweils vollkommene, schöne Wesen paaren und sich so die höheren Wesen entwickeln. Zum Abschluss weist Boltzmann gemäß dem Zeitpfeil auf den wahrscheinlichen Endzustand der Welt mit ausgeglichener maximaler Entropie.

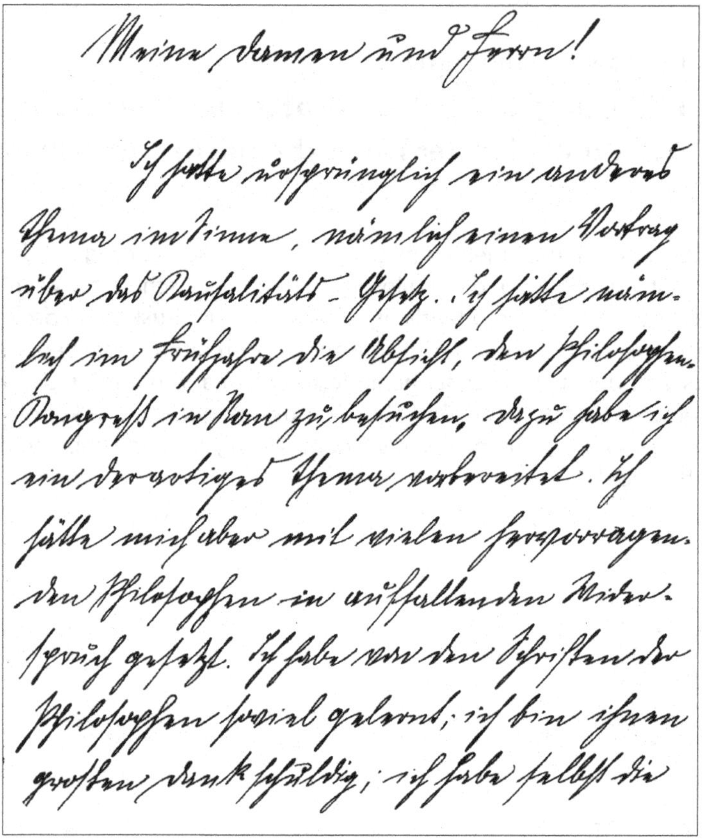
Meine Damen und Herren!

Ich hatte ursprünglich ein anderes
Thema im Sinne, nämlich einen Vortrag
über das Kausalitäts-Gesetz. Ich hatte nämlich im Frühjahr die Absicht, den Philosophen-
Kongress in Rom zu besuchen, dazu habe ich
ein derartiges Thema vorbereitet. Ich
hätte mich aber mit vielen hervorragenden Philosophen in auffallenden Widerspruch gesetzt. Ich habe von den Schriften der
Philosophen soviel gelernt; ich bin ihnen
großen Dank schuldig; ich habe selbst die

Meine Damen und Herren!

Ich hatte ursprünglich ein anderes Thema im Sinne, nämlich einen Vortrag über das Kausalitätsgesetz. Ich hatte nämlich im Frühjahr die Absicht, den philosophischen Kongress in Rom zu besuchen, dazu hatte ich ein derartiges Thema vorbereitet. Ich hätte mich aber mit vielen hervorragenden Philosophen in auffallenden Widerspruch gesetzt. Ich habe von den Schriften der Philosophen soviel gelernt; ich bin ihnen großen Dank schuldig; ich habe selbst die Absicht, welche Kant ausspricht, dass der Hang zur Metaphysik in der Seele des Menschen fuße und unausrottbar wäre, dass die Philosophie sich als Königin der Wissenschaften behaupten wird.

Ich habe daher ein anderes Thema gewählt, wo ich mehr auf fachwissenschaftlichem Boden stehe, und, wo ich daher einen Widerspruch weniger zu fürchten habe. Ich will also zunächst über den Entropiesatz sprechen. Nun, es sind gewiss viele unter Ihnen, welche Mathematik und Physik nicht als Fachwissenschaft betreiben. Ich kann von Ihnen nicht voraussetzen, dass die Entropie, dass der Begriff der Entropie, Ihnen vollständig geläufig ist.

Eher könnte ich es von solchen erwarten, die Physik als Fachwissenschaft betreiben. Ich habe da zunächst die Aufgabe, einige erklärende Worte über den Begriff der Entropie zu sprechen. Es ist nicht gar leicht, in so kurzer Zeit, ja unmöglich, den Inhalt des Begriffes irgendwie zu offerieren. Ich will eine kleine Andeutung geben, wie er zu fassen wäre. Ich will vorausschicken, dass wir die Naturphänomene unterscheiden in rein mechanische Vorgänge und in nicht mechanische, welche man auch als qualitative Veränderungen bezeichnet.

Rein mechanische Vorgänge sind solche, welche lediglich als Bewegungs-Erscheinungen, als Ortsveränderungen der Körper selbst und der einzelnen Teile der Körper sich darstellen. Also z.B. wenn ein fester Körper im Raume sich fortbewegt nach irgendeiner Richtung, so ist das ein rein mechanischer Vorgang; wenn ein fester Körper in Drehung begriffen ist, so ist das ein rein mechanischer Vorgang; auch wenn ein tropfbar flüssiger Körper seine Gestalt ändert, wenn eine Flüssigkeit aus einem Gefäße herausfließt, so kann man die Erscheinung als Bewegungserscheinung der einzelnen Teile der Flüssigkeit darstellen, als einen rein mechanischen Vorgang. Auch wenn eine Masse sich ausdehnt, so ist das ein rein mechanischer Vorgang. Durch Auseinander-Bewegung der Teile kann wieder der Vorgang dargestellt werden. Dagegen z.B. wenn der Körper sich erwärmt, so ist das nicht durch eine bloße Bewegung der Teile des Körpers in einer direkt sinnfälligen Weise darstellbar. Man nennt die Erwärmung des Körpers qualitativ – oder wenn (der) Körper elektrisiert oder magnetisiert wird; alles das pflegt man als nicht mechanische Vorgänge zu bezeichnen. Nun freilich ist die Grenze nicht scharf gezogen. Zum Beispiel, wenn ein Körper einen Schall aussendet, so würde man bei näherer Beobachtung sehen, dass eine kinetische Bewegung zugrunde liegt. Man könnte meinen, dass der Körper qualitativ seinen Zustand verändere. Eine genaue Beschreibung zeigt, dass es ein rein mechanischer Vorgang ist, dass nur die Bewegung des Körpers die Ursache ist. So ist es natürlich nicht ausgeschlossen, dass auch diese Wellen Vorgänge sind, welche als qualitativ betrachtet werden können.

Elektrische, magnetische Vorgänge sollten später auf mechanische Vorgänge zurückgeführt werden. Dabei will man vorläufig an diesen Unterscheidungen festhalten. Wärme, Elektrizität – alle diese Phänomene betrachten wir als qualitative, nicht mechanische Vorgänge. Es zeigt die Erfahrung, dass ein mechanischer Vorgang immer genau in der umgekehrten Weise sich abspielen könne; man sagt, jeder rein mechanische Vorgang ist umkehrbar, reversibel. Zum Beispiel, wenn ein Pendel schwingt, so ist es ein rein mechanischer Vorgang. Es ist dabei eine Energie vorhanden. Wenn das Pendel von der Ruhelage am weitesten entfernt ist, so ist Arbeit geleistet worden, um es aus der Ruhelage zu entfernen. Es bewegt sich gegen die Ruhelage; die Arbeit setzt sich um in kinetische Energie. Es ist ein Umsatz zwischen potentieller und kinetischer Energie. Das Pendel kann auch in die entgegengesetzte Seite von der Ruhelage sich entfernen. Die Bewegung, wie die der Planeten um die Sonne, die Drehung eines festen Körpers sind rein mechanische Vorgänge, welche vollkommen reversierbar sind, welche in genau entgegengesetzter Weise vor sich gehen können. Nehmen wir an, ein Körper falle zur Erde und er fällt auf eine vollkommen elastische Unterlage. Er springt zurück, wenn die Unterlage absolut elastisch ist. Er würde sich zur gleichen Höhe erheben, wenn er auch keinen Widerstand an der Luft finden würde. Es wäre ein rein mechanischer Vorgang. Wenn der Körper im absoluten Vakuum und von absolut elastischer Unterlage zurückspringt, so wäre auch dieser Vorgang vollkommen reversierbar, d.h. er könnte vollkommen in entgegengesetzter Weise realisiert werden. In der Praxis ist das nicht der Fall. Der Körper findet an der Luft Widerstand. Wenn er abprallt, so ist der Stoß unvollkommen elastisch und er geht nicht mehr zu derselben Höhe. In umgekehrter Reihenfolge geschieht der Vorgang nicht mehr so wie früher.

Wenn man genau nachsieht, so findet man, dass bei jedem kinetischen Vorgang, bei jedem unelastischen Stoße, Wärme erzeugt wird. Auch bei der Bewegung in der Luft wird Wärme erzeugt. Wenn Meteorsteine oder eine abgeschossene Geschütz-Kugel sich durch die Luft bewegen, so können sie erwärmt werden. Bei langsamen Vorgängen ist die Wärme sehr gering. Aber es ist der Vorgang nicht reversierbar, weil eine qualitative Veränderung, die Erwärmung, eintritt. Es zeigt sich ganz allgemein, dass alle Vorgänge, welche mit Wärmeentwicklung verbunden sind, nicht rein umkehrbar sind. Etwas ähnliches zeigt sich bei ähnlichen Reagenzien. Es zeigt, dass rein mechanische Vorgänge sich ohne weiteres in Wärme verwandeln lassen, aber die Wärme lässt sich nicht in einen rein mechanischen Vorgang verwandeln. Sobald Wärme auftritt, geht diese rein mechanische Wärme verloren. Man hat das als feststehende Tatsache hingenommen, dass qualitative Naturvorgänge nicht reversierbar sind und das durch eine mathematische Formel auszudrücken gesucht. Man hat eine Größe gesucht, eine sogenannte Funktion, welche immer wächst im Sinne, in welchem der Vorgang wirklich sich abspielt. Das Wachsen der Funktion drückt aus, dass der Vorgang in dem Sinne möglich ist. Im entgegen gesetzten Sinne würde die Funktion abnehmen; da ist der Vorgang nicht möglich.

Wir haben zunächst gesehen, dass die Verwandlung mechanischer Energie in Wärme immer möglich ist. Einem gewissen Körper wird dabei Wärme zugeführt. Mit Q bezeichnen wir die zugeführte Wärme. Durch den Vorgang wird die zugeführte Wärme erhöht. Q ist selbst schon eine Funktion, welche immer wächst, wenn der Vorgang (sich) in dem Sinne abspielt, in dem er wirklich vor sich geht. Dieses Q ist aber noch als charakteristische Funktion nicht brauchbar. Es gibt andere Naturvorgänge, welche sich nur in dem einen Sinne abspielen. Wenn wir kalte und heiße Körper in Berührung bringen, so geht Wärme vom heißen zum kälteren aber niemals vom kälteren zum heißen. Wenn man diese Größe Q betrachtet, so wird dem heißen Körper soviel Wärme weggeführt als dem kälteren zugeführt wird. Dem heißen wird $-Q$ weggeführt, dem kalten $+Q$ zugeführt. Die gesamte Funktion wäre 0. Ich will, dass die Funktion zunimmt; sobald wir fragen, in dem Sinne, in dem sie sich wirklich abspielen soll. Eine solche Funktion bekommen wir, wenn wir durch die betreffende Temperatur dividieren. Dem heißen wird Wärme entzogen, und zwar $-Q/T$ durch Temperatur T dividiert; die Wärme, welche dem kälteren zugeführt wird, muss man durch eine kleinere Temperatur dividieren $+Q/t$; die Summe $(-Q/T + Q/t)$ ist positiv und größer als 0, weil der zweite Quotient größer ist. Wenn ich also immer die zugeführte Wärme durch die betreffende Temperatur dividiere, so bekomme ich eine solche Funktion, welche charakterisiert, in welchem Sinne der Vorgang sich abspielt. Sobald durch irgend einen Vorgang die gesamten Werte für einen Körper vergrößert werden, so kann der Vorgang in dem Sinne stattfinden. Wenn der Wert irgendwie abnimmt, so kann der Vorgang nicht stattfinden. Das nennen wir Entropie, die Funktion, welche charakterisiert, in welchem Sinne die Vorgänge stattfinden können. Da wäre zu bemerken, dass man nicht (die) gewöhnliche Celsiustemperatur nehmen darf; die könnte auch negativ werden. Der zweite Quotient könnte auch negativ werden. Man muss die Temperatur vom tieferen Punkte zählen, sodass sie nicht mehr negativ wird. Man zählt vom absoluten Nullpunkt. Es ist also dieser Vorgang, dass Wärme vom heißen Körper zum kälteren übergeht, ein Vorgang, bei welchem die Entropie zunimmt; ein Vorgang, welcher in der Natur stattfinden kann, entgegengesetzt nicht.

Bei Gelegenheit dieses Vorganges kann ein Teil der Wärme wieder in Arbeit verwandelt werden. Das geschieht bei Arbeitsmaschinen; bei Dampfmaschinen wird Wärme entwickelt und bei Gelegenheit des Überganges wird ein Teil in Arbeit verwandelt. Man sieht das ein, weil dieser Ausdruck wesentlich größer ist als null. Wenn dem kälteren Körper wenig Wärme q zugeführt wird, vom heißen soll Q entnommen werden, so ist $(-Q/T + q/t)$ Null. Dieser Vorgang wird stattfinden können. $Q-q$ wird in Arbeit verwandelt. Diese Differenz gibt uns an, wieviel Arbeit wir aus einer gewissen Wärmemenge bekommen, welche vom heißen zum kälteren Körper übergeht. Ich will mich in diese Details nicht einlassen. Ich will zunächst bemerken, dass alle Naturvorgänge, alle mechanischen Vorgänge, welche auf unserer Erde stattfinden, einem solchen Prozesse entsprechen, im Übergange von Wärme von der heißen Sonne zur kälteren Erde. Würde diese Temperaturdifferenz aufhören, so würden alle mechanischen Naturvorgänge aufhören. Die Bewegung der Luft, des Wassers, die Bewegung des organischen Lebens werden durch die Einwirkung der Sonne möglich gemacht, weil die Sonne viel höhere Temperatur und die Erde viel tiefere Temperatur hat, so dass ein Wachstum von Entropie eintritt.

Man hat geglaubt, dass der Kampf der Organismen ums Dasein ein Kampf um materielle Stoffe wäre; man hat eingesehen, dass es eigentlich ein Kampf um Energie ist. Es ist das nicht ganz richtig, denn die Wärme stellt auch Energie dar. Nun ist Wärme auf dem Erdkörper in unendlicher Menge, aber Wärme von tiefer Temperatur. Diese hat geringe Energie und infolgedessen ist sie nicht verwandelbar. Nur die Sonnenwärme von so hoher Temperatur ist verwandelbar. Die Kämpfe der Wesen ums Dasein sind eigentlich ein Kampf um verwandelbare Energie, um Wärme von hoher Temperatur.

Es muss dargestellt werden als ein Kampf um Energie. Ich kann noch eine Konsequenz ziehen: Diese Wärme, welche aus diesem Theorem in Arbeit verwandelt wird, heißt Entropie. Weil die Funktion die Entropie darstellt, so heißt dieses Theorem der Entropie-Satz. Es werden in der Natur nur solche Vorgänge eintreten, bei denen die Entropie wächst; Temperaturdifferenzen werden sich ausgleichen; mechanische Arbeit wird sich in Wärme verwandeln; es werden alle Naturvorgänge einseitig in dieser Weise stattfinden. Dadurch wird die Entropie immer mehr und mehr wachsen; es wird nicht möglich sein, dass die ganze Wärme in den alten Zustand zurückkehren würde. Da müsste die Entropie um das Gleiche abnehmen und solche Vorgänge, wo die Entropie abnimmt sind nicht möglich.

Es muss sich auf der Erde alle Wärme einseitig in Energie verwandeln. Da die Erde endlich ist, so müsste alle Bewegung aufhören, Energie müsste ein Maximum sein, alle Temperaturen müssten sich ausgleichen, alle mechanische Energie müsste sich in Wärme verwandeln, alle Entropie würde aufhören. Wenn man die Welt sich als unendlich denkt, so ist es nicht notwendig, diese Konsequenz zu ziehen. Der Energie-Vorrat kann gerade unendlich sein. Nur wir haben in der Naturwissenschaft das Bedürfnis, die Phänomene aus möglichst wenig Prinzipien, aus möglichst einfachen Prinzipien zu erklären. Man hat das Bestreben, diese Vorgänge, welche ich die qualitative Veränderung bezeichnet habe, diese Vorgänge aus mechanischen Prinzipien, aus Bewegungs-Erscheinungen zu erklären. Gerade so wie man die akustischen Erscheinungen ganz sicher als Bewegungs-Erscheinungen erklärt, so hat man das Bestreben, die Wärme-Erscheinungen als Bewegungs-Erscheinungen darzustellen. Man denkt sich die Wärme als eine Bewegung der kleinsten Teile des Körpers, welche direkt nicht wahrgenommen werden kann, da man die kleinsten Teile nicht sehen kann. Nun, wenn man das tut, so würde dieser Unterschied zwischen rein mechanischen und qualitativen Veränderungen vollständig hinwegfallen. Es wären alle Vorgänge rein mechanische. Man würde zu unterscheiden haben zwischen solchen Vorgängen, welche deutlich wahrnehmbar mechanisch sind und solchen, bei denen verborgene Bewegungen auftreten.

Nun kommt man aber in dieses Dilemma: Die mechanischen Vorgänge sind reversibel sowohl in der einen Richtung wie in der anderen; die Wärme-Vorgänge, die elektrischen und magnetischen Vorgänge, sind nicht reversibel; die Vorgänge spielen sich in dem Sinne ab, in dem die Entropiefunktion wächst, im entgegengesetzten können sie sich nicht abspielen. Man hat geschlossen, unter andern hat es Bertrand ausgeführt, dass eine solche mechanische Erklärung der qualitativ scheinenden Vorgänge unmöglich sei, die irreversiblen Vorgänge mechanisch darzustellen. Es ist das in der Tat nicht möglich, wenn man nicht ein neues Prinzip hinzunimmt, das Prinzip der Wahrscheinlichkeits-Rechnung. Es ist zwar sonderbar, dass eine exakte Wissenschaft sich mit der Wahrscheinlichkeitsrechnung befasst. Diese ist die Einführung des blinden Zufalls. Der Zufall ist in den exakten Wissenschaften kein mögliches Ziel. Dem gegenüber ist aber zu bemerken: Wenn wir genau definieren, welche Fälle wir als möglich oder als gleich wahrscheinlich betrachten wollen, dass dann in der Wahrscheinlichkeitsrechnung nichts Zufälliges enthalten ist. Die Wahrscheinlichkeitsrechnung ist dann ebenso exakt wie jede andere Unterrichts-Methode. Freilich, dieser Begriff der Gleichberechtigung, der muss nach meiner Ansicht vorausgeschickt werden. Man hat vielfach das bestritten und hat geglaubt, dass a priori schon gewisse Wahrscheinlichkeits-Urteile möglich sein müssen, ohne vom Falle der Gleichberechtigung zu sprechen.

Ich will ein Beispiel einführen: Wenn irgend jemand ein Urteil ausspricht, dann ist es ebenso wahrscheinlich, dass es wahr ist, als dass es nicht wahr ist. Man hat erklärt, dass beide gleich wahrscheinlich sind, weil es keine Anhaltspunkte gibt, warum das Urteil falsch oder wahr möglich wäre. Man hat zu beweisen gesucht, dass man beide Urteile genau so gut ins Entgegengesetzte verwandeln könne. Wenn man jedes Urteil in positiver Form ausdrücken könnte, so müsste die Wahrscheinlichkeit gleich sein. Von mathematischem Standpunkte kann man diese Ausdrucksweise nicht billigen. Wenn man kein Urteil über Wahrscheinlichkeit fällt und die Wahrscheinlichkeitsgesetze nicht mehr anwendet, dann könnte die Mathematik nicht weiter rechnen. Wenn zum Beispiel wir gar nichts über die Natur der Sonne durch die Spektral-Analyse wüssten, und wenn man die Frage aufwirft „Ist Eisen in der Sonne?", so müsste es als gleich wahrscheinlich betrachtet werden; wenn wir das Urteil sprächen: Ist Blei in der Sonne, so müsste es ebenfalls als gleichwahrscheinlich betrachtet werden. Und wenn wir fragen würden: „Sind denn überhaupt alle irdischen Metalle auch in der Sonne vorhanden?", so würde man nach den Gesetzen der Wahrscheinlichkeits-Rechnung eine außerordentlich kleine Zahl bekommen. Eine verschiedene Wahrscheinlichkeit, das kann nicht richtig sein. Man könnte sagen, dass das den physikalischen Gesetzen widerspricht.

Ein anderes Beispiel hat Poincaré angegeben: Wenn man einen Kreis zeichnet und eine Sehne, wie groß ist deren wahrscheinlichste Länge? Diese Frage lässt sich beantworten, wenn wir angeben, welche Sehnen als gleich möglich sind. Den Kreis teilen wir in Teile, ziehen die Sehnen und bekommen ein Resultat, das große Wahrscheinlichkeit hat. Ich kann durch jeden Punkt des Kreises Sehnen nach allen möglichen Richtungen ziehen, ich werde alle möglichen Sehnen bekommen, aber der wahrscheinlichste Wert der Länge ist aber... [Lücke im Manuskript] Eine dritte Weise: Ich kann jeden Punkt als Halbierungspunkt einer Sehne betrachten. Dann bekommen wir wieder ein anderes Resultat. Man sieht, dass diese Mittelwerte sich durchaus nicht als sicher darbieten, da der Wahrscheinlichkeitsbegriff in verschiedener Weise möglich ist.

Wenn wir in der Mechanik den Wahrscheinlichkeitsbegriff anwenden, so müsste man die Fälle die als gleich mögliche unterscheiden, als gleich möglich betrachten. Zum Beispiel der Angriffspunkt des Schwerpunktes eines Körpers. [hier und nachfolgend Verständnisprobleme des Schreibers?] In welchem Moleküle muss sie als Geschwindigkeit charakterisiert werden.

Das heißt, wenn man von einem fixen Punkte eine Gerade zieht, welche in Größe und Richtung die Geschwindigkeit darstellt. Man nimmt als gleich möglich an, dass die anderen Endpunkte in irgend einem Volumen Punkte von bestimmter Größe gleich sind. In verschiedenen Volumenelementen nimmt man es als gleichberechtigt an. Wenn man das tut, so kommt man auf den Begriff der Wahrscheinlichkeit des Zustandes des Körpers. Die Körper sind Aggregate materieller Punkte. Jeder beliebigen Lage, jeder Geschwindigkeits-Verteilung kommt eine gewisse Wahrscheinlichkeit zu. Und dieser Ausdruck für die Wahrscheinlichkeit deckt sich mit dem was in der Physik als Entropie bezeichnet wird; die Wahrscheinlichkeit deckt sich mit Energie-Kräften; eine Beschränktheit ist dadurch gegeben, dass die gesamte Energie nicht über eine gewisse Größe hinausgehen darf.

Vom Standpunkte dieser Theorie hat die Entropie eine bestimmte Bedeutung: Entropie ist die Wahrscheinlichkeit des betreffenden Zustandes des Körpers und diese Tatsache, dass die Vorgänge sich nur in einem bestimmten Sinne abspielen, das spricht dahin, dass der Zustand immer vom unwahrscheinlichen zum wahrscheinlichen übergeht. Zum Beispiel wenn eine rein mechanisch darstellbare Bewegung vorhanden ist: Ein Körper bewegt sich mit sichtbarer Geschwindigkeit, so haben alle Teile eine gleichgerichtete Geschwindigkeit. Nach dieser Definition der Wahrscheinlichkeit der Geschwindigkeit sind die Endpunkte in derselben Geschwindigkeit in demselben Element. Das ist außerordentlich unwahrscheinlich. In der Entropie kommt nur Wärme vor; jede geordnete Bewegung ist daher unwahrscheinlich, auch bei der Drehung eines festen Körpers. Nicht jeder Teil hat dieselbe Geschwindigkeit. Dass die Verteilung der Geschwindigkeit regelmäßig ist, ist außerordentlich unwahrscheinlich.

Bei der Bewegung, welche (man) Wärme-Bewegung nennt, bewegen sich die verschiedenen Teile nach allen Richtungen. Diese Bewegung ist der Wahrscheinlichkeit zuzuteilen. Wenn nun eine Temperaturdifferenz vorhanden ist: Nehmen wir an, wir hätten einen Körper, welcher an einer Stelle eine tiefere Temperatur, an anderer eine hohe Temperatur [hat]; dort, wo die Temperatur tiefer ist, dort sind die Geschwindigkeiten viel geringer, in dem anderen Teile sind sie größer. Dass eine außerordentlich regelmäßige Geschwindigkeit vorhanden ist, ist ein außerordentlich unwahrscheinlicher Fall. Dass die Geschwindigkeiten sich ausgleichen werden, das entspricht der Wahrscheinlichkeits-Rechnung. Wenn zwei Gase diffundieren: oben sei Wasserstoff, unten Sauerstoff: Es wäre sehr unwahrscheinlich, dass die Wasserstoffatome oben bleiben, die Sauerstoffatome unten. Wenn beide gemischt sind, so ist der wahrscheinlichste Zustand eingetreten. Die Vermischung der beiden ist ein Fortschritt vom Unwahrscheinlichen zum Wahrscheinlichen. Bei tropfbar flüssigen Körpern findet das nicht mehr statt. Da tritt ihre potentielle Energie in Kraft. Es findet eine Beziehung zwischen den Teilchen statt, welche die Mischung ausmachen.

Es wurde ein Einwand gemacht. Man hat nämlich gesagt: Der Wahrscheinlichkeit gemäß findet immer eine kleine Abweichung von dem wahrscheinlichen Zustande statt. Der wahrscheinlichste Zustand ist nicht bekannt. Es finden kleine Abweichungen statt; größere Abweichungen wären unwahrscheinlich und unwahrscheinlich wären sie nicht nur deshalb. Auch größere Abweichungen vom wahrscheinlichen Zustand haben gewisse Bedeutung. Wenn sich die Sache so verhalten würde, so müsste ein Umschwung eintreten; es müsste dann eintreten, dass durch besonderen Zufall die schnellere Bewegung nach abwärts, die langsame nach aufwärts geht. Es müsste noch ein anderer Umschwung eintreten, wo Verschiedenheit der Temperatur stattfindet. Es müsste eine Entmischung dieses Gasgemenges stattfinden, nur faktisch bemerken wir das nicht.

Wenn die Temperatur ausgeglichen ist, so bleibt sie immer ausgeglichen; es findet nicht wieder eine Entmischung der Temperatur statt. Es erklärt sich das aus der enorm geringen Wahrscheinlichkeit, die sich für eine Entmischung ergibt. Die Wahrscheinlichkeit lässt sich berechnen. Für einen ganz kleinen Körper wäre der ungünstigste Fall $(10^{10})^{10}$. Es zeigt sich bei einer solchen Zahl der Unterschied, der zwischen theoretischer Vorstellung, die man sich von der Sache macht, und der anschaulichen Vorstellung besteht. 10^2 heißt $10 \times 10 = 100$; bei der dritten Potenz hängt man noch eine 0 an; durch Fortsetzung des Potenzierens kommt man bis 10^{10}. Diese Potenz kann man sich sehr leicht vorstellen. Die theoretische Vorstellung hat gar keine Schwierigkeiten, aber die praktische, anschauliche Vorstellung, das Anknüpfen von Urteilen das hat große Schwierigkeiten. So würde einer erleben, dass alle Häuser zu brennen anfangen, wenn jemand so lange leben würde. Es hat das noch keiner wahrgenommen, dass alle Häuser gleichzeitig zu brennen anfangen. Das könnte gegen die Theorie der Wahrscheinlichkeit sprechen; es ist die enorm große Zahl schuld.

Ich will noch andere Beispiele anführen, um die Größe der Zahl zu versinnlichen. Die Kritik der reinen Vernunft von Kant hat eine Million Buchstaben. Man könnte so verfahren: Man möge aus einem Setzkasten, rein vom Zufall geleitet, einen Buchstaben nach dem anderen herausnehmen indem man eine Million Buchstaben zusammensetzt, so würde ein Buch herauskommen, welches den Umfang der Kritik der reinen Vernunft hätte. In der Weise würde man ein zweites, drittes Buch bekommen und würde soviel Bücher machen, wie hier möglich sind. Wer würde glauben, dass der Zufall sich finden könnte, dass ein Buch Buchstabe für Buchstabe gleich sein würde mit der Kritik der reinen Vernunft. Wenn man mit so großen Zahlen operiert, so ist es unmöglich, dass etwas durch Zufall entstehen kann, dass man etwas durch einen Zufall hervorbringt. Wenn man bei einigen wenigen Sätzen abbricht, so würde man an ein Endloses kommen.

Ich glaube, dass wenn man sich in solche Zweifel vertieft, dass man dann auch einigermaßen einsieht, wie sich so komplizierte Dinge wie die organischen Wesen auch ohne Bewusstseinstätigkeit rein nach Gesetzen der Mechanik bilden könnten. Es ist da nur notwendig, dass eine Auslese stattfindet: Diejenige, welche unzweckmäßig Eingerichtetes zerstört und die den zweckmäßigst Eingerichteten fortpflanzen. Das ist nach Darwins

Theorie dem Kampfe der Wesen ums Dasein anheim gestellt. Wenn da immer die Variation rein dem Zufalle überlassen wäre, würde, wenn die Gebilde komplizierter würden, die zweckmäßigen Variationen außerordentlich unwahrscheinlich und es würden die unzweckmäßigen Variationen in so großer Menge auftreten, dass eine weitere Verzweckmäßigung nicht mehr wahrscheinlich wäre. Ich werde dies durch Beispiele zu erläutern suchen.

Nehmen wir an, wir hätten von einer Person tausend Porträts machen lassen. Wenn man es rein dem Zufall überlässt, die Porträts abzuändern und die herauszusuchen, welche einem am wenigsten ähnlich sind, so würde es unwahrscheinlich sein, dass die Abänderung im zweckmäßigen Sinne geschieht. Wenn ein Bild abgeändert wird, so wird dies zur Verbesserung der Bilder nicht langen. Ganz anders wäre es, wenn immer zwei gute Bilder kombiniert werden, wenn man die Züge eines guten mit den Zügen eines anderen kombiniert; wenn man voraussetzt, dass jedes Bild von einem guten Maler gebildet wurde. Wir wären da nicht in Gefahr, dass wir schlechte Züge aufnehmen; die Wahrscheinlichkeit für gute Züge wäre sehr groß. Die Ähnlichkeit wird sich immer mehr und mehr verringern.

Dieser Satz der Wahrscheinlichkeitsrechnung, der durch das Wahrscheinlichkeits-Prinzip bewiesen ist, der findet auch Anwendung auf belebte Wesen. Wenn jedes einzelne Wesen nun ein anderes zeugen würde, rein dem Zufalle überlassen, so würde die Wahrscheinlichkeit, dass das Erzeugte schlecht sei, groß sein; dass eine dauernde Verbesserung nicht zu erwarten wäre. Es müsste so verfahren werden: Es müssten zwei sehr gute mit einander kombiniert werden. Dadurch ist eine dauernde Verbesserung möglich. Wir sind durch rein wahrscheinliche Gründe dazu geführt worden, dass bei vollkommenen Wesen nur durch geschlechtliche Zeugung eine stete Verbesserung möglich wäre. Natürlich: Wie würde Verbesserung gefordert werden, wenn bei jedem das Bestreben wäre, sich mit möglichst vollkommenen Wesen zu paaren. Diese Vollkommenheit kann nicht auf einer direkten Einsicht beruhen, die muss auf dem Schein der Vollkommenheit beruhen. Der Schein der Vollkommenheit wird bezeichnet als Schönheit. Dadurch, dass jedes Individuum sich mit anderen schönen Individuen paart, dadurch erreicht die Natur ihren Zweck. Nochmehr, das ist die Erklärung der Liebe aus der Wahrscheinlichkeits-Rechnung.

Die Liebe ist nicht ein Naturvorgang, wie der Regenbogen, oder der Fall der Körper, der aus rein mechanischen Prinzipien erklärt werden muss. Die größte Vollkommenheit hat die Erklärung, wenn sie die Erscheinung voraussagt, die sie nicht wüssten. Diese Vollkommenheit kommt nahe, wenn sie nicht wüssten, dass die Erscheinung vorhanden war, die aus den Prinzipien der Lehre vorausgesagt. Ich möchte den Fall erklären: Wenn man die Darwin'sche Theorie, die Prinzipe wüsste und a priori durchführen würde, so musste man auf den Schluss geführt werden, dass dies zu geschlechtlicher Zeugung führen muss.

Ich will noch etwas erwähnen. Es ist bei der Erklärung aus der Wahrscheinlichkeits-Rechnung immer noch ein Einwand zu beheben. Es hängt hier vom Anfangszustand ab; die Anfangszustände müssen sehr unwahrscheinlich sein; dann ist der spätere Zustand wahrscheinlich geworden. Wenn in einem bestimmten Moment alle Bewegungen der Moleküle umkehren würden, so würden alle Zustände des Universums in entgegengesetzter Reihenfolge wiedergegeben, alle Zustände würden umgekehrt werden. Man hat das wieder als einen großen Einwurf betrachtet, dass eben so viele Anfänge Wendungen zu verkehrter Reihenfolge wären. Das ist nach meiner Ansicht nicht richtig. Dabei würden die Gedanken umgekehrt werden, es würde die Vergangenheit Zukunft werden und umgekehrt. Man könnte sich die Wahrscheinlichkeit der Abweichung des Zustandes vom wahrscheinlichsten durch eine Kurve versinnlichen. Diese Kurve wäre merkwürdig, weil sie zu jenen Kurven gehört, die keine Tangente haben. Es ist der wahrscheinlichste Zustand; die Abweichung vom Wahrscheinlichsten ist sehr gering. Die Kurve könnte so nicht gezeigt werden, dass sie in keinem Punkte eine Tangente hat.

Man muss annehmen, dass der Anfangszustand der Welt ein stabiler war, wo die Zustände vom wahrscheinlichen in den unwahrscheinlichen Zustand übergehen und deshalb einem Maximum zufallen. Wenn man die Einseitigkeit der Zeit aufgeben will, so kann man Ideale ausspinnen, welche bei längerem Denken etwas für sich haben. Wenn wir uns die Welt enorm groß denken, so gibt es beliebig große Bezirke, die vom Wahrscheinlichen weit entfernt sind; diese werden sich dem wahrscheinlichen Zustande nähern, eine bestimmte Zeitrichtung wird konstatierbar sein. Wenn wir in einem solchen Bezirke bleiben, so werden wir den Eindruck bekommen, dass die Zeit einseitig verläuft, und dass die Welt vom Unwahrscheinlichen zum Wahrscheinlichen übergeht. Das wird nicht von der ganzen Welt an sich gelten, sondern vom dem Bezirke, in dem wir uns befinden.

Ein anderer Bezirk wird in dem Zustande der Wahrscheinlichkeit sein. Es kann in demselben, gerade das Umgekehrte der Fall sein, dass der Zustand zum Unwahrscheinlichen übergeht. Das wäre ein außerordentlicher Bezirk in einer genügend großen Welt. Wenn man an einer solchen Stelle wäre, hätte man nicht den Eindruck, dass sich die Zeit in umgekehrter Weise abspielt, weil die logischen Erscheinungen sich in demselben Sinne abspielen würden.

So würde man genau denselben Eindruck erhalten und den auf- und absteigenden Ast nicht unterscheiden können. Die Welt könnte in ganz anderen Partien verkehrt laufen, den denkenden Wesen verkehrt zu laufen anfangen. Wir können die absolute Zeit nicht nur nach dem Eindruck und dem was wir Vergangenheit nennen beurteilen. Es wäre gefehlt, dass die Zeit als Größe eine Einseitigkeit habe, die Zeit würde nach der einen und anderen Richtung gleich sein. Ich nehme an: Es würde eine solche Ordnung bald in dem einen, bald in dem anderen Sinne werden, es wäre eine solche Stelle, wo die Zeit einseitig verläuft. Man kann natürlich über eine Welt solcher Vorgänge denken wie man will. Eine praktische Bedeutung hat sie sicher nicht. Sie entspringt der Wurzel, die in der Seele ist, einem Drange nach metaphysischen Vorgängen, eine solche von Qual über die Grenzen dessen, was man verschieden erkennt. Geneigt einer solchen Vorstellung der Zeitentwicklung will ich meine Vorlesung schließen.

Schlusswort

Zuerst will ich bemerken: Ich habe Ausdrücke gebraucht, in deren Anwendung man außerordentlich sein muss. Dass man die Prinzipe vorher mathematisch abgrenzen muss, dass bei Anwendung...[Lücke im Manuskript]... dass die Wahrscheinlichkeit in der Natur stattfindet, dass das Wort Wahrscheinlichkeit nicht ganz richtig angewendet ist, wenn man zwei Dinge als wahrscheinlich voraussetzt, dass dann der Name Resultat ausgeschlossen ist. Es gibt keine Wissenschaft, die absolut exakt ist. Wenn man bei ihrer Anwendung nicht sicher ist, so ist ein ebenso exakter Abschluss gemacht wie bei allen anderen mathematischen Wissenschaften.

Die Tatsache, dass durch einen Zufall die Vollkommeneren weiter existieren, die Unvollkommenen aber zugrunde gingen, will ich nicht als unwahrscheinlich erklären. Es ist eine Tatsache, die aus gegenseitigen Naturverhältnissen stattfindet. Warum gerade zwei sich paaren müssen, das hat entschieden etwas für sich. Ein Zug, welcher die zwei erklärt, hat sich historisch allmählich entwickelt. Zum Beispiel unsere beiden Augen sind aus Augen entstanden, die Tiere haben, die die ganze Sphäre übersehen. Beim Menschen haben sie sich nach einer Richtung gerichtet, um große Distanz zu messen. Es fällt mir nicht ein, dass ich dies aus Prinzipien erklären könnte oder wollte. Ich habe aber bemerkt, dass aus Prinzipien der Wahrscheinlichkeit die geschlechtliche Zucht größere Vorteile gegenüber einer Zeugung durch Einzelne hat.

9 Dokumente

Der erhaltene wissenschaftliche Nachlass Ludwig Boltzmanns umfasst zahlreiche Notizbücher, Manuskripte, Skizzen, etc; der Katalog darüber hat 85 Positionen.

Nicht katalogisiert sind mehrere hundert Sonderdrucke (zur Zeit Boltzmanns *Separata* genannt), ein größerer Teil der im Werkeverzeichnis angeführten Arbeiten sowie Briefe, Fotografien, Skizzen, ein Fragment des Autographs von *Reise eines deutschen Professors ins Eldorado*, etc.

Die im Kap. 10 (Anhang) angegebenen Ehrungen, Ernennungen, Mitgliedschaften, etc. sind sämtlich durch die im Familienbesitz erhaltenen Urkunden belegt.

In diesem Kapitel wird eine kleine repräsentative Auswahl von Urkunden, Briefen, einige der früher erwähnten Karikaturen von K. Przibram sowie schließlich das Gedicht *Beethoven im Himmel* zusammengestellt.

Wir Friedrich

von Gottes Gnaden

König von Preußen etc:

thun kund und fügen hiermit zu wissen, daß Wir Allergnädigst geruht haben, den bisherigen ordentlichen Professor Dr. Ludwig Boltzmann zu Graz zum ordentlichen Professor in der philosophischen Fakultät der Friedrich-Wilhelms-Universität zu Berlin zu ernennen. Geschieht dies in dem Vertrauen, daß derselbe Uns und Unserem Königlichen Hause in unverbrüchlicher Treue ergeben bleiben und die Pflichten des ihm übertragenen Amtes in ihrem ganzen Umfange mit stets regem Eifer erfüllen und insbesondere alle halbe Jahre ein Kollegium über einen Zweig der von ihm zu lehrenden Wissenschaften unentgeltlich lesen, sowie auch für jedes Semester mindestens eine Privatvorlesung in seinem Fache ankündigen werde, wogegen sich derselbe Unseres Allerhöchsten Schutzes bei den mit seinem gegenwärtigen Amte verbundenen Rechten zu erfreuen haben soll. Urkundlich haben Wir diese Bestallung Allerhöchst Selbst vollzogen und mit Unserem Königlichen Insiegel versehen lassen. Charlottenburg, den 19ten März 1888.

Friedrich

Bestallung

für den bisherigen ordentlichen Professor Dr. Ludwig Boltzmann zu Graz als ordentlichen Professor in der philosophischen Fakultät der Friedrich-Wilhelms-Universität zu Berlin.

Goßler

Die Berliner Ernennungsurkunde vom 19. März 1888

It appears by the Register of Congregation of Doctors and Regent Masters of the University of Oxford, that on Wednesday August the fifteenth in the year eighteenhundred and ninety four, the Hofrat Professor Dr. Ludwig Boltzmann was admitted to the Degree of Doctor of Civil Law, honoris causa.

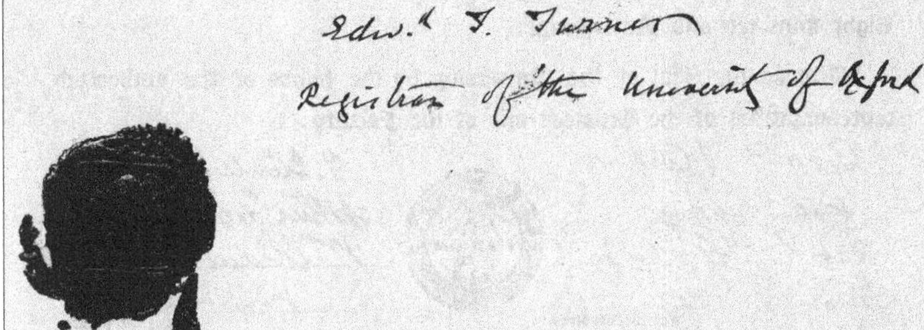

Edw.d T. Turner
Registrar of the University of Oxford

Die Urkunde über die Ehrenpromotion in Oxford, August 1894

Der nur schlecht lesbare handschriftlicheText lautet: It appears by…, that on Wednesday August the fifteenth in the year eighteenhundred and ninety four, the Hofrat Professor Dr. Ludwig Boltzmann was admitted to the Degree of Doctor of Civil Law, honoris causa.
Edw. T. Turner, Registrar of the University of Oxford

Clark University

Worcester, Massachusetts, U. S. A.

To all to whom these presents may come, Greeting:

Be it known that

Ludwig Boltzmann

has been created

Doctor of Laws,

honoris causa,

in this University, and is entitled to all the dignities thereunto appertaining.

Given at the City of Worcester, in the Commonwealth of Massachusetts, this tenth day of July, in the year of our Lord One Thousand Eight Hundred and Ninety-nine.

Witness the Seal of the University, by the hands of the authorized representatives of the Trustees and of the Faculty:

Geo F Hoar
Stephen Salisbury
Frank P. Goulding
Thomas H. Gage
For the Trustees.

FIAT LUX

G. Stanley Hall
Arthur Gordon Webster
William E. Story
Henry Taber
For the Faculty.

Die Urkunde über die Ehrenpromotion an der Clark University, 10. Juli 1899

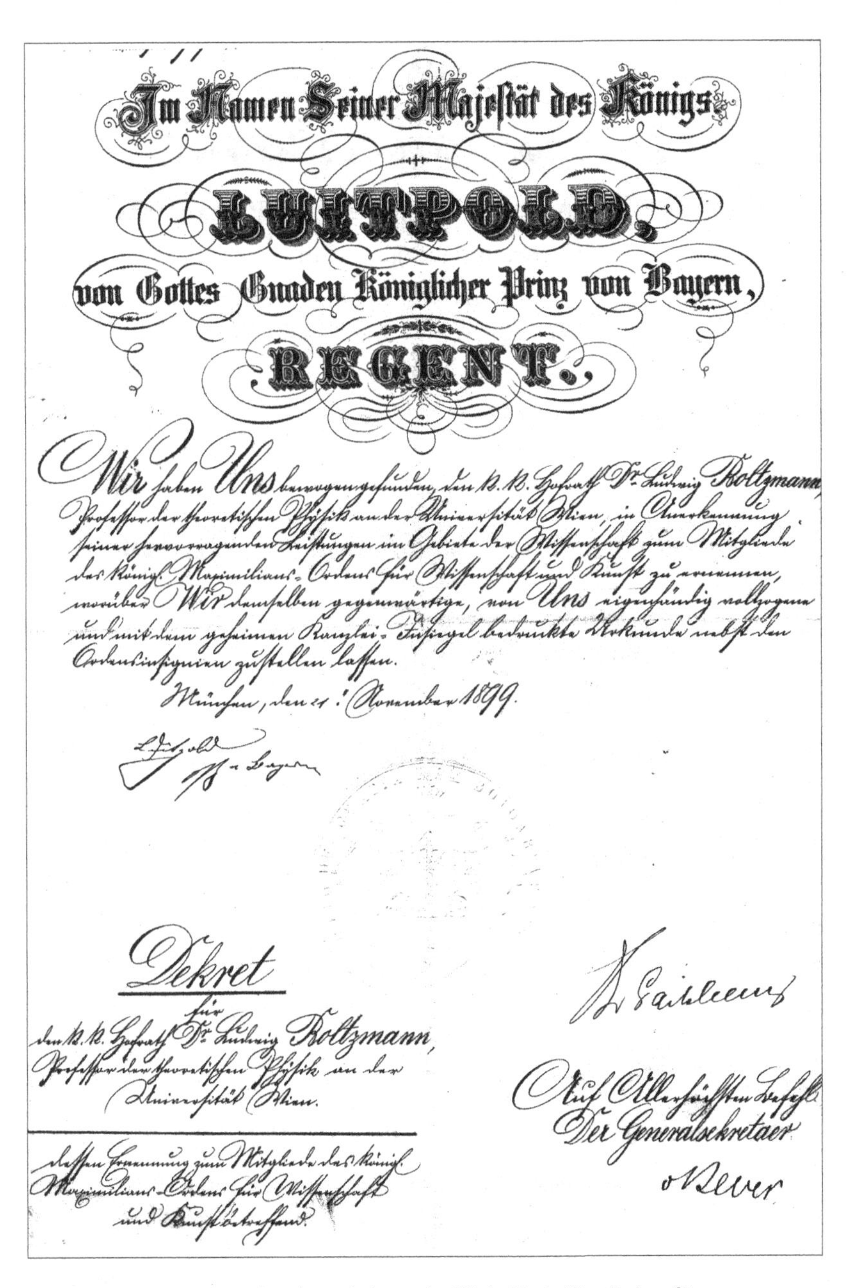

Im Namen Seiner Majestät des Königs

LUITPOLD,

von Gottes Gnaden Königlicher Prinz von Bayern,

REGENT.

Wir haben Uns bewogen gefunden, den k.k. Hofrath Dr. Ludwig Boltzmann, Professor der theoretischen Physik an der Universität Wien, in Anerkennung seiner hervorragenden Leistungen im Gebiete der Wissenschaft zum Mitgliede des Königl. Maximilians-Ordens für Wissenschaft und Kunst zu ernennen, worüber Wir demselben gegenwärtige, von Uns eigenhändig vollzogene und mit dem geheimen Kanzlei-Insiegel bedruckte Urkunde nebst den Ordensinsignien zustellen lassen.

München, den 21. November 1899.

Luitpold

Dekret

für den k.k. Hofrath Dr. Ludwig Boltzmann, Professor der theoretischen Physik an der Universität Wien,

dessen Ernennung zum Mitgliede des Königl. Maximilians-Orden für Wissenschaft und Kunst betreffend.

Auf Allerhöchsten Befehl:
Der Generalsekretaer

Das Dekret über die Verleihung des König Maximilian Ordens für Wissenschaft und Kunst, München, 21. November 1899

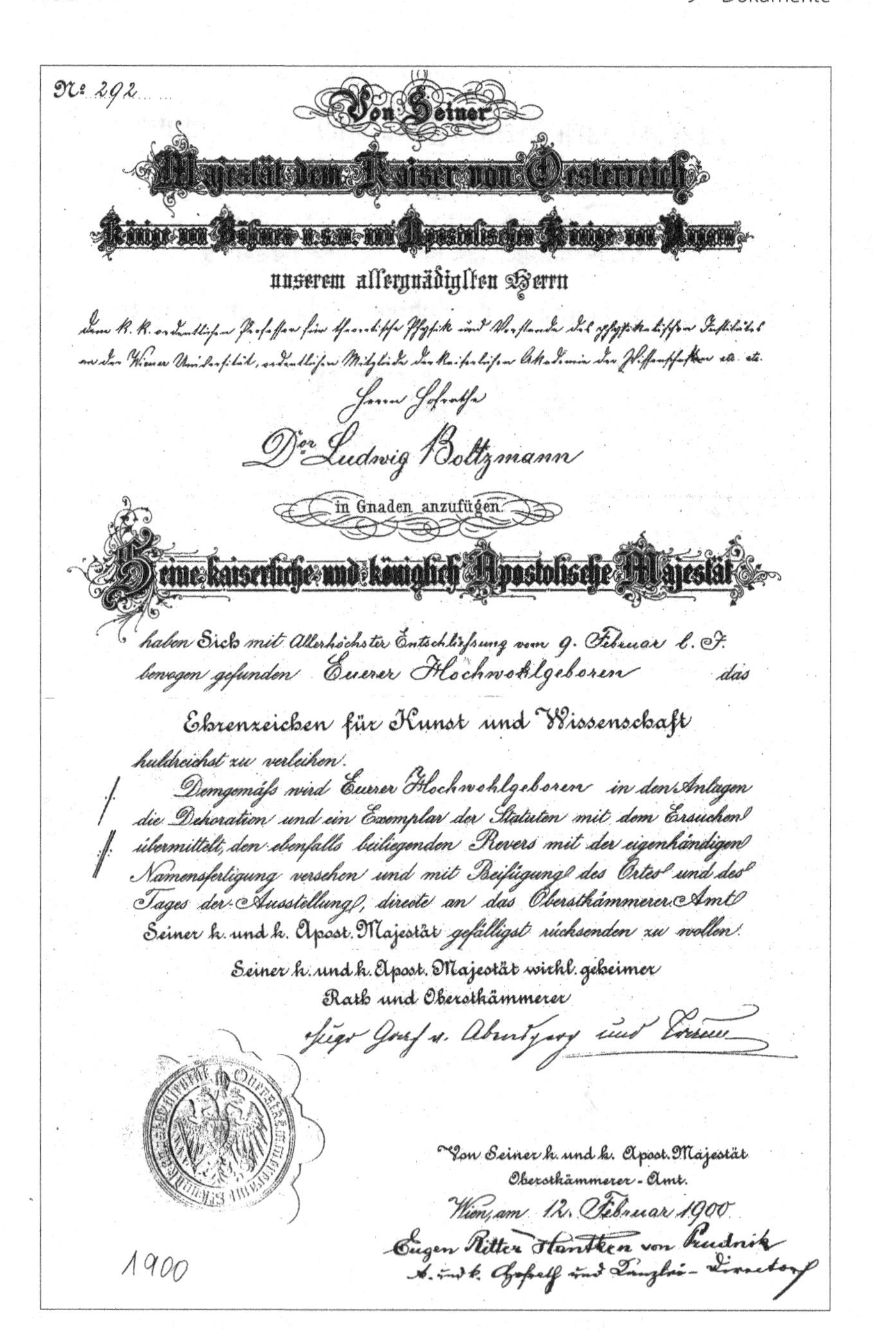

Nr. 292

Von Seiner
Majestät dem Kaiser von Oesterreich
Könige von Böhmen u.s.w. und Apostolischen Könige von Ungarn
unserem allergnädigsten Herrn

dem k. k. ordentlichen Professor für theoretische Physik und Vorstande des physikalischen Institutes an der Wiener Universität, ordentlichen Mitgliede der kaiserlichen Akademie der Wissenschaften etc. etc.

Herrn Hofrathe

Dr. Ludwig Boltzmann

in Gnaden anzufügen.

Seine kaiserliche und königlich Apostolische Majestät

haben Sich mit Allerhöchster Entschließung vom 9. Februar l. J. bewogen gefunden Euerer Hochwohlgeboren das

Ehrenzeichen für Kunst und Wissenschaft

huldreichst zu verleihen.

Demgemäß wird Euerer Hochwohlgeboren in den Anlagen die Dekoration und ein Exemplar der Statuten mit dem Ersuchen übermittelt, den ebenfalls beiliegenden Revers mit der eigenhändigen Namensfertigung versehen und mit Beifügung des Ortes und des Tages der Ausstellung, direkte an das Oberstkämmerer-Amt Seiner k. und k. Apost. Majestät gefälligst rücksenden zu wollen.

Seiner k. und k. Apost. Majestät wirkl. geheimer Rath und Oberstkämmerer

Hugo Graf v. Abensperg und Traun

Von Seiner k. und k. Apost. Majestät Oberstkämmerer-Amt.

Wien, am 12. Februar 1900

Eugen Ritter Hantken von Prudnik
k. und k. Hofrath und Kanzlei-Director

1900

Die Urkunde über die Verleihung des Ehrenzeichens für Kunst und Wissenschaft, Wien, 12. Februar 1900

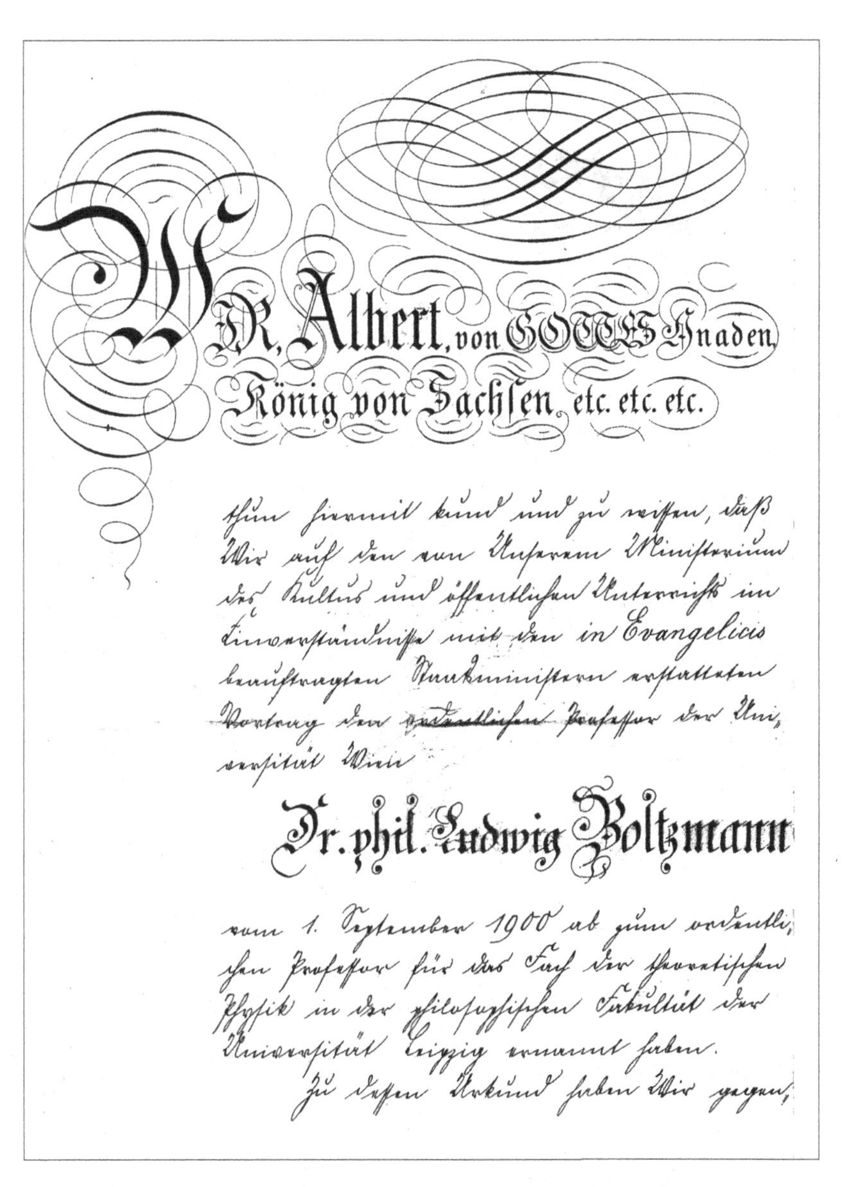

Wir, Albert, von GOTTES Gnaden,
König von Sachsen etc. etc. etc.

thun hiermit kund und zu wissen, daß
Wir auf den von Unserem Ministerium
des Kultus und öffentlichen Unterrichts im
Einverständnisse mit den in Evangelicis
beauftragten Staatsministern erstatteten
Vortrag den ~~ordentlichen~~ Professor der Universität Wien

Dr. phil. Ludwig Boltzmann

vom 1. September 1900 ab zum ordentli-
chen Professor für das Fach der theoretischen
Physik in der philosophischen Fakultät der
Universität Leipzig ernannt haben.
Zu dessen Urkund haben Wir gegen-

Die erste Seite der Urkunde über die Ernennung zum Professor für theoretische Physik an der Universität Leipzig zum 1. September 1900

Am Bord
des Postdampfers ....
den 19

Hamburg-Amerika Linie.

Liebste Mama!

Ich beginne diesen Brief noch auf dem Schiffe. Wir sind beide gesund; hoffentlich bleibe ich es auf der [illegible] zum Reise, die allerdings mehr Strapazen bringen wird, als bei meinem Alter und Nervensystem gut ist. Es ist auch fatal, dass wir nicht einmal voraussehen können, wann und wo du diesen Brief erhältst, ist

Die erste Seite eines Briefs (ohne Datum) von Ludwig Boltzmann an seine Frau Henriette von der Überfahrt nach USA, Ende August 1904

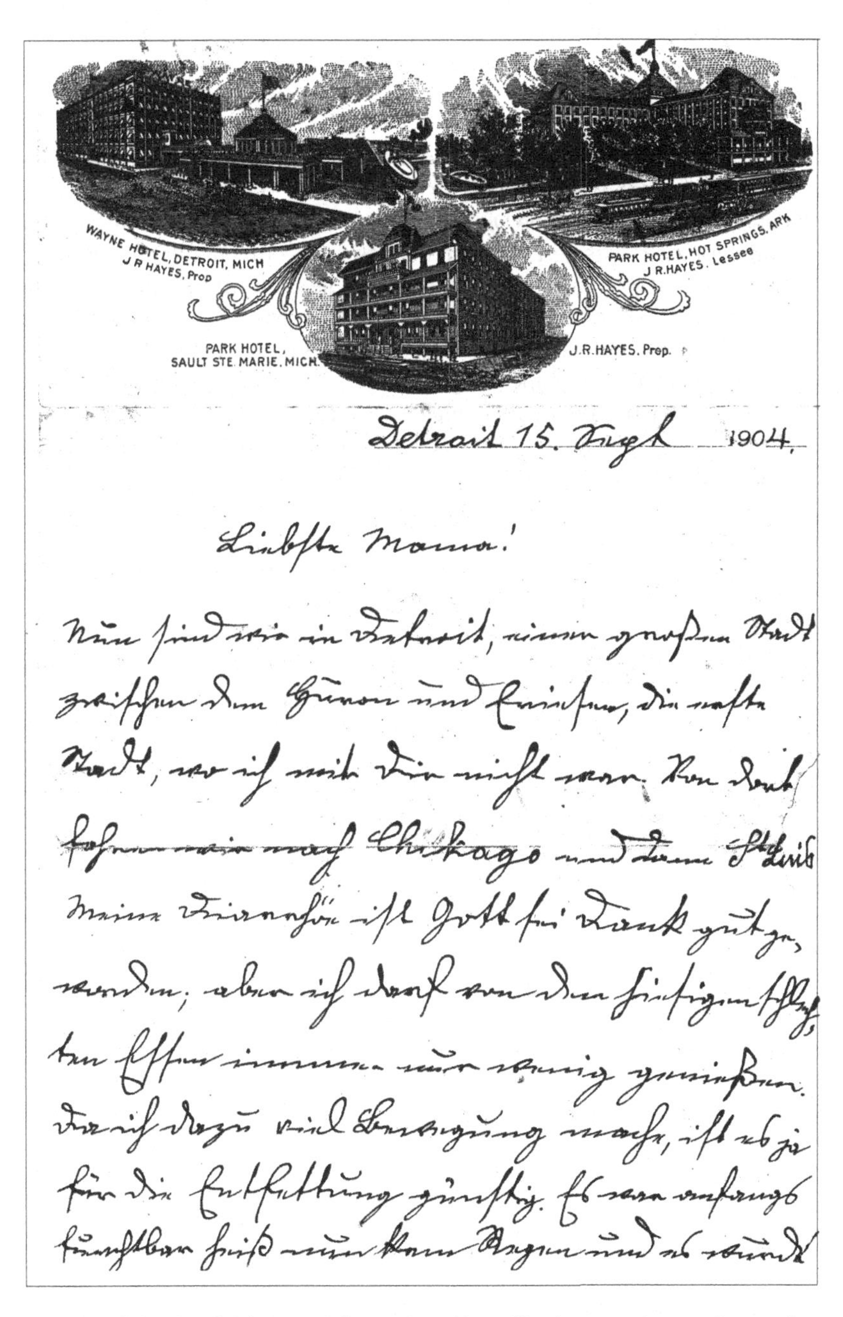

WAYNE HOTEL, DETROIT, MICH
J R HAYES, Prop

PARK HOTEL, HOT SPRINGS, ARK
J R. HAYES. Lessee

PARK HOTEL,
SAULT STE. MARIE, MICH.

J.R. HAYES. Prop.

Detroit 15. Sept 1904.

Liebste Mama!

Nun sind wir in Detroit, einer großen Stadt zwischen dem Huron und Eriesee, die erste Stadt, wo ich mit Dir nicht war. Von dort ~~fahren wir nach Chikago und dann St Louis~~ Meine Diarrhöe ist Gott sei Dank gut geworden; aber ich darf von den hiesigen schlechten Essen immer nur wenig genießen. Da ich dazu viel Bewegung mache, ist es ja für die Entfettung günstig. Es war anfangs furchtbar heiß nun kam Regen und es wurde

Die erste Seite eines Briefs vom 15. September 1904 an Henriette von der gemeinsam mit seinem Sohn Arthur vom 21. 8. bis 8. 10. 1904 nach USA durchgeführten Reise Boltzmanns anlässlich der Tagung in St. Louis. Der vollständige Text des Briefes steht auf der folgenden Seite.

Wayne Hotel, Detroit, Mich., Detroit, 15. Sept. 1904

Liebste Mama! [1]

Nun sind wir in Detroit, einer großen Stadt zwischen dem Huron und Eriesee, die erste Stadt, wo ich mit Dir nicht war. Von dort fahren wir nach Chikago und dann St. Luis. Meine Diarrhöe ist Gott sei Dank gut geworden; aber ich darf von dem hiesigen schlechten Essen immer nur wenig genießen. Da ich dazu viel Bewegung mache, ist es ja für die Entfettung günstig. Es war anfangs furchtbar heiß nun kam Regen und es wurde plötzlich ebenso eisig kalt; die Gesellschaftsräume der Hotels sind geheizt. Da bekam ich etwas Katarrh, bis jetzt nicht stark. Einige Zeit curierte ich mich mit sehr gutem Wein; jetzt bin ich wieder zum Eiswasser zurückgekehrt.

Wir sehen die großen amerikanischen Niagara Elektrowerke, die im Bau begriffenen englischen, und eine riesige Locomotivfabrik in Philadelphia an, was Arthur unendlich aber auch mich interessierte. Ich hoffe, in St. Luis einen Brief mit Nachrichten von Euch vorzufinden; wenn Du an den scientific congress schreibst, erhalte ich es sicher. Ich schrieb schon, daß wir mit dem Dampfer Deutschland zurückfahren, wir werden also etwa um den 8. Oktober herum in Wien ankommen.

Mit den herzlichsten Grüßen an Jetti, Ida, die die Matura jetzt schon hinter sich hat, Elsa, und mit 1000 Küssen und Grüßen an Dich

Dein Dich innig liebender Lui [2]

---

1 So nannte Ludwig Boltzmann stets seine Frau Henriette.

2 Und so nannte sie ihn meistens.

Einige der schon mehrfach publizierten Karikaturen von Karl Przibram, auf die im Kapitel 1 hingewiesen wurde; von Przibram betitelt nach Kapiteln der Populären Schriften.

Über die Unentbehrlichkeit der Atomistik in der Naturwissenschaft

Über Luftschiffahrt

Über die Grundprinzipien und Grundgleichungen der Mechanik

Reise eines deutschen Professors ins Eldorado

Beethoven im Himmel.

Eine ~~Phantasie~~ Scherzgedicht.

Nach Kämpfen, die ich lieber nicht erzähle,
Rang sich von meinem Körper los die Seele.
Das war nun durch den Raum ein glücklich Schweben,
Hin der, der Not und Angst gelitten eben!
Kaum achtet ich der Welten bunt' Gewimmel,
Mir winkte ja ein höheres Ziel, der Himmel.

Nach langen, langen pfeilgeschwinden Reisen
Hör' ich von fern wundersame Weisen.
(Ich eile hin, das sind der Engel Chöre,
Die ich bald nah' und immer näher höre.)
Nun bin ich dort; o reine weiche Klänge!
Doch scheinen einförmig mir die Gesänge,
Was ich den Engelein auch nicht verhehle.
Die lachen: „Das ist eines Deutschen Seele,
Ja (deren) Herkunft weckt im Himmel Neid!
Stimmt an das Lied: „„Gott grüßt die Ewigkeit,""
Damit er sieht, daß man's hier auch versteht!
– Doch passet auf, daß es zusammengeht!" –

Das sind der Engel (Chöre schon) ~~Melodien~~ / die nur der Auferweckte (die süßen) hören, / die begeistern. / ~~Bald~~ bin ich dort;

Nun singt man einen mächtigen Choral,
Beethovens Tonsatz merk' ich überall;
Das Stück jedoch ist mir vollkommen neu.
Auf meine Befrage, was für Stück das sei,
Erklärt man mir, daß auf des Herrn Befehl

Ludwig Boltzmanns Gedicht Beethoven im Himmel
Die erste Seite des Autographs

Ludwig Boltzmann:

Beethoven im Himmel

Ein Scherzgedicht

Nach Kämpfen, die ich lieber nicht erzähle,
Rang sich von meinem Körper los die Seele.
Das war nun durch den Raum ein glücklich Schweben,
Für den, der Not und Angst gelitten eben!
Kaum achtet ich der Welten bunt' Gewimmel,
Mir winkte ja ein höh'res Ziel, der Himmel.
Nach langem, langem pfeilgeschwinden Reisen
Hör' ich von ferne wundersame Weisen.
Das sind der Engel Chöre schon, die süßen,
Die nun den aufwärts Eilenden begrüßen.
Bald bin ich dort; o reine weiche Klänge!
Doch scheinen einförmig mir die Gesänge,
Was ich den Engelein auch nicht verhehle.
Die lachen: „Das ist eines Deutschen Seele,
Ja, eure Tonkunst weckt im Himmel Neid!
Stimmt an das Lied: ‚Gott preist die Ewigkeit',
Damit er sieht, dass man's hier auch versteht!
doch passet auf, dass es zusammengeht!"
Nun singt man einen mächtigen Choral,
Beethovens Tonsatz merk' ich überall;
Das Stück jedoch ist mir vollkommen neu.
Auf mein Befragen, was für Stück das sei,
Erklärt man mir, dass auf des Herrn Befehl
Beethovens Geist geschrieben es zur Stell',
Das sängen sie nun jetzt bei jedem Feste,
Denn unter ihren Liedern wär's das Beste.
Ich glaub's. O weist mich zu Beethovens Geist,
Dann bin ich nicht umsonst gereist!"
Man führet mich sofort durch blum'ge Auen
Und lässt gar bald den Himmlischen mich schauen;
Er wandelt einsam unter schatt'gen Palmen.
„Zu ihm, zu ihm! und müsst' es mich zermalmen,
Ihn, den ich ehrte als den höchsten Meister,
Nun selbst zu schauen in dem Reich der Geister!"
Schon sieht er mich, reicht freundlich mir die Hand,
„Willkommen Fremdling aus der Menschen Land!
Man beugt sich also noch der Macht der Töne
Und ehrt wie sonst das Große und das Schöne!
Den Engel-Chor, den ich im Himmel schrieb,
Trug man Dir vor schon; nun es ist mir lieb,

Dass deinetwegen sie die Müh' nicht sparten,
Man scheut ihn ob der übermäß'gen Quarten.
Doch wie gefällt er Dir?"
Ich schwieg verwirrt.
Doch er fuhr fort, voll Güte, unbeirrt.
„Du scheinst mir wahrhaft, Dein Gesicht ist ehrlich,
Du schmeicheltest schon dort auf Erden schwerlich,
um wieviel wen'ger hier!"
Da ward ich dreister.
„O Du mein Heros," sprach ich, „und mein Meister!
Ich lauschte mit Entzücken dem Gesang!
Doch ich erwartete noch schönren Klang,
Wenn Du im Himmel schriebst für Engelchöre!"
Da sprach er heiter mir entgegen: „Höre!
Dein Urtheil stimmt mit meinem! Du hast Recht!
Im Himmel hier gelingt mir alles schlecht.
Ich schreib' auch nichts mehr! Nur zum Weltgericht
Den Satz für die Posaunen weigr' ich nicht.
Sonst brächt' ich in Verlegenheit den Herrn.
Da muß ich wohl, thu' ich es gleich nicht gern.
Und weißt Du, was mir raubt des Schaffens Feuer?
Der Töne mächtigster fehlt hier der Leier
Und dieser mächt'ge Ton – es ist der Schmerz!
Der so gewaltig klingt, der hallt wie Erz.
Und packt er dich, dass jede Faser bebt,
Er ist Dein Freund, der Dich vom Staub erhebt.
Nur der wird mit der Menschheit Preis gekrönt,
Den er gefoltert, dass er ächzt und stöhnt.
Was zwingt zur Mutter so das Herz des Kind's?
Allein die namenlosen Qualen sind's,
Die sie gelitten hat so manche Nacht,
Wenn bei dem Kind nur sie und Gott gewacht.
Hast Du mit Deinem Weibe nie geweint ?
Dann kennt Ihr nicht den Kitt, der ewig eint.
Der Schmerz ist's, den ihr beide redlich theilt,
Dess' Andenken als Engel bei Euch weilt.
Der Heil'ge duldet heiter Schmerz und Qual,
Ihm leuchtet ja schon der Vollendung Strahl.
Auch hat noch keiner Heldenruhm errungen,
Der sich mit starker Hand nicht selbst bezwungen;
Und wenn dabei in Qual sein Herz gebebt,
Dann seine That im Lied unsterblich lebt!
Gott selbst, als er einst ward zu unsers gleichen,
Ward er ein König, einer von den Reichen?
Er ward ein schmerzbeladner Menschen-sohn!

Drum ist der Schmerz des Lebens wärmster Ton!
Er führt die Seele ein in diese Erde
Und löset sie, dass sie zum Engel werde!
Des Helfens Wollust lernst du, das Erbarmen,
Des Mitleids heil'gen Trieb in seinen Armen.
So fand, wo Großes ist, den Schmerz ich wieder;
Er war auch stets der Grundton meiner Lieder
Und hier in seel'ger Geister schönem Land
Entsank gar bald die Leier meiner Hand".
Da sah ich fast erschrocken zu ihm auf.
„O wunderbar ist doch der Welten Lauf!
Vor wenig Stunden bat ich noch den Tod
'Verschon mein Herz mit Qual und bittrer Not!'
Und hier im Himmel sehnt man sich nach Schmerz!
Wie bist Du unergründlich Menschenherz!"

10 Anhang

Zeittafel

1844	20. Februar: Ludwig Eduard Boltzmann geboren in Wien
1854	Eintritt in das Gymnasium in Linz
1863	Juli: Matura (Reifeprüfung) in Linz Oktober: Beginn des Studiums der Mathematik und Physik an der Universität Wien
1865	Erste Veröffentlichung: *Über die Bewegung der Electricität in krummen Flächen.*
1866	Zweite Veröffentlichung: *Über die mechanische Bedeutung des zweiten Hauptsatzes der Wärmetheorie.* Oktober 1866 bis September 1869: Assistent am k.k. physikalischen Institut der Universität Wien 19. Dezember: Promotion
1867	Lehramtsprüfung für Mathematik und Physik für das Obergymnasium 21. Dezember: Eröffnung des Habilitationsverfahrens zur Erteilung der Venia Docendi für alle Fächer der mathematischen Physik an der Universität Wien
1867/68	Probejahr am Akademischen Gymnasium in Wien
1868	7. März: Habilitation. Privatdozent für mathematische Physik
1869	17. Juli: Erste Professur an der Karl-Franzens-Universität Graz. Berufung auf die neu errichtete Lehrkanzel für mathematische Physik
1870	Sommersemester: Zusammenarbeit mit Bunsen und Kundt am physikalischen Institut der Universität Heidelberg. Begegnung mit Kirchhoff
1871	Wintersemester 1971/72: Zusammenarbeit mit Helmholtz am Physikalischen Laboratorium der Friedrich-Wilhelm-Universität in Berlin
1873	Erste Professur an der Universität Wien. Ernennung zum o.ö. Professor für Mathematik
1875	März: Ablehnung eines Rufs an das Eidgenössische Polytechnikum in Zürich 1. April: Erweiterung des Lehrauftrags an der Universität Wien „auf jene Gebiete dieser Wissenschaft [Mathematik], welche mit der Physik im Zusammenhang stehen" unter Bewilligung einer jährlichen Zulage von 1200 Gulden (lt. Dekret vom 7. April 1875). November: Ablehnung eines Rufs an die Universität Freiburg
1876	17. Juli: Hochzeit in Graz 28. August: Zweite Professur an der Karl-Franzens-Universität Graz. Ernennung zum o.Professor für Physik und Leiter des Physikalischen Instituts mit einem Jahresgehalt von 3840 Gulden (lt. Dekret vom 28. August 1876)

1878/79	Dekan der philosophischen Fakultät der Universität Graz (lt. Dekret vom 3. August 1878)
1881	Verleihung des Titels eines „Regierungsrathes" (lt. Dekret vom 25. August 1881)
1887/88	Rektor der Universität Graz (lt. Dekret vom 24. Juni 1887)
1888	6. Januar: Ruf an die Friedrich-Wilhelms-Universität Berlin an die Philosophische Fakultät (als Nachfolger Kirchhoffs) März: Ernennung zum o.Professor für theoretische Physik in Berlin (lt. Bestallungsurkunde vom 19. März 1888) 24. Juni: Absage an die Universität Berlin 14. Oktober und 10. Dezember: Versuche, die Absage rückgängig zu machen 20. Oktober: Abschlägige Antwort aus Berlin Mit Dekret vom 12. September 1888 wird das Jahresgehalt in Graz auf 5000 Gulden erhöht
1889	27. Oktober: Verleihung des Titels eines „Hofrathes" (lt. Dekret vom 30. Oktober 1889)
1890	6. Juli: Ernennung zum Professor für Theoretische Physik an der Kgl. Ludwig-Maximilian Universität in München. Verleihung des Titels eines „Geheimen Rates" 31. August: Entlassung aus dem österreichischen Staatsdienst (lt. Dekret vom 19. August 1890)
1894	1. September: Entlassung aus dem Bayerischen Staatsdienst (lt. Dekret vom 18. Juli 1894) 1. September: Zweite Professur an der Universität Wien. Berufung zum o.Professor der Theoretischen Physik mit einem Jahresgehalt von 7600 Gulden und einer freien Dienstwohnung (lt. Dekret vom 22. Juni 1894)
1899	20. Juli bis 2. August: Erste USA-Reise nach Worcester
1900	31. August: Entlassung aus dem österreichischen Staatsdienst (lt. Dekret vom 21. Juli 1900) 1. September: Professur an der Universität Leipzig. Ernennung zum o.Professor der theoretischen Physik in der Philosophischen Fakultät (lt. Dekret vom 17. August 1900) mit einem Jahresgehalt von 12.000 Mark (lt. Berufungszusage vom 4. August 1900)
1902	1. Oktober: Dritte Professur an der Universität Wien. Berufung zum o.Professor der theoretischen Physik mit einem Jahresgehalt von 15.200 Kronen und einer jährlichen Wohnungsentschädigung von 3000 Kronen. Wiederverleihung des Titels eines „Hofrates" (lt. Dekreten vom 4. Juni und 14. Juli 1902)
1903	5. Mai: Zusätzlicher Lehrauftrag für „Philosophie der Natur und Methodologie der Naturwissenschaften" mit einer Remuneration von 2000 Kronen je Semester (lt. Dekret vom 9. Mai 1903)
1904	Dispension vom zusätzlichen Lehrauftrag
1904	21. August bis 8. Oktober: Zweite USA-Reise nach St. Louis, Detroit, Chicago, Washington D.C.
1905	11. Juni bis 3. August: Dritte USA-Reise nach Berkeley
1906	5. Mai: Wegen Krankheit vom Dienst beurlaubt
1906	5. September: Ludwig Boltzmann beendet sein Leben in Duino bei Triest

Ehrungen (nach vorhandenen Urkunden)

1875 29. Mai: *Freiherr von Baumgartner Preis* der Akademie der Wissenschaften in Wien; dotiert mit 1000 Gulden

1882 9. Dezember: Korrespondierendes Mitglied der Königlichen Gesellschaft der Wissenschaften zu Göttingen in der Mathematischen Klasse

1885 20. Mai: Wirkliches Mitglied der Kaiserlichen Akademie der Wissenschaften in Wien, Mathematisch-Naturwissenschaftliche Klasse

1887 2. November: Auswärtiges Mitglied der Königlichen Gesellschaft der Wissenschaften zu Göttingen in der Mathematischen Klasse

1888 5. April: Ordentliches Mitglied der Preußischen Akademie der Wissenschaften in der Physikalisch-Mathematischen Klasse
29. Juni: Ehrenmitglied der Preußischen Akademie der Wissenschaften in Berlin (Umwandlung der bisherigen Mitgliedschaft)
12. Dezember: Auswärtiges Mitglied der Königlich Schwedischen Akademie in Stockholm

1889 13. Januar: Korrespondierendes Mitglied der Akademie der Wissenschaften in Bologna

1890 2. Juli: Ehrenmitglied der Mathematisch-Physikalischen Gesellschaft an der Universität Graz

1891 14. November: Ordentliches Mitglied der Bayerischen Akademie der Wissenschaften in München

1892 30. Januar: Ehrenmitglied des Naturwissenschaftlichen Vereins für Steiermark in Graz
26. April: Ehrenmitglied der Manchester Literary and Philosophical Society, Manchester
21. Mai: Auswärtiges Mitglied der Holländischen Gesellschaft der Wissenschaften in Haarlem

1893 7. April: Auswärtiges Mitglied der Gesellschaft der Wissenschaften in Kopenhagen

1894 15. August: **Verleihung eines Ehrendoktorats der Universität Oxford**

1895 9. Mai: Mitglied der Königlichen Gesellschaft Edinburgh
29. Mai: Wiederwahl als Wirkliches Mitglied der Kaiserlichen Akademie der Wissenschaften in Wien
7. Dezember: Ordentliches Mitglied der Königlichen Gesellschaft der Wissenschaften in Uppsala

1896 12. Januar: Auswärtiges Mitglied der Akademie der Wissenschaften in Turin
7. September: Auswärtiges Mitglied der Regia Lynceorum Academia, Rom
9. Oktober: Auswärtiges Mitglied der Akademie der Wissenschaften in Rom in der Klasse für Physik, Mathematik und Naturwisenschaften

1897 10. März: Auswärtiges Ehrenmitglied der American Academy of Arts and Sciences, of Physics, Boston
21. April: Auswärtiges Mitglied der Niederländischen Akademie der Wissenschaften in Amsterdam
6. Mai: Auswärtiges Mitglied der Italienischen Gesellschaft der Wissenschaften in Rom

	24. Mai: Ehrenmitglied der Cambridge Philosophical Society
	15. Juni: Ehrenmitglied der Physikalisch-Medizinischen Societät Erlangen
1898	26. Mai: Ehrenmitglied des Physikalischen Vereins zu Frankfurt am Main
1899	1. Juni: Mitglied der Gesellschaft für Naturwissenschaften in London
	10. Juli. **Verleihung eines Ehrendoktorats der Clark University, Worcester, Massachusetts**
	21. November: Verleihung des Königlich Bayerischen Maximilians-Ordens für Wissenschaft und Kunst
	29. Dezember: Korrespondierendes Mitglied der Kaiserlichen Akademie der Wissenschaften in Petersburg
1900	9. Februar: Verleihung des Österreichischen Ehrenzeichens für Kunst und Wissenschaft
	4. Mai: Auswärtiges Mitglied der Ungarischen Akademie der Wissenschaften in Budapest
	15. Dezember: Ordentliches Mitglied der Königlich Sächsischen Gesellschaft der Wissenschaften in Leipzig
1902	11. März: Verleihung des Otto-Vahlbruch-Preises an der Universität Göttingen; dotiert mit 12.000 Mark
	6. September: **Verleihung eines Ehrendoktorats der Norwegischen König Frederik Universität in Christiania**
1903	15. Oktober: Ehrenmitglied der Kaiserlichen Gesellschaft der Freunde der Naturwissenschaften in Petersburg
	18. Dezember: Ehrenmitglied der Kaiserlichen Naturwissenschaftlichen Gesellschaft in Moskau
1904	26. Januar: Ehrenmitglied des Akademischen Senats (Ehrensenator) der Kaiserlichen Universität Petersburg
	20. Februar: Festveranstaltung zum 60. Geburtstag. Festschrift: Meyer, St. (1904) Festschrift Ludwig Boltzmann gewidmet zum sechzigsten Geburtstage (117 Einzelbeiträge, 928 Seiten). J. A. Barth, Leipzig
	16. März: Ehrenmitglied der Royal Irish Academy, Department of Science, Dublin
	21. April: Auswärtiges Mitglied der National Academy of Sciences of the United States of America, Washington D.C.
	9. Mai: Ehrenmitglied der Royal Institution of Great Britain, London
	11. Mai: Ehrenmitglied der Kaiserlichen Universität Kasan
	20. Mai: Wiederwahl als Wirkliches Mitglied der Kaiserlichen Akademie der Wissenschaften in Wien
	17. Oktober: Ehrenmitglied der Academy of Science of St. Louis
1906	1. März: Medaille (in 18 kar. Gold) und Ehrenpreis der Peter-Wilhelm-Müller Stiftung in Frankfurt am Main; dotiert mit 9000 Reichsmark

Anmerkung: Die Urkunden über die Mitgliedschaften der Akademie der Wissenschaften New York, Physical Society of London, British Association for Advancement of Science befinden sich nicht im Familienbesitz (u.U. verloren).

Werkeverzeichnis Ludwig Boltzmann

Das Verzeichnis erhebt Anspruch auf weitgehende Vollständigkeit. Übernommen aus W. Höflechner (1964) Leben und Briefe. Graz – mit Erlaubnis W. Höflechner.
Es bedeuten:
SBWien: Sitzungsberichte der Akademie der Wissenschaften Wien
AWAnz: Anzeiger der Akademie der Wissenschaften in Wien
SBMünchen: Sitzungsberichte der Akademie der Wissenschaften München
SBBerlin: ebenso

1865

1 **Über die Bewegung der Elektrizität in krummen Flächen**
SBWien 52 (1865) 214–221, AWAnz 2 (1865) 128

1866

2 **Über die mechanische Bedeutung des zweiten Hauptsatzes der Wärmetheorie**
SBWien 53 (1866) 195–220, AWAnz 3 (1966) 36

1867

3 **Über die Anzahl der Atome in den Gasmolekülen und die innere Arbeit in Gasen**
SBWien 56 (1867) 682–690, AWAnz 4 (1867) 235

1868

4 **Über die Integrale linearer Differentialgleichungen mit periodischen Koeffizienten**
SBWien 58 (1868) 54–59, AWAnz 5 (1868) 146

5 **Studien über das Gleichgewicht der lebendigen Kraft zwischen bewegten materiellen Punkten**
SBWien 58 (1868) 517–560, AWAnz 5 (1868)

6 **Lösung eines mechanischen Problems**
SBWien 58 (1868) 1035–1044, AWAnz 5 (1868) 257

1969

7 **Über die Festigkeit zweier mit Druck übereinander gesteckter zylindrischer Röhren**
SBWien 59 (1869) 679–688, AWAnz 6 (1869) 82

8 **Über die elektrodynamische Wechselwirkung der Teile eines elektrischen Stromes von veränderlicher Gestalt**
SBWien 60 (1969) 6987, Schlömilchs Zeitschrift 15 (1870) 16ff., AWAnz 6 (1869) 114

9 **Bemerkung zur Abhandlung des Herrn R. Most: Ein neuer Beweis des zweiten Wärmegesetzes**
PoggAnn 137 (1869) 495

1870

10 **Bemerkung über eine Abhandlung Prof. Kirchhoff's im Crelle'schen Journale Bd. 71** AWAnz 7 (1870) 146–148

11 **Erwiderung an Herrn Most** PoggAnn 140 (1870) 635–644

12 **Über die von bewegten Gasmassen geleistete Arbeit**
PoggAnn 140 (1870) 254–263

13 **Noch einiges über Kohlrauschs Versuch zur Bestimmung Verhältnisses der Wärmekapazitäten von Gasen**
PoggAnn 141 (1870) 473-476

14 **Über die Ableitungen der Grundgleichungen der Kapillarität aus dem Prinzipe der virtuellen Geschwindigkeiten**
PoggAnn 141 (1870) 582-590

15 **Über eine neue optische Methode, die Schwingungen tönender Luftsäulen zu analysieren** gemeinschaftlich mit A. Toepler PoggAnn 141 (1870) 1–352, AWAnz 7 (1870) 73
PhilMag (4) 42 (1871) 393

16 **Über die Druckkräfte, welche auf Ringe wirksam sind, die in bewegte Flüssigkeit tauchen**
Crelles Journal für die reine und angewandte Mathematik 73 (1871) 111–134, AWAnz 7 (1870) 146

1871

17 **Zur Priorität der Auffindung der Beziehung zwischen dem zweiten Hauptsatze der mechanischen Wärmetheorie und dem Prinzip der kleinsten Wirkung**
PoggAnn 143 (1871) 211–230

18 **Ueber die Druckkräfte, welche auf Ringe wirksam sind die in bewegte Flüssigkeit tauchen**
Journal für die Reine und Angewandte Mathematik 73 (1871)

19 **Über das Wärmegleichgewicht zwischen mehratomigen Gasmolekülen**
SBWien 63 (1871) 397–418, AWAnz 8 (1871) 46

20 **Einige allgemeine Sätze über Wärmegleichgewicht**
SBWien 63 (1871) 679-711, AWAnz 8 (1871) 55

21 **Analytischer Beweis des zweiten Hauptsatzes der Wärmetheorie aus den Sätzen über das Gleichgewicht der lebendigen Kraft**
SBWien 63 (1871) 712–732, AWAnz 8 (1871) 92

1872

22 **Über das Wirkungsgesetz der Molekularkräfte**
SBWien 66 (1872) 213–219, AWAnz 9 (1872) 134

23 **Weitere Studien über das Wärmegleichgewicht unter Gasmolekülen**
SBWien 66 (1872) 275–370, AWAnz 9 (1872) 23
AWAnz 9 (1872) 141 vom 10. 10. 1872

24 **Resultate einer Experimentaluntersuchung über das Verhalten leitender Körper unter dem Einflusse elektrischer Kräfte**
Vorläufige Mitteilung SBWien 66 (1872) 256–263, AWAnz 9

1873

25 **Experimentelle Bestimmung der Dielekrizitätskonstante von Isolatoren**
SBWien 67 (1873) 17–80, PoggAnn 151 (1874) 482–531, Carls Repetitorium 10 (1874) 109–165, AWAnz 10 (1873) 5

26 **Über Maxwells Elektrizitätstheorie**
Mitteilungen des naturwissenschaftlichen Vereins in Graz, August 1873, Populäre Schriften Nr. 2, 11–24

27 **Experimentaluntersuchung über die elektrostatische Fernwirkung dielektrischer Körper**
SBWien 68 (1873) 81–155, AWAnz 10 (1873) 56, 10 (1873) 129

1874

28 **Experimentelle Bestimmung der Dielektrizitätskonstante einiger Gase** SBWien 69 (1874) 795–813, 96
AWAnz 11(1874) 96, PoggAnn 155 (1875) 403

29 **Über einige an meinen Versuchen über die elektrostatische Fernwirkung dielektrischer Körper anzubringende Korrektionen**
SBWien 70 (1874) 307-341, AWAnz 11 (1874) 172

30 **Über die Verschiedenheit der Dielektrizitätskonstante des kristallisierten Schwefels nach verschiedenen Richtungen**
SBWien 70 (1874) 342–366, AWAnz 11 (1874) 172

31 **Experimentaluntersuchung über das Verhalten nicht leitender Körper unter dem Einflusse elektrischer Kräfte**
PoggAnn 153 (1874) 525–534

32 **Zur Theorie der elastischen Nachwirkung**
SBWien 70 (1874) 275–306, AWAnz 11 (1874) 172
PoggAnn Erg-Bd 7 (1876) 664 624–664

33 **Über den Zusammenhang zwischen der Drehung der Polarisationsebene und der Wellenlänge der verschiedenen Farben**
PoggAnn Jubelband (1874) 128–134

1875

34 **Über das Wärmegleichgewicht von Gasen, auf welche äußere Kräfte wirken**
SBWien 772 (1875) 427–457, AWAnz 12 (1875) 174

35 **Bemerkungen über die Wärmeleitung der Gase**
SBWien 72 (1875) 458–470, PoggAnn 157 (1876) 457–469,
engl. Mitteilung in: PhilMag (4) 50 (1875) 495–496, AWAnz 12 (1875) 174

36 **Zur Integration der partiellen Differentialgleichungen erster Ordnung**
SBWien 72 (1875) 471–483, AWAnz 12 (1875) 175
engl. Mitteilung in: PhilMag (4) 50 (1875) 495–496

1876

37 **Zur Abhandlung des Hrn. Oscar Emil Meyer über innere Reibung** Crelles Journal 81 (1876) 96

38 **Über die Aufstellung und Integration der Gleichungen, welche die Molekularbewegungen in Gasen bestimmen**
SBWien 74 (1876) 503–552, AWAnz 13 (1876) 204

39 **Über die Natur der Gasmoleküle**
SBWien 74 (1876) 553–560, AWAnz 13 (1876) 204

40 **Zur Geschichte des Problems der Fortpflanzung ebener Luftwellen von endlicher Schwingungsweite**
Schlömilch Zeitschr. 21 (1876) 452

1877

41 **Bemerkungen über einige Probleme der mechanischen Wärmetheorie**
SBWien 75 (1877) 62–100, AWAnz 14 (1877) 9

42 **Notiz über die Fouriersche Reihe** AWAnz 14 (1877) 10

43 **Über eine neue Bestimmung einer auf die Messung der Moleküle Bezug habenden Größe aus der Theorie der Kapilarität**
SBWien 75 (1877) 801–813, AWAnz 14 (1877) 85

44 **Über die Beziehung zwischen dem zweiten Hauptsatze der Wärmetheorie und der Wahrscheinlichkeitsrechnung respektive den Sätzen über das Wärmegleichgewicht**
SBWien 76 (1877) 373–435, AWAnz 14 (1877)

45 **Über einige Probleme der Theorie der elastischen Nachwirkung und über eine neue Methode, Schwingungen mittels Spiegelablesungen zu beobachten, ohne den schwingenden Körper mit einem Spiegel von erheblicher Masse zu belasten**
SBWien 76 (1877) 815–842, AWAnz 14 (1877) 238

1878

46 **Weitere Bemerkungen über einige Probleme der mechanischen Wärmetheorie**
SBWien 78 (1878) 7–46, AWAnz 15 (1878) 115

47 **Über die Beziehung der Diffusionsphänomene zum zweiten Hauptsatz der mechanischen Wärmetheorie**
SBWien 78 (1878) 733–763, AWAnz 15 (1878) 115 und 15 (1978) 177
engl. Mitteilung in: PhiNag (5) 6 (1878) 236

48 **Zur Theorie der elastischen Nachwirkung**
Wiedemanns Annalen 5 (1878) 430–432

49 **Remarques au sujet d'une Communication de M. Maurice Lévy sur une loi universelle relative à la dilatation du corps**
Comptes rendus 87 (1878) 593

50 **Nouvelles remarques au sujet des Communications de M. Maurice Lévy sur une loi universelle relative à la dilatation des corps** Comtes rendus 87 (1878) 773

51 **Notiz über eine Arbeit des Hrn. Overbeck über induzierten Magnetismus** AWAnz 15 (1878) 203–205

1879

52 **Über das Mitschwingen eines Telephons mit einem anderen**
AWAnz 16 (1879) 71–73

53 **Besprechung einer Arbeit von E. Cook über die Existenz eines lichttragenden Aethers, die in PhilMagazine 5/38 (1879) 225–239 erschienen ist**
Beiblätter zu Wiedemanns Annalen 3 (1879) 703

54 **Über die auf Diamagnete wirksamen Kräfte**
SBWien 80 (1879) 687–714, AWAnz 16 (1879) 250

55 Erwiderung auf die Bemerkung des Hrn. Oskar Emil Meyer
Wiedemanns Annalen 8 (1879) 653–655

1880

56 **Erwiderung auf die Notiz des Hrn O. E. Meyer über eine veränderte Form usw.**
Wiedemanns Annalen 11 (1880) 529–534

57 **Über die Magnetisierung eines Ringes. Über die absolute Geschwindigkeit der Elektrizität im elektrischen Strome**
AWAnz 17 (1880) 12–13, PhilMag (5) 9 (1880) 308f

58	**Bemerkung zu E. H. Halls: Über eine neue Wirkung der Magnete auf elektrische Ströme** Beiblätter zu Wiedemanns Annalen 4 (1880) 408–410
59	**Zur Theorie der sogenannten elektrischen Ausdehnung oder Elektrostriktion I** SBWien 82 (1880) 826–839, AWAnz 17 (1880), PhilMag (5) 11 (1881) 75
60	**Zur Theorie der sogenannten elektrischen Ausdehnung oder Elektrostriktion II** SBWien 82 (1880) 1157–1168, AWAnz 17 (1880) 237
61	**Zur Theorie der Gasreibung I** SBWien 81 (1880) 117–158, AWAnz 17 (1880) 11
1881	
62	**Zur Theorie der Gasreibung II** SBWien 84 (1881) 40–135, AWAnz 17 (1880) 213, 18 (1881) 148 ddo 17. 6.1881
63	**Zur Theorie der Gasreibung III** SBWien 84 (1881) 1230–1263, AWAnz 18 (1881) 272
64	**Entwicklung einiger zur Bestimmung der Diamagnetisierungszahl nützlichen Formeln** SBWien 83 (1881) 576–587, AWAnz 18 (1881) 69
65	**Einige Experimente über den Stoß von Zylindern** SBWien 84 (1881) 1225–1229, Wiedemanns Ann. 17 (1882) 343–347, AWAnz 18 (1881) 272
66	**Über einige das Wärmegleichgewicht betreffende Sätze** SBWien 84 (1881) 136–145, AWAnz 18 (1881) 148
67	**Referat über die Abhandlung von J. C. Maxwell „Über Boltzmanns Theorem betreffend die mittlere Verteilung der lebendigen Kraft in einem System materieller Punkte"** Wiedemanns Annalen Beiblätter 5 (1891) 403–417, engl. Mitteilung in: PhilMag (5) 14 (1882) 299
68	**Zu K. Streckers Abhandlung: Über die spezifische Wärme des Chlors usw.** Wiedemanns Annalen 13 (1881) 544
1882	
69	**Vorläufige Mitteilung über Versuche, Schallschwingungen direkt zu photographieren** AWAnz 19 (1882) 242–43, ill. Mag (5) 15 (1883) 151, Beiblätter zu Wiedemanns Annalen (1884) 475–76
70	**Zur Theorie der Gasdiffusion I** SBWien 86 (1882) 63–99, AWAnz 19 (1882) 128
1883	
71	**Zur Theorie der Gasdiffusion II** SBWien 88 (1883) 835–860, AWAnz 20 (1883) 183
72	**Zu K. Streckers Abhandlungen: Die spezifische Warme der gasförmigen zweiatomigen Verbindungen von Chlor, Brom, Jod, usw.** Wiedemanns Annalen 18 (1883) 309–10
73	**Über das Arbeitsquantum, welches bei chemischen Verbindungen gewonnen werden kann** SBWien 88 (1883) 861–896, AWAnz 20 (1883) 204 Wiedemanns Annalen 22 (1884) 39–72

1884

74 **Über die Möglichkeit der Begründung einer kinetischen Gastheorie auf anziehende Kräfte allein**
SBWien 89 (1884) 714–722, Wiedemanns Annalen 24 (1885) 37–44, Exners Repetitorium 21 (1885) 1–7, AWAnz 21 (1884) 100

75 **Über eine von Hrn. Bartoli entdeckte Beziehung der Wärmestrahlung zum zweiten Hauptsatze**
Wiedemanns Annalen 22 (1884) 31–39

76 **Ableitung des Stefanschen Gesetzes, betreffend die Abhängigkeit der Wärmestrahlung von der Temperatur aus der Lichttheorie** Wiedemanns Annalen 22 (1884) 291–294

77 **Über die Eigenschaften monozyklischer und anderer damit verwandter Systeme**
Crelles Joumal 98 (1884–1885) 68–94, teilw.: ISBWien 90 (1884) 231 ff, AWAnz 21 (1884) 153 und 171

1885

78 **Über einige Fälle, wo die lebendige Kraft nicht integrierender Nenner des Differentials der zugeführten Energie ist**
SBWien 92 (1885) 853–875, Exners Repetitorium, AWAnz 22 (1885) 185

1886

79 **Neuer Beweis eines von Helmholtz aufgestellten Theorems betreffend die Eigenschaften monozyklischer Systeme**
Göttinger Nachrichten (1886) 209–213

80 **Notiz über das Hallsche Phänomen**
AWAnz 23 (1886) 77–80
engl. Mitteilung in: PhilMag. V 22 (1886) 226–28

81 **Nachtrag [zu der nur in AWAnz 23 (1886) 77–80 unter dem 8. 4. 1886 veröffentl. Notiz über das Hallsche Phänomen]**
AWAnz 23 (1886), 20. 5.1886

82 **Der zweite Hauptsatz der mechanischen Wärmetheorie**
„Vortrag, gehalten in der feierlichen Sitzung der kaiserl. Akademie der Wissenschaften am 29. Mai 1886", Wien 1886
auch in: Populäre Schriften Nr. 3, 25–50

83 **Zur Theorie des von Hall entdeckten elektromagnetischen Phänomens** SBWien 94 (1886) 644–669, AWAnz 23 (1886) 174

84 **Bemerkung zu dem Aufsatze des Hrn. Lorberg Über einen Gegenstand der Elektrodynamik**
Wiedemanns Analen 29 (1886) 598–603

85 **Über die von Pebal in seiner Untersuchung des Euchlorins verwendeten unbestimmten Gleichungen**
Annalen der Chemie 232 (1886) 121–24

86 **Zur Berechnung der Beobachtungen mit Bunsens Eiskalorimeter**
Annalen der Chemie 232 (1886) 125–28

87 **Über die zum theoretischen Beweise des Avogadro' schen Gesetzes erforderlichen Voraussetzungen**
SBWien 94 (1886) 613-643, AWAnz 23 (1886) 174, PhilMagazine (5) 23 (1887) 305–333

1887

88 **Über die mechanischen Analogien des zweiten Hauptsatzes der Thermodynamik**
Crelles Joumal 100 (1887) 201–212

89 **Neuer Beweis zweier Sätze über das Wärmegleichgewicht unter mehratomigen Gasmolekülen**
SBWien 95 (1887) 153–164, AWAnz 24 (1887) 25,
engl. Mitteilung in: PhilMagazin Ser. 5, 23 (1887) 305–333

90 **Versuch einer theoretischen Beschreibung der von Prof. Albert von Ettingshausen beobachteten Wirkung des Magnetismus auf die galvanische Wärme**
AWAnz 24 (1887) 71–74, 17. 3. 1887

91 **Über einen von Prof. Pebal vermuteten thermochemischen Satz, betreffend nicht umkehrbare elektrolytische Prozesse**
SBWien 95 (1887) 935–941, AWAnz 24 (1887) 128, 5. 5. 1887

92 **Über einige Fragen der kinetischen Gastheorie**
SBWien 96 (1887) 891–918, AWAnz 24 (1887) 228,
englische Mitteilung in: PhilMagazine V 25 (1888) 81–103

93 **Gustav Robert Kirchhoff**, Festrede zur Feier des 301. Gründungstages der Karl-Franzens-Universität zu Graz, gehalten am 15. 11.1887 Populäre Schriften Nr. 4, 51–75

94 **Zur Theorie der thermoelektrischen Erscheinungen**
SBWien 96 (1887) 1258–1297

95 **Einige kleine Nachträge und Berichtigungen**
Wiedemanns Annalen 31 (1887) 139–140

96 **Über die Wirkung des Magnetismus auf elektrische Entladungen in verdünnten Gasen**
Wiedemanns Annalen 31 (1897) 789–792,
engl. Mitteilung in: PhilMag V 24 (1897) 373–437; siehe
(97 oben 93; veröffentl. bei J. A. Barth, Leipzig 1888)

1888

98 **Über das Gleichgewicht der lebendigen Kraft zwischen progressiver und Rotationsbewegung bei Gasmolekülen**
SBBerlin (1888) 1395–1408

1889

99 **Über das Verhältnis der Größe der Moleküle zu dem von den Valenzen eingenommenen Raume**
[Vortrag gehalten bei der 62. Versammlung der Deutschen Naturforscher und Ärzte in Heidelberg 1889; von Walther Nernst nach dem Gedächtnis referiert] Chem. Centralblatt 60 II (1889) 677–678

1890

100 **Über die Hertz'schen Versuche** PoggAnn 40 (1890) 399-400

101 **Die Hypothese van' t Hoffs über den osmotischen Druck vom Standpunkte der kinetischen Gastheorie**
Zeitschr. f. physikalische Chemie 6 (1880) 474–480

102 **Neuer Beweis eines von Helmholtz aufgestellten Theorems betreffend die Eigenschaften monocyclischer Systeme**
Göttinger Nachrichten 209–213

1891

103 Kirchhoff (Ed.) Gesammelte Abhandlungen. Nachtrag, Leipzig 104

104 **Erwiderung Prof. Dr. Ludwig Boltzmanns = Über die Bedeutung von Theorien** (dieser Titel wird nur in den Populären Schriften verwendet) „Erwiderung auf die Abschiedsworte von A. Tewes und H. Streintz bei der Berufung nach München, am 16. Juli in Graz gesprochen" In: Reden bei der zu Ehren des Herrn k.k. Hofrathes Prof. Dr. Ludwig Boltzmann an der Universität Graz veranstalteten Abschiedsfeier gehalten von Prof Dr. August Tewes, Rector magnificus der Universität, Prof Dr. Heinrich Streintz als Festredner und Prof. Dr. Ludwig Boltzmann, hrsg. vom Mathematisch-Physikalischen Vereine der Universität Graz, 1892, 37–44. Populäre Schriften Nr. 5, 76–80

105 **Vorlesungen über Maxwells Theorie der Elektrizität und des Lichtes – Bd 1: Ableitung der Grundgleichungen für ruhende, isotrope Körper**

1893

Bd **2: Verhältnis zur Fernwirkungstheorie; specielle Fälle der Elektrostatik, stationäre Strömung und Induction**
Beide Bände, J. A. Barth, Leipzig1893

1894

106 **Nachtrag zur Betrachtung der Hypothese van't Hoffs vom Standpunkte der kinetischen Gastheorie**
Zeitschrift f. physikal. Chemie 7 (1891) 88–90

107 **Über einige die Maxwell'sche Elektrizitätstheorie betreffende Fragen**
Verhandlungen der 64. Versammlung Deutscher Naturforscher und Ärzte in Halle a. S. (1991) 29–34,
Wiedemanns Annalen 48 (1893) 100–107

108 **Gesammelte Abhandlungen von G. Kirchhoff. Nachtrag**
Leipzig 1891

1892

109 **Über die Methoden der theoretischen Physik**
Katalog mathematischer und mathematisch-physikalischer Modelle, Apparate und Instrumente, herausgegeben im Auftrage des Vorstandes der deutschen Mathematiker- Vereinigung von W. Dyck, München 1892, S. 89
Populäre Schriften Nr.1 1–10, Naturwissenschaftfiche Rundschau 9/16 (1894) 197–200

110 **Über ein Medium, dessen mechanische Eigenschaften auf die von Maxwell für den Elektromagnetismus aufgestellten Gleichungen führen** SBMünchen 22 (1892) 279–301
leicht verändert und mit Nachtrag in: Wiedemanns Annalen 48 (1893) 78–99

111 **III. Teil der Studien über Gleichgewicht der lebendigen Kraft**
SBMünchen 22 (1892) 329–358, = On the Equilibrium of Vis Viva – Part III, PhilMag 35 (1893) 153–173

112 **Über ein mechanisches Modell zur Versinnlichung der Anwendung der Lagrangeschen Bewegungsgleichung in der Wärme- und Elektrizitätslehre**
Jb der Deutschen Math.-Vereinig. 1 (1892) 53–55

A (235.) Apparat zur Demonstration der Gesetze der gleichförmig beschleunigten Rotationsbewegung von Prof. Boltzmann
B (265.) Wellenmaschine zur Demonstration der Superposition von Wellen von Prof. L. Boltzmann
C (266.) Zwei Apparate, um die Obertöne gezupfter Saiten zu zeigen von Prof. L. Boltzmann
D (297.) Apparat zur mechanischen Versinnlichung des Verhaltens zweier elektrischer Ströme (Bicycle) von Prof. L. Boltzmann

113 **Beschreibung einiger Demonstrationsapparate**
Katalog mathematischer und mathematisch-physikalischer Modelle, Apparateund Instrurnente, herausgegeben im Auftrage des Vorstandes der deutschen Mathematiker-Vereinigung von W. Dyck, München 1992, Nr. 235, 265, 266, 297

114 **Über das den Newtonschen Farbenringen analoge Phänomen beim Durchgang Hertz'scher Planwellen durch planparallele Metallplatten**
SBMünchen 22 (1892) 53–70, Wiedemanns Annalen 48 (1893) 63–77

1893

Vorlesungen Maxwells Theorie der Elektrizität und des Lichtes Bd 1: siehe Nr. 105
Bd 2: Verhältnis zur Fernwirkungstheorie, stationäre Strömung und Induction specielle Fälle der Elektrostatik. J. A. Barth, Leipzig 1893

115 **Über die Beziehung der Äquipotentiallinien und der magnetischen Kraftlinien** SBMünchen 23 (1893) 119–129, Wiedemanns Annalen 51 (1894) 550–58

116 **Über die Bestimmung der absoluten Temperatur**
SBMüncben 23 (1893) 321–328, Wiedemanns Annalen 53 (1894) 948–954

117 **Der aus den Sätzen über Wärmegleichgewicht folgende Beweis des Prinzips des letzten Multiplikators in seiner einfachsten Form**
Math. Ann. 42 (1893) 374–376

118 **Über die Notiz des Hrn. Hans Cornelius bezüglich des Verhältnisses der Energien der fortschreitenden und inneren Bewegung der Gasmoleküle**
Zeitschrift für physikalische Chemie 11 (1893) 751–752

119 **Über die neueren Theorien der Elektrizität und des Magnetismus**
Verh. der 65. Versammlung Deutscher Naturforscher und Ärzte Nürnberg (1893) 34–35

1894

120 **Zur Integration der Diffusionsgleichung bei variablen Diffusionskoeffizienten** SBMünchen 24 (1894) 211–217, Wiedemanns Annalen 53 (1894) 959–964

121 gem. mit G. H. Bryan: **Über die mechanische Analogie des Wärmegleichgewichts zweier sich berührender Körper**
SBWien 103 (1894) 1125–1134
leicht veränderte englische Fassung: Proc. Physical Soc. London 13 (1895) 485-493, AWAnz 31 (1894) 252

122 **On the Application of the Determinate Relation to the Kinetic Theory of Polyatomic Gases**
Appendix C zu G. H. Bryan: Report to the Present State of our Knowledge of Thermodynamics. Part II. – The Laws of Distribution of Energy and their

	Limitations. In: Reports of the British Association for the Advancement of Sience Oxford (1894) 102–106
123	**On Maxwells Method of Deriving the Equations of Hydrodynamics from the Kinetic Theory of Gases** Report of the British Association (1894) 579
124	**Über Luftschiffahrt** Vortrag, gehalten in der Gesellschaft Deutscher Naturforscher und Ärzte in Wien 1894, Populäre Schriften 81–91
125	**Über den Beweis des Maxwellschen Geschwindigkeitsverteilungs-gesetzes unter Gasmolekülen** SBMünchen 24 (1894) 207–210, Wiedemanns Annalen 53 (1894) 955–995
1895	
126	**James Clerk Maxwell (Hrsg.) Über Faradays, Kraftlinien 1855 und 1856.** Leipzig 1895, Ostwalds Klassiker der exakten Wissenschaften 69, 2. Aufl. 1912, 3. Aufl. o. J.
127	**Nochmals das Maxwellsche Verteilungsgesetz der Geschwindigkeiten** SBMünchen 25 (1895), Wiedemanns Annalen 55 (1895) 223–24
128	**On Certain Questions of the Theory of Gases** Nature 51 (1895) 413–15 (28. 2. 1895)
129	**Erwiderung an Culverwell** Nature 51 (1895) 581
130	**On the Minimum Theorem in the Theory of Gases** Nature 52 (1895) 221
131	**Zur Erinnerung an Josef Loschmidt** [1. Rede] Gedenkrede auf Joseph Loschmidt, gehalten am 29. Oktober 1895 in der Chemisch-Physikalischen Gesellschaft in Wien, Populäre Schriften Nr.15, 228–240, Physikalische Zeitschrift 1/22 (1900) 254–257 und 264–267 **Zur Erinnerung an Josef Loschmidt** [2. Rede] Festrede, gehalten am 5. November 1899 amlässlich der Enthüllung des Denkmals des Universitätsprofessors Dr. Joseph Loschmidt, Physikalische Zeitschrift 1/22 (1900) 169–171 und 180–182 Populäre Schriften Nr. 15, 240–252
132	**Josef Stefan** Rede, gehalten bei der Enthüllung des Stefan-Denkmals am 8. Dez. 1895 Populäre Schriften Nr. 7, 92–103
1895/6	
133	**Ein Wort der Mathematik an die Energetik** Wiedemanns Annalen 57 (1896) 39–71, Populäre Schriften Nr. 8, 104–136
1896	
134	**Röntgens neue Strahlen** Der Elektro-Techniker. Organ für angewandte Elektrizität 14 (1896) 385, Populäre Schriften Nr.13, 188–197
1896/1898	
135	**Vorlesungen über Gastheorie** Bd 1: Theorie der Gase mit einatomigen Molekülen, deren Dimensionen gegen die mittlere Weglänge verschwinden. Leipzig 1896 Bd 2: Theorie van der Waals'; Gase mit zusammengesetzten Molekülen; Gasdissociation; Schlussbemerkungen. Leipzig 1898

Französische Übersetzung: Lecons sur la Théorie des Gaz, de M. Brillouin, 2 Bde, Paris, Gauthier-Villars, 1902–1905
Russische Übersetzung: Lektsij po Teorij Gazov, Klassiki Estestvoznanija (Klassiker der Naturwissenschaften, Mathematik, Mechanik, Physik, Astronomie), übersetzt von P. I. Davidoff, Moskau 1953

1896

136 **[an das Neue Wiener Tagblatt]**
Neues Wiener Tagblatt vom 10. 6. 1896

137 **Über die Berechnungen der Abweichungen der Gase vom Boyle-Charles' schen Gesetz und der Dissoziation derselben**
SBWien 105 (1896) 695–706, AWAnz 33 (1896) 200, 9. 7. 1900

138 **Ein Vortrag über die Energetik**
(unvollständig in:) Berichte über die Sitzungen der Chemisch-physikalischen Gesellschaft in Wien, 11. 2. 1896
(unvollständig in:) Vierteljahresberichte der Wiener Vereinigung zur Förderung des physikalischen und chemischen Unterrichts 2 (1896) 38

139 **Sur la théorie des gaz. Lettre á M. Bertrand. I.**
Comptes rendus 122 (1896) 1173

140 **Sur la théorie des gaz. Lettre á M. Bertrand. II.**
Comptes rendus 122 (1896) 1314

141 **Entgegnung auf die wärmetheoretischen Betrachtungen des Hrn. E. Zermelo** Wiedemanns Annalen 57 (1896) 773–794

142 **Zur Energetik**
Wiedemanns Annalen 58 (1896) 595–598
Populäre Schriften Nr. 9, 137–140

143 **Über Herrn Ostwalds Vortrag über den wissenschaftlichen Materialismus**
Naturwissenachaftliche Rundschau 11/10 (1896) 117–120

1897

144 **Über die Frage nach der objektiven Existenz der Vorgänge in der unbelebten Natur**
SBWien 106 (1897) 83–109, Populäre Schriften Nr. 12, 162–187

145 **Über die Unentbehrlichkeit der Atomistik**
Annalen der Physik und Chemie NF 60 (1897) 231–247
Populäre Schriften Nr. 10, 141–157

146 **Nochmals über die Atomistik**
Annalen der Physik und Chemie NF 61 (1897) 790–793
Populäre Schriften Nr. 11, 158–161

147 **Vorlesungen über die Principe der Mechanik**
Bd 1: Die Principe, bei denen nicht Ausdrücke nach der Zeit integriert werden. Leipzig 1897
1904 Bd 2: Die Wirkungsprinzipe, die Lagrange'schen Gleichungen und deren Anwendungen. Leipzig 1904
1920 Bd 3: Elastizitätstheorie und Hydromechanik Hrsg. von Hugo Buchholz. Leipzig 1920

1897

148 **Zu Hrn. Zermelos Abhandlung. Über die mechanische Erklärung irreversibler Vorgänge.** Wiedemanns Annalen 60 (1897) 392

149 **Über einen mechanischen Satz Poincaré's**
SBWien 106 (1897) 12–20

150 **Über Rotationen im konstanten elektrischen Felde**
Wiedemanns Annalen 60 (1897) 399–400

151 **Über einige meiner weniger bekannten Abhandlungen. Über Gastheorie und deren Verhältnis zu derselben**
Verhandlungen der 69. Versammlung Deutscher Naturforscher und Ärzte (1897) 19–26
Jb der Deutschen Mathematiker-Vereinigung 6 (1899) 130–138

152 **Kleinigkeiten aus dem Gebiete der Mechanik**
Verhandlungen der 69. Versammlung Deutscher Naturforscher und Ärzte (1897) 26–29, Mathematiker-Vereinigung 6 (1899) 138–142

153 **Über irreversible Strahlungsvorgänge I**
SBBerlin (1897) 660–662

154 **Über irreversible Strahlungsvorgänge II**
SBBerlin (1897) 1016–1018

155 **Vorwort** zu: Charles Emerson Curry, Theory of Electricity and Magnetism. London 1897

156 **Some Errata in Maxwells Paper "On Faradays Line of Force"**
Nature (25. 11. 1897), 77–79

1898

157 **Über vermeintlich irreversible Strahlungsvorgänge**
SBBerlin (1898) 182–187

158 **Über die sogenannte H-Kurve**
Mathematische Annalen 50 (1898) 325–332

159 **Zur Energetik**
Vortrag, gehalten auf der Natudorscher-Versammlung in Düsseldorf 1898
Verhandlungen der 70. Versammlung Deutscher Naturforscher und Ärzte in Düsseldorf 1898, 65–67

160 **Anfrage, die Hertzsche Mechanik betreffend**
gestellt auf der Naturforscher-Versammlung in Düsseldorf 1898
Verhandlungen der 70. Versammlung Deutscher Naturforscher und Ärzte in Düsseldorf 1898, 67–68
in etwas veränderter Form auch in: Jb der Deutschen Mathematiker-Vereinigung 7 (1899) 76–77

161 **Vorschlag zur Festlegung gewisser physikalischer Ausdrücke.** In: Verhandlungen der 70. Versammlung Deutscher Naturforscher und Ärzte in Düsseldorf 1898, 74

162 **Über die kinetische Ableitung der Formeln für den Druck des gesättigten Dampfes, für den Dissoziationsgrad von Gasen und für die Entropie eines das van der Waal'sche Gesetz befolgenden Gases**
Verhandlungen der 70. Versammlung Deutscher Naturforscher und Ärzte in Düsseldorf 1898

163 **James Clerk Maxwell (Hrsg.) Über physikalische Kraftlinien 1861/62**
Ostwalds Klassiker Bd 102, 2. Aufl. [Leipzig 1920]

164 **Vorlesungen über Gastheorie**
Bd 1: siehe oben Nr. 135
Bd 2: Theorie van der Waals', Gase mit zusammengesetzten Molekülen, Gasdissociation, Schlussbemerkungen. Leipzig 1898

165 **Sur le rapport des deux chaleurs spécifiques des gaz**
Comptes rendus 127 (1898) 1009–1014
am 12.12.1898 in der Academie in Paris vorgelegt

1899

166 **Über die Zustandsgleichung van der Waals** [so in LBWA]
Amsterdamer Berichte (1899) 477–484, 26. 1. 1899

167 **Über eine Modifikation der van der Waals'schen Zustandsgleichung;**
gemeinschaftlich mit H. Mache AWAnz 36 (1899) 87–88, 16. 3.1899
leicht verändert in Wiedemanns Annalen 68 (1899) 350–351, LBWA III 131

168 **Über die Bedeutung der Konstante b des van der Waals'schen Gesetzes;** gemeinschaftlich mit H. Mache
Cambridge PhilTrans 18 (1899) 91–93

169 **Über die Grundprinzipien und Grundgleichungen der Mechanik**
(vier Vorlesungen)
Story - Wilson (Ed.) In: Clark University 1889–1899, Decennial Celebration, Worcester (Mass.) 1899, 261–309

170 **Über die Entwicklung der Methoden der theoretischen Physik in neuerer Zeit**
Vortrag auf der Münchener Naturforscherversammlung, 22. 9. 1899, Verhandlungen der Gesellschaft Deutscher Naturforscher und Ärzte 1899, 99–122, Populäre Schriften Nr. 14, 198–227,
Naturwiss. Rundschau 14 (1899) 492–498, 505–508, 517–520

1900

171 **Die Druckkräfte in der Hydrodynamik und die Hertz'sche Mechanik**
Annalen der Physik (4) 1 (1900) 673–677

172 **Zur Geschichte unserer Kenntnis der inneren Reibung und Wärmeleitung in verdünnten Gasen**
Physikalische Zeitschrift 1 (1900) 213

173 **Notiz über die Formel für den Druck der Gase**
Livre Jubilaire dedié à H. A. Lorentz, 1900, 76–77

174 **Über das Grenzgebiet der Physik und Philosophie**
Naturwiss. Rundschau 15/ 5 (1900) 53–55

175 **Eugen von Lommel**
Jb der Deutschen Mathematiker-Vereinigung 1900, 47–53

1902

176 **Models**
In: Encyclopedia Britannica, 10. und 11. Aufl., siehe v. Model

177 **Über die Form der Lagrangeschen Gleichungen für nicht holonome generalisierte Kordinaten**
SBWien 111 (1902) 1603–1614, AWAnz 39 (1902) 355,
auszugsweise in: Physikalische Zeitschrift 4 (1903) 281–282,
Verhandlungen der 75. Versammlung Deutscher Naturforscher und Ärzte in Kassel 1903, Jb. d. Deutschen Math.-Vereinigung 13 (1904), 132–33,
Report of the Meeting of the British Ass. at Southport 1903

1903

178 **Über die Prinzipien der Mechanik**
Zwei Akademische Antrittsreden
1. Antritts-Vorlesung, gehalten in Leipzig im November 1900
2. Antritts-Vorlesung, gehalten in Wien im Oktober 1902

	Leipzig 1903 auch in: Populäre Schriften Nr.17, Vorwort 308, 309–330, 330–337
179	**Ein Antrittsvortrag zur Naturphilosophie** Beilage zu „Die Zeit" 11.12.1903, Populäre Schriften Nr. 18, 338–344; siehe auch: I. M. Fasol-Boltzmann: Ludwig Boltzmann, Prinzipien der Naturfilosofi
1904	
180	**Vorlesungen über die Prinzipe der Mechanik** Bd 1: siehe oben Nr. 147 Bd 2: Leipzig 1904
181	**Über statistische Mechanik** Vortrag gehalten in St. Louis am 24. 9. 1904, Populäre Schriften, Nr. 19, 345–363; In: Meister der Physik, hrsg. und eingeleitet von K. Reger, Stuttgart, o. J, 211–230
182	(gemeinsam mit Arthur Boltzmann:) **Über das Exnersche Elektroskop** AWAnz 41 (1904) 325 ddo 3. 11.1 904, Physik. Zeitschrift 6 (1905) 2
183	**Entgegnung auf einen von Prof. Ostwald über das Glück gehaltenen Vortrag** Populäre Schriften Nr. 20, 364–371
184	**Besprechung des Lehrbuches der theoretischen Chemie von Wilhelm Vaubel** Berlin 1903, Populäre Schriften Nr. 21, 379–384
1905	
185	**Über den Begriff des Glücks** Die Umschau. Übersicht über die Fortschritte und Bewegungen auf dem Gesamtgebiete der Wissenschaft, Technik, Literatur und Kunst 9/1 (1905) 1.1.1905, 1–4
186	**Zur Theorie des Glücks von W. Ostwald** Die Umschau. Übersicht über die ... 9/3 (1905) 14. 1. 1905, 60
187	**Über eine These Schopenhauers** Populäre Schriften Nr. 22, 385–402
188	**Reise eines deutschen Professors ins Eldorado** Populäre Schriften Nr. 2, 403–435, Große Meister der Naturwissenschaften 1. J. A. Barth, Leipzig 1917
189	**Populäre Schriften** J. A. Barth, Leipzig 1905
190	**Nochmals über das Glück** Die Umschau. Übersicht über die Fortschritte und Bewegungen auf dem Gesamtgebiete der Wissenschaft, Technik, Literatur und Kunst 9/41 (1905), 7.10.1905, 901–804
191	**Bemerkungen zu meinem Aufsatz über das Glück** Die Umschau. Übersicht über die Fortschritte ... 9/44 (1905), 28.10.1905, 899–900
192	(gemeinsam mit Josef Nabl:) **Kinetische Theorie der Materie** In: Encyclopädie der Mathematischen Wissenschaften Bd. 5,1/4 , 493–557. Leipzig 1905

Bibliographie

Leider fehlte es mir an Zeit und Material, um diese Übersicht vollständig zu machen. Hätte ich dem Vorwurfe der Unvollständigkeit und Uncorrektheit entgehen wollen, so wäre mir nichts übriggeblieben, als sie ganz auszulassen, wofür mir kaum alle Leser Dank gewusst hätten.

Ludwig Boltzmann zur Einleitung der Literaturübersicht in: Vorlesungen über Maxwells Theorie der Elektricität und des Lichtes, 1891, 189.

Blackmore, J. (1982) Boltzmann's Concessions to Mach's Philosophy of Science. In: Sexl, R. U., Blackmore, J. (Eds.) Ludwig Boltzmann, Gesamtausgabe, Bd. 8, Ausgew. Abhandlungen. F. Vieweg & Sohn, Braunschweig Wiesbaden, S. 155-190

Blackmore, J. (Ed.) (1995) Ludwig Boltzmann: His Later Life and Philosophy, 1900–1906. Two Books. Kluwer Academic Publishers, Dordrecht Boston London

Blackmore, J. (1999)(Ed.) Ludwig Boltzmann: Troubled Genious as Philosopher. Kluwer Academic Publisher, Dordrecht

Boltzmann' s legacy 150 years after his birth. Accademia Nazionale dei Lincei, Roma 1997

Broda, E. (1955) Ludwig Boltzmann. Mensch, Physiker, Philosoph. Franz Deuticke Verlag, Wien

Broda, E. (1973) Philosophical Biography of L Boltzmann. In: The Boltzmann Equation, Theory and Applications. Cohen, E. G. D., Thirring, W. (Ed.). Springer, Wien New York, pp. 17–51

Broda, E. (1979) Der Einfluss von Ernst Mach und Ludwig Boltzmann auf Albert Einstein. In: Einstein Centenarium, H.J. Treder (Hrsg.). Akademie Verlag, Berlin, S. 227–237

Broda, E. (1983) Boltzmann als evolutionistischer Philosoph. Berichte zur Wissenschaftsgeschichte 6, S. 103–114

Broda, E. (1983) Ludwig Boltzmann, Man, Physicist, Philosopher. Ox Bow Press, Woodbridge, Connecticut

Brush, St. G. (1976) The Kind of Motion We Call Heat. North-Holland, Amsterdam New York (repr. 1986)

Brush, St. G. (1990) Ludwig Boltzmann and the Foundations of Natural Science. In: Fasol-Boltzmann, I. M. (Hrsg.) Ludwig Boltzmann, Principien der Naturfilosofi. Springer, Berlin

Brush, St. G. (1969) Ludwig Boltzmann. In: Dictionary of Scientific Biography. Scribner's, New York

Bryan, G. H. (1894) Professor Boltzmann and the Kinetic Theory of Gases. Nature 51: 31

Buchholtz, H. (Hrsg.) (1908) Das mechanische Potential nach Vorlesungen von Ludwig Boltzmann bearbeitet. J. A.Barth, Leipzig

Buchholtz, H. (Hrsg.) (1916) Ludwig Boltzmanns Vorlesungen über die Prinzipe der Mechanik (auf Grund von Vorlesungen Ludwig Boltzmanns). J. A. Barth, Leipzig

Buchholtz, H. (Hrsg.) (1920) Ludwig Boltzmann, Vorlesungen über die Principe der Mechanik, Bd 3, Elastizitätstheorie und Hydromechanik. J. A. Barth, Leipzig

Cercigniani, C. (Ed.) (1984) Kinetic Theories and the Boltzmann Equation. Lecture Notes in Mathematics, Vol. 1048. Springer, Berlin

Cercignani, C. (1998) Ludwig Boltzmann, the Man Who Trusted Atoms. Oxford University Press, Oxford

Cercignani, C. (2002) The Relativistic Boltzmann Equation: Theory and Applications. Birkhäuser, Basel

Culverwell, e.p. (1895) Boltzmann's Minimum Theorem. Nature 51, 105, 246; 52, 149

Dick, A., Kerber, G. (1983) Ludwig Boltzmann. Katalog zur Ausstellung an der Zentralbibliothek für Physik. Eigenverlag, Wien

Ehrenfest, P. (1906) Ludwig Boltzmann. In: Mathematisch-Naturwissenschaftliche Blätter 3, S. 205–209

Ehrenhaft, F. (1919) Festrede: Fünfzig Jahre Physik im Spiegel der Wiener Chemisch-Physikalischen Gesellschaft. Wien

Ehrenhaft, F. et al. (1933) Ludwig Boltzmann 1844–1906. EuM 51/1

Elka, Y. (1974) „Boltzmann's Scientific Research Program and its Alternatives". In: Y. Elkana (Ed.) The Interaction between Science and Philosophy. Humanities Press, Atlanta Highlands, N. J., pp. 243–279

Ettingshausen, A. v. (1860) Anfangsgründe der Physik, 4. Aufl. Verlag K. Gerold und Sohn, Wien

Fasol, G. L. (1982) Comments on Some Manuscripts by Ludwig Boltzmann. In: Sexl, R. U., Blackmore, J. (Ed.) Ludwig Boltzmann, Gesamtausgabe, Bd. 8. Ausgew. Abhandlungen. F. Vieweg & Sohn, Braunschweig Wiesbaden

Fasol-Boltzmann, Ilse M. (Hrsg.) (1990) Ludwig Boltzmann, Principien der Naturfilosofi. Springer, Berlin Heidelberg New York

Fasol-Boltzmann, Ilse M. und Höflechner, W. (Hrsg.) (1997) Ludwig Boltzmann – Vorlesungen über Experimentalphysik in Graz. Publikationen aus dem Archiv der Universität Graz, Bd 36. Ludwig Boltzmann Gesamtausgabe Bd 10, Veröffentlichungen der Historischen Landeskommission für Steiermark, Quellenpublikationen Bd 39, (insg. 606 Seiten). Akademische Druck- und Verlagsanstalt, Graz

Flamm, D. (1973) Life and Personality of Ludwig Boltzmann. In: The Boltzmann Equation. Theory and Applications. Cohen, E. G. D., Thirring, W (Ed.). Springer, Wien New York

Flamm, D. (1982) Die Persönlichkeit Ludwig Boltzmanns. In: Sexl R. U., Blackmore, J. (Ed.): Ludwig Boltzmann Gesamtausgabe, Bd. 8. Ausgew. Abhandlungen. F. Vieweg & Sohn, Braunschweig Wiesbaden

Flamm, D. (1983) Ludwig Boltzmann and his Influence on Science. Stud. Hist. Phil. Sci. 14(4): 255–278

Flamm, D. (1987) Evolutionstheoretische Konzepte bei Boltzmann und Mach. In: Riedl, R., Bonet, E. M. (Hrsg.) Entwicklung der evolutionären Erkenntnistheorie. Österr. Staatsdruckerei, Wien

Flamm, D. (Ed.)(1996) Hochgeehrter Herr Professor, innig geliebter Louis: Ludwig Boltzmann – Henriette von Aigentler, Briefwechsel. Böhlau, Wien

Flamm, D. (2000) Entropie und Wahrscheinlichkeit (Abdruck verschiedener Originalarbeiten von Ludwig Boltzmann) mit Einleitung des Herausgebers. Ostwalds Klassiker der exakten Wissenschaften, Bd. 286. Harry Deutsch, Thun Frankfurt/Main

Flamm, L.. (1944) Die Persönlichkeit Ludwig Boltzmanns. Wiener Chemiker-Zeitung 47: 28

Flamm, L.. (1957) Die Persönlichkeit Ludwig Boltzmanns. Österreichische Chemiker-Zeitung 58: 61–65

Gerlach, G. W. (1959) Ludwig Boltzmann und die Atomistik. In: Geist und Gestalt, Bd. 2. C. H. Beck, München, S. 88–91

Grieser, D. (1991) Ludwig Boltzmann. In: Köpfe – Porträts der Wissenschaft. Österr. Bundesverlag, Wien

Groot, S. R. de (1974) „Foreword". In. B. McGuinness (Ed.) Ludwig Boltzmann, Theoretical Physics and Philosophical Problems: Selected Writings. Reidel, Dordrecht Boston, pp. ix-xiii

Grunwald, M. (1963) Boltzmanns Verteidigung des Materialismus in der anbrechenden "Krise der Physik". Naturwissenschaft, Tradition, Fortschritt (Beiheft z. Zeitschr. f. Geschichte d. Naturwiss. u. Medizin) 119

Hasenöhrl, F. (Ed.) (1909) Wissenschaftliche Abhandlungen von Ludwig Boltzmann, 3 Bde. J. A. Barth, Leipzig (Chelsea Publishing, New York 1968)

Hiebert, E. (1981) Boltzmann' s Conception of Theory Construction: The Promotion of Pluralism, Provisionalism, and Pragmatic Realism". In: J. Hintikka et al. (Eds.) Probabilistic Thinking, Thermodynamics and the Interaction of History and Philosophy of Science. Reidel, Dordrecht Boston, pp. 175–198

Hoffmann, D. (1981) Ludwig Boltzmann, Pionier der Atomphysik. Urania 57 (H.10)

Höflechner, W., Hohenester, A. (1985) Ludwig Boltzmann, Vollender der klassischen Thermodynamik. Eine Dokumentation. Deutsches Museum, München

Höflechner, W. (Ed.) (1994) Ludwig Boltzmann, Leben und Briefe, Publikationen aus dem Archiv der Universität Graz, Bd. 30. Ludwig Boltzmann Gesamtausgabe Bd. 9, Veröffentlichungen der Historischen Landeskommission für Steiermark, Quellenpublikationen Bd. 37 (insg. 864 Seiten). Akademische Druck- und Verlagsanstalt, Graz

Hörz, H., Laaß, A. (1989) Ludwig Boltzmanns Wege nach Berlin – Ein Kapitel österreichisch-deutscher Wissenschaftsbeziehungen. Akademie-Verlag, Berlin

Klein, M. J. (1973) The Development of Boltzmanns Statistical Ideas. In: Acta Physica Austriaca (Suppl. X): 53–106

Klein, M. J. (1983) The Maxwell-Boltzmann Relationship. In: Transport Phenomena, 1973 Brown University Seminar. Kestin, J. (Ed.). American Institute of Physics, New York, pp. 297–308

Koch, M. (1983) Ludwig Boltzmann, ein Vorläufer der Quantentheorie? Wiss. Zeitschr. der Humboldt Universität zu Berlin, Math. Naturwiss. Reihe 32: 317–320

Köhler, W. (1931) Zur Boltzmann' schen Theorie des zweiten Haupsatzes. Erkenntnis 2: 336

Laue, M. v. (1944) Zu Ludwig Boltzmanns 100. Geburtstage. In: Forschungen und Fortschritte 20: 46–47

Lebowitz, J. L. (1993) Boltzmann' s Entropy and Time' s Arrow. Physics Today (September), p. 32

Lindley, D. (2001) Boltzmann' s Atom – The Great Debate that Launched a Revolution in Physics. The Free Press, New York

Maxwell, J. C. (1879) On Boltzmann' s Theorem on the Average Distribution of Energy in a System of Material Points. Cambridge Phil. Trans., p. 547

Meyer, St. (Hrsg.) (1904) Festschrift, Ludwig Boltzmann, gewidmet zum 60. Geburtstage. 117 Einzelbeiträge, 928 Seiten. J. A. Barth, Leipzig

Mitter, H., Urban, P. (1985) Ludwig Boltzmann und die Entwicklung der statistischen Physik. In: Ludwig Boltzmann, Vollender der klassischen Thermodynamik, 1844–1906. Eine Dokumentation. Katalog der Ausstellung am Deutschen Museum München, Graz, S. 11–27

Niven, W. D. (1890) The Scientific Papers of James Clerk Maxwell, 2 vols. Cambridge University Press, Cambridge

Oeser, E. (1993) Die naturalistische Neubegründung der Erkenntnistheorie durch Mach und Boltzmann im Wien der Jahrhundertwende. In: J. Nautz und R. Vahrenkamp (Hrsg.) Die Wiener Moderne, Einflüsse, Umwelt, Wirkungen. Wien Köln Graz
Oeser, E. (1993) Boltzmann' s Epistemology and its Significance Today. In: Nattimielli, Ianiello, Kresten (Eds.) Proc. Int. Symposium on Ludwig Boltzmann, p. 71–74
Oeser, E. (1994) Boltzmann und die evolutionäre Erkenntnistheorie. Plus Lucis 2: 14–21
Oeser, E. (1996) Boltzmann als Erkenntnistheoretiker. In: Flamm, D. (Ed.) Hochgeehrter Herr Professor, innig geliebter Louis: Ludwig Boltzmann – Henriette von Aigentler, Briefwechsel. Böhlau, Wien
Ostwald, W. (1909) Große Männer. Akademische Verlagsgesellschaft, Leipzig
Popper, K. R. (1993) Ludwig Boltzmann und die Richtung des Zeitablaufs: der Pfeil der Zeit. In: Klassiker der modernen Zeitphilosophie. W. Zimmerli und M. Sandbothe (Hrsg.). Darmstadt, S. 172–181
Przibram, K. (1973) Erinnerungen an Boltzmanns Vorlesungen. In: The Boltzmann Equation. Theory and Applications. Cohen, E. G. D., Thirring, W (Eds.). Springer, Wien New York
Schäfer, C. (1946) Ludwig Boltzmann. In: Die Naturwissenschaften 33: 2
Schuster, P. (1993) Ludwig Boltzmann und der Nobelpreis. In: Mitt. d. Ges. f. Wissenschaftsgeschichte 31: 182–194
Segrè, E. (2002) Die großen Physiker und ihre Entdeckungen, von Galilei bis Boltzmann, 2. Aufl. Piper, München Zürich
Sexl, R. U., Blackmore, J. (Hrsg.) (1982) Ludwig Boltzmann Gesamtausgabe, Bd. 8. Ausgew. Abhandlungen. F. Vieweg & Sohn, Braunschweig Wiesbaden (dort zahlreiche weitere Einzelbeiträge)
Sommerfeld, A. J. W. (1944) Das Werk Boltzmanns. Wiener Chemiker Zeitung 47: 25–28
Sopka, K. R. (1986) Physics for a New Century. Papers Presented at the 1904 St. Louis Congress. The History of Modern Physics 1800–1950, Vol. 5. Thomash Publishers, American Institute of Physics
Stiller, W. (1989) Ludwig Boltzmann, Altmeister der klassischen Physik. Harry Deutsch, Thun Frankfurt/Main
Streintz, F. (1904) Artikel im Grazer Tagblatt vom 20. Februar 1904. Zitiert in Broda, E. (1955) Ludwig Boltzmann. Mensch, Physiker, Philosoph. Franz Deuticke, Wien
Sommerfeld A. (1944) Ludwig Boltzmann. Zur 100. Wiederkehr seines Geburtstages. Wiener Chemiker-Zeitung 47: 25–28
Thirring, H. (1952) Ludwig Boltzmann. Journal of Chemical Education 29: 298
Thirring, H. (1957) Ludwig Boltzmann in seiner Zeit. Naturwiss. Rundschau 10: 411
Treder, H.-J. (1977) Boltzmanns Kosmologie und die räumliche und zeitliche Unendlichkeit der Welt. Wiss. Zeitschr. der Humboldt Universität zu Berlin, Math. Naturwiss. Reihe 26: 13–15
Watson, H. W. (1894) Boltzmanns Minimum Theorem. Nature 5: 105
Wagner, S. (1982) Ludwig Boltzmann and the Special Theory of Relativity. In: Sexl, R. U., Blackmore, J. (Eds.) Ludwig Boltzmann, Gesamtausgabe, Bd. 8. Ausgew. Abhandlungen. F. Vieweg & Sohn, Braunschweig Wiesbaden

Namenverzeichnis

Bildnachweis

Kapitel 3: Bild von Maxwell dem Internet entnommen (public domain),

Boltzmanns mechanisches Bicykel in Graz:
Karl-Franzens-Universität Graz. Institut für Experimentalphysik, AG für Physikgeschichte; Archiv Dr. A. Hohenester. Foto Seidl, Graz

Kapitel 4: Bild von Mach: Österr. Nationalbibliothek, Bildarchiv, Sign. NB 530161B
Bild von Ostwald dem Internet entnommen (public domain),

Alle anderen Bilder (Fotos, Zeichnungen, etc.), Dokumente, Urkunden, Handschriften, Briefe aus denen zitiert wurde, etc. befinden sich jeweils im Original im Familienbesitz. An manchen Stellen wird dies auch im Text erwähnt.

Bild des Ehrengrabs: I. M. Fasol-Boltzmann (2005)